# PRINCIPES

RAISONNÉS

# D'AGRICULTURE.

PARIS, IMPRIMERIE DE DECOURCHANT,
Rue d'Erfurth, n° 1, près de l'Abbaye.

# PRINCIPES

## RAISONNÉS

# D'AGRICULTURE,

## PAR A. THAËR,

Conseiller de S. M. le roi de Prusse, Membre de l'Académie des sciences de Berlin,
de l'Académie royale de Goëttingue, de l'Institut d'Amsterdam, du départe-
ment d'Agriculture de la Grande-Bretagne, de la Société des amis de
l'histoire naturelle de Berlin, et de plusieurs Sociétés écono-
miques ; seigneur héréditaire de Moeglin, etc.

TRADUITS DE L'ALLEMAND

## PAR LE BARON E. V. B. CRUD.

### Seconde Édition,

REVUE, CORRIGÉE ET AUGMENTÉE DE NOUVELLES NOTES,

*Dédiée au Roi de France.*

---

## TOME DEUXIÈME.

**FIN DE L'ÉCONOMIE. AGRONOMIE.**
**1re PARTIE DE L'AGRICULTURE.**

# PARIS,

## AB. CHERBULIEZ, ÉDITEUR,

RUE DE SEINE S.-GERMAIN, N° 57;

MADAME HUZARD, RUE DE L'ÉPERON, N° 7.

## GENÈVE,

AB. CHERBULIEZ, LIBRAIRE-ÉDITEUR.

1830

# PRÉFACE DU TRADUCTEUR,

CONTENANT

UN RÉSUMÉ SUBSTANTIEL DE CE VOLUME.

Le volume dont je donne ici la traduction offre à l'Agriculteur français un grand nombre d'idées neuves et de directions utiles ; il lie l'art à la science, et introduit la théorie agricole dans les domaines de l'histoire naturelle en général, de la géologie et de la chimie en particulier.

Il s'en faut de beaucoup que cette partie de la science agricole ait atteint les développemens dont elle est susceptible ; cependant les bornes de nos connaissances en chimie ont été assez reculées depuis un siècle, pour que nous puissions tirer de cette dernière science la solution de problèmes grands et nombreux.

Divers indices nous donnent une espèce de certitude qu'un grand nombre de substances appelées *simples*, et qui servent d'élémens à la nature physique, ne sont elles-mêmes que des combinaisons; l'avenir seul pourra décider cette grande question, en nous découvrant de nouveaux moyens de décomposition, et en nous conduisant vers les limites éternelles que Dieu a mises à nos connaissances.

Le temps et l'expérience nous apprendront si la découverte des premiers élémens peut être utile à l'agriculture ; cependant il me semble que le cultivateur travaille sur des surfaces trop grandes, pour que la connaissance des atômes primitifs puisse lui importer beaucoup. C'est donc avec confiance que l'auteur a pu partir du point de nos connaissances actuelles pour jeter des lumières sur l'*Agronomie*, sur cette partie de la science agricole qui était encore dans l'enfance, et dont le nom même avait reçu une fausse application. Aucun écrivain à moi connu n'a mieux rassemblé les découvertes nouvelles qui se rapportent à cette matière, et n'a tiré de leur démonstration des conséquences plus importantes et plus nombreuses.

Dans la Préface du premier volume, j'ai prévenu mes lecteurs de l'extrême attention que cet ouvrage exige pour être lu avec fruit; cette observation est particulièrement applicable à ce second volume, le plus scientifique de tous, par conséquent celui qui est le moins à la portée du vulgaire. Cette dernière circonstance m'a déterminé à donner ici une courte analyse du contenu de ce volume, et à la mettre à la portée des lecteurs de tous les ordres, pour qu'ils puissent ensuite lire l'ouvrage même avec fruit.

Dans ce résumé, je ne dois point omettre cette dernière partie de l'*Économie*, que j'ai regretté ne pouvoir insérer encore dans le premier volume; partie très-essentielle, et qui avait été trop négligée dans les ouvrages publiés en France sur l'agriculture.

Les Anglais nous ont donné l'exemple de ces calculs de dépenses et de produits, qui devraient toujours servir de base à la pratique agricole; je les ai moi-même poussés à une précision plus grande encore, et je me suis convaincu que le seul moyen d'exercer l'agriculture avec avantage, et de parvenir au mieux possible dans chaque localité, c'est d'avoir constamment ces calculs devant les yeux, non d'une manière hypothétique, mais assurée, mais pratique, et tirée d'une comptabilité rigoureusement précise. En suivant ce principe, l'auteur a mis en opposition ici neuf systèmes de culture différens, afin de montrer à ses lecteurs les avantages comparatifs de chacun d'eux. Si dans l'application de ces divers systèmes à une même surface de terrain, il n'a pu donner que du vraisemblable, ses calculs n'en ont pas moins l'expérience pour base, ils ne méritent pas moins la confiance dans les résultats qu'ils présentent.

Mais ce n'était pas assez de prouver qu'un assolement était le plus avantageux, il fallait enseigner, il fallait démontrer que le passage à cet assolement était possible, et que, s'il exigeait quelques avances pécuniaires, il pouvait du moins s'accomplir à l'aide des seuls engrais qu'on obtenait du fonds lui-même, et qu'il suffisait pour cela d'employer les sucs que le sol contenait encore, à s'en procurer de nouveaux, en multipliant les produits dont on obtient des engrais.

Ces tableaux du passage à de nouveaux assolemens présentent des instructions très-importantes et qui sont à la portée des lecteurs de toutes les classes. Ils terminent la seconde section de cet ouvrage et le *Traité de l'Économie.*

## AGRONOMIE.

L'auteur définit l'AGRONOMIE le *Traité des parties constituantes et des propriétés physiques du sol, l'art de connaître et d'apprécier les terres.* Il n'en fait donc qu'une partie de la grande science que nous caractérisions autrefois sous ce nom particulier.

Le sol est la matière première de l'agriculture, je dirais presque qu'il en est l'atelier ou le laboratoire, car le sol proprement dit ne sert d'élément à la formation des plantes que par le moyen de substances qui ne sont pas essentielles à sa composition. Il favorise plus ou moins cette formation par sa nature, c'est-à-dire par la disposition que ses parties ont à transmettre aux suçoirs des plantes l'humus et les sucs alimentaires de la végétation, ou à les retenir à elles.

La terre que, dans l'enfance de nos connaissances, on a qualifiée autrefois d'élément, est un composé d'une variété infinie de substances, dont plusieurs n'appartiennent point à celles qu'on envisage aujourd'hui comme des terres.

Dans son état actuel, la chimie distingue neuf espèces de terres réputées élémentaires, c'est-à-dire qu'on n'est pas encore parvenu à décomposer; et de ces neuf, quatre seulement, l'alumine, la silice, la chaux et la magnésie, contribuent essentiellement à la formation de notre sol.

*L'alumine* est l'élément qui caractérise l'argile, et ce que nous appelons *vulgairement* glaise ou terre grasse; la *silice* est l'élément d'une grande partie des sables et des pierres, elle concourt à rendre le sol plus meuble. Dans la nature on ne rencontre ni l'une ni l'autre de ces terres dans un état de pureté absolue. Leur mélange constitue des argiles plus ou moins tenaces; à mesure que la proportion d'alumine diminue et que celle de silice augmente, le sol devient plus léger et plus sablonneux.

La *chaux* entre dans la composition de presque tous les sols; ceux qui en contiennent une bonne proportion sont, en général, plus fertiles, ils transmettent avec plus de facilité aux suçoirs des plantes les alimens qui leur sont propres : mais la chaux se distingue des deux terres précédentes en ceci, qu'elle entre comme partie intégrante dans la formation de toutes les plantes; elle peut donc à quelques égards être envisagée comme une espèce d'engrais proprement dit. Au reste, comme nous le verrons bientôt, elle a une très-forte action sur les matières organiques, c'est-à-dire sur celles qui font ou ont fait partie du corps des animaux, ou des végétaux.

Combinée essentiellement avec le soufre *, la chaux produit le gypse, ou sulfate de chaux, cette substance qui, surtout après avoir été calcinée et pulvérisée ( réduite en plâtre), est employée avec tant de succès dans les constructions, et en agriculture à l'a-

---

* Ou, pour parler correctement, l'*acide sulfurique*.

mendement des terres et de certains produits.

Unie avec l'argile, la chaux forme cette substance que nous appelons marne, et qui est connue si avantageusement par la faculté qu'elle a d'augmenter la fertilité du sol.

La *magnésie* est moins répandue dans notre sol; on ne l'y trouve jamais pure, et ses propriétés, relativement à la végétation, sont encore un objet de discussion.

Il n'est presque aucun sol qui ne contienne un peu de fer, et c'est à ce métal que sont le plus souvent dues les nuances de couleur qui distinguent les différens terrains.

Combiné essentiellement avec le soufre, le fer produit le sel que nous caractérisons sous le nom de vitriol ou sulfate de fer, substance qui, lorsqu'elle se trouve en trop grande abondance dans le sol, nuit à la végétation, mais qui au contraire la favorise lorsqu'elle n'existe dans ce sol qu'en petite quantité, ou combinée avec la tourbe et le charbon de terre.

L'*humus*, ou terreau végétal, est cette matière infiniment composée, résidu des divers corps tant animaux que végétaux qui ont subi la putréfaction, et qui sont ainsi préparés à servir d'aliment aux plantes. Il forme une partie essentielle du sol végétal, il en constitue la richesse.

Les parties de l'argile ayant beaucoup de disposition à se lier les unes aux autres, retiennent aussi plus fortement l'humus, tandis que les terrains sablonneux s'en séparent plus facilement, et le laissent plus promptement passer dans les suçoirs des plantes. Lorsqu'un terrain argileux a été épuisé, il faut, pour lui rendre sa fécondité, une quantité d'engrais beaucoup plus grande que celle qui serait nécessaire à un terrain léger et sablonneux; en revanche il tombe beaucoup moins vite que cette dernière espèce de terrain, dans cet état d'épuisement.

Lorsque l'humus demeure toujours dans l'humidité, sans cependant être entièrement couvert d'eau, il s'y développe une acidité très-sensible; alors il est d'une décomposition difficile, et il cesse d'être propre à la nourriture des plantes les plus utiles; alors aussi le sol qui le contient se couvre de joncs et d'autres plantes de marais; mais lorsque l'humus a été débarrassé de son humidité et desséché, on peut lui enlever son acidité, et il devient très-propre à féconder les terres.

L'humus formé par la décomposition des corps animaux a une activité et une vigueur tout autrement grande, mais aussi bien moins durable que celui qui a été produit par la putréfaction des végétaux.

La tourbe est elle-même une espèce d'humus produite par l'accumulation de plantes plus ou moins décomposées, et du genre de celles qui croissent dans les lieux bas et humides; aussi a-t-elle beaucoup de rapports avec l'humus acide, et participe-t-elle à ses propriétés.

Chacune des substances dont je viens de parler, si elle demeurait seule et isolée, formerait un sol impropre à la végétation; leur mélange dans les proportions les plus convenables, constitue un terrain éminemment fécond.

Jusqu'à présent on a classé les terres d'une manière pratique, soit d'après le genre de produits auquel elles paraissaient propres, soit d'après leurs caractères extérieurs apparens. Aujourd'hui nous pouvons en opérer une classification beaucoup plus méthodique et beaucoup plus sûre.

Nous distinguons les qualités des terrains en physiques et chimiques. Aux premières appartiennent le plus ou moins de cohérence, de tenacité et de porosité du sol; sa disposition à s'imprégner d'eau et à retenir ce liquide, ou, au contraire, à le laisser couler et évaporer; la profondeur de la couche supérieure du sol, et la nature de l'inférieure; sa situation et sa température; sa position plate ou inclinée; son exposition vers l'un ou l'autre des points cardinaux, par conséquent le plus ou moins de facilité qu'il a de jouir des rayons du soleil; l'action que les vents et les orages ont sur lui; la nature de l'atmosphère dont il est environné; enfin sa propreté, qualité qui caractérise l'absence de mauvaises herbes et de pierres.

Les qualités chimiques du sol dépendent de la quantité d'humus et de substances propres à alimenter ou à faciliter la végétation, qui entrent dans sa composition. Ces dernières qualités dépendent donc en grande partie de la quantité d'engrais qu'on incorpore au sol, et de la nature des produits qu'on a retirés de celui-ci; et comme elles contribuent essentiellement à la fécondité et à la valeur du terrain, il s'ensuit que cette valeur hausse ou baisse, non-seulement suivant la nature des propriétés physiques du sol, c'est-à-dire selon son degré de fertilité, mais encore d'après son état chimique; c'est-à-dire d'après la proportion de quantité des substances propres à la végétation qui y sont contenues, d'après le degré de sa richesse.

## AGRICULTURE.

L'agriculture consiste à préparer le sol et à le mettre en état de produire les récoltes qu'on en exige, dans la perfection qu'on doit désirer.

L'auteur la divise elle-même en deux branches, dont une comprend l'amélioration du sol qui est due à l'addition des principes propres à la nutrition des plantes et de la végétation qu'on opère, ou tout au moins qu'on facilite en mettant en action ceux que le terrain contient déjà ; c'est l'*agriculture chimique.* La seconde, que nous désignons sous le nom d'*agriculture mécanique,* consiste à travailler et ameublir le terrain, dans la juste mesure qui favorise l'action des racines des plantes et de leurs suçoirs.

Cette première partie seulement est contenue dans ce volume ; la seconde l'est dans le troisième, et s'y trouve à la portée de tous les lecteurs.

Les substances que nous comprenons sous le nom d'engrais, agissent de deux manières dans le sol :

1° En lui communiquant des sucs propres à la nourriture des plantes ;

2° En mettant en action ceux qui sont déjà contenus dans le sol, peut-être aussi en donnant aux organes des plantes une vigueur et une activité qu'ils n'auraient point sans cela *.

* Les substances qui agissent de cette manière ne sont pas plus des *engrais* que certains digestifs, par exemple,

Toutes les substances organiques qui sont entrées en putréfaction, qui se sont décomposées ou pourries, contiennent les élémens nécessaires à la reproduction des plantes que nous cultivons, pourvu que, au lieu d'être réunies en masse, elles soient mélangées avec le sol dans une proportion convenable. Le terreau produit par la décomposition des végétaux paraît agir sur la végétation uniquement comme aliment; tandis que celui qui a été produit par des corps animaux, non-seulement opère avec plus de promptitude, mais encore agit sur les sucs que le sol contenait déjà, et les met en œuvre.

Les engrais minéraux qui ne contiennent aucune matière organique, opèrent essentiellement par la faculté qu'ils ont de procurer la décomposition. Je dis essentiellement, car nous avons vu que la chaux entrait comme partie constituante dans la formation des plantes.

On conçoit que les parties constituantes des divers corps organisés variant à l'infini, la nature des terreaux ou des engrais qui en proviennent doit varier de même.

l'extrait d'absinthe, la teinture de quinquina, etc., ne sont des alimens pour l'homme ; elles sont des agens de décomposition, des purgatifs ou des stimulans, si je puis me servir de ces termes pour exprimer une action sur les organes des plantes.

Les corps animaux ont une putréfaction plus prompte, plus rapide que les végétaux, à tel point même qu'ils accélèrent celle des corps qu'on leur associe. C'est par cette raison que les végétaux qui ont passé par le corps des animaux sont beaucoup plus promptement décomposés; c'est aussi pour cela qu'il est avantageux de mêler les substances dont la décomposition est difficile, avec les excrémens des animaux, en les employant comme litière.

Il paraît que, dans l'action des viscères de l'animal, il se fait un échange de substances entre le corps lui-même et les alimens qui passent au travers des intestins; ainsi, à mesure que les viscères de l'animal s'approprient une partie des alimens, ils rendent à ces alimens quelques parties du corps de l'animal, laquelle aide à la décomposition des substances végétales et en modifie les propriétés ; il paraît aussi que les sucs gastriques ont une grande part à cet effet.

La quantité de parties animales que le bétail communique aux alimens qui passent par ses intestins, est beaucoup plus grande lorsqu'il reçoit une nourriture très-substantielle, telle, par exemple, que les grains ; d'ailleurs, la quantité de sucs contenue dans le résidu de la putréfaction, est beaucoup moins en rapport avec le volume de ce résidu, qu'avec la nature des substances simples dont il est composé. Je veux dire qu'un petit volume de fumier, produit par des alimens très-nourrissans, contient une proportion de sucs tout autrement considérable, qu'un même volume de fumier produit par de la paille ou des substances de ce genre.

Outre cela, le fumier varie en qualité avec la nature des animaux qui l'ont produit. Le fumier de cheval éprouve une fermentation forte et rapide, il convient surtout aux terrains argileux et froids, et à ceux qui retiennent l'humidité.

Celui des bêtes à cornes entre moins vite en fermentation ; son action est plus lente, mais plus durable, et il convient mieux aux terrains chauds et légers, il en augmente la consistance.

Celui des bêtes à laine se décompose promptement, pourvu qu'il soit serré et qu'il conserve l'humidité que lui donnent les urines. Dans le sol, il produit un effet très-prompt, mais aussi moins durable que celui des autres fumiers. Il est particulièrement propre aux terrains froids et tenaces.

Si le fumier de cochons est bien soigné, et s'il provient de bêtes bien nourries, il accomplit très-bien sa fermentation et devient très-actif.

Le fumier de volaille, quoique employé en petite quantité, produit un effet étonnant; il paraît avoir éminemment la faculté d'accélérer la décomposition des matières organiques. Il est essentiel de le diviser autant que cela est possible, et de l'employer sur le terrain, en laissant aux pluies le soin de l'entraîner dans le sol.

Les excrémens humains sont du nombre des engrais les plus actifs; il convient même de les faire entrer dans des composts, ou, mieux encore, de les faire sécher, de les réduire en poudre en les mêlant avec de la chaux pour détruire leur puanteur, et de les employer épandus par-dessus le sol en petite quantité.

Les procédés de la manipulation et de la conservation des fumiers d'étable varient infiniment; le plus souvent on recueille les excrémens du bétail par le moyen de la litière, et on les place ensuite en tas pour y subir leur fermentation et y rester jusqu'au moment où on les charrie. Chaque pays a ses usages particuliers sur la manière d'opérer ces tas et sur la place qu'on doit leur assigner.

Si ces tas sont couverts, ou, mieux encore, hors du contact d'une atmosphère trop libre, la fermentation s'y opère d'une manière tout à la fois plus prompte et plus égale, et ils perdent une beaucoup moins grande partie des substances volatiles qu'ils contiennent. Mais le plus souvent on dépose les fumiers dans des places spécialement destinées à cet usage et disposées en conséquence ; et si l'on a soin d'y étendre chaque jour le fumier avec soin, de manière qu'il n'y reste pas des places vides qui favorisent la moisissure, les fumiers y acquièrent une bonne qualité.

Lorsque les terrains d'un domaine varient beaucoup dans leur composition, il convient de mettre à part le fumier de chaque espèce d'animaux, afin de conserver à chaque sorte de terrain le fumier qui est le plus propre à l'amender ; autrement il vaut mieux mêler ensemble les excrémens des divers animaux, à l'exception cependant de ceux de la volaille.

Il importe de ne pas charrier, ni même remuer le fumier pendant sa plus grande fermentation, parce qu'alors il perdrait une grande partie des substances volatiles qu'il contient, et que d'ailleurs, si cette fermentation était interrompue, elle ne recommencerait plus que difficilement. Mais, pour les terrains froids et tenaces, surtout lorsqu'on fume abondamment, il est avantageux de charrier les fumiers, autant que cela est possible, déjà avant cette fermentation, en ayant soin de les enterrer d'abord, et de pourvoir à ce qu'ils soient bien introduits dans le sillon et recouverts; de cette manière leur fermentation contribue essentiellement à l'ameublissement du sol et à la division de ses parties.

Dans les terrains légers et meubles, il vaut mieux ne charrier les fumiers que lorsqu'ils ont accompli leur fermentation. Il importe aussi de les épandre d'abord, afin que leurs sucs ne s'accumulent pas trop dans les places où ces engrais ont été déposés. Au reste, contre l'opinion qu'on a eue jusqu'ici, l'auteur pense que les fumiers épandus sur le sol après avoir subi leur fermentation, ne perdent pas à être ainsi long-temps exposés aux influences du soleil et de l'atmosphère; il a éprouvé et j'ai éprouvé moi-même de très-bons effets de la méthode d'épandre les engrais sur le sol sans les enterrer avant l'hiver.

La répartition, l'emploi et la bonne distribution des engrais, est, sans contredit, une des parties les plus essentielles de l'agriculture. Fumer dans la juste mesure est un point aussi important que difficile à atteindre. Si l'on fume trop peu, les récoltes demeurent faibles sans avoir coûté moins de travail; si l'on amende trop fortement, les récoltes céréales surtout, versent et ne produisent que peu de grain. Le meilleur moyen d'échapper à ces deux inconvéniens, consiste à fumer abondamment, mais pour un genre de récolte préparatoire qui n'ait rien à redouter de l'excès en ce genre, comme la plupart des récoltes racines, le colza, les choux, le maïs, les fèves, et les vesces à faucher en vert ; ces produits absorbent cet excédant des sucs du fumier qui pourrait nuire aux céréales, ou du moins ils modèrent l'action des engrais qui avaient été mis dans le sol où ils ont végété.

Quelquefois, au lieu d'appliquer les fumiers immédiatement au sol, on les mélange avec toutes sortes de substances d'une décomposition difficile, pour en former des composts, qu'on emploie ensuite avec plus d'avantage en les épandant par-dessus les semailles, et surtout au printemps, pour fortifier celles qui n'ont qu'une chétive apparence.

Mais l'auteur observe très-judicieusement que pour avoir recours aux composts, il faut, avant tout, avoir à sa disposition une abondante quantité d'engrais, puisque de cette manière ces engrais ne sont mis en œuvre qu'une année plus tard. A cela je dois ajouter que les frais de manipulation des composts, surtout si ceux-ci doivent être brassés assez souvent pour faire germer et détruire les mauvaises herbes que contiennent ordinairement les terres qu'on y mêle, que ces frais, dis-je, dépassent, le plus souvent, les avantages que la méthode des composts procure. Il vaut mieux déposer sous le tas de fumier les matières qui sont d'une putréfaction difficile, et là, les laisser se décomposer peu à peu d'elles-mêmes, à l'aide des sucs que le fumier y laisse couler.

Lorsqu'on manque de paille pour litière, on emploie à cet usage des feuilles d'arbres, surtout de hêtres, de noyers ou de châtaigniers ; de la bruyère, des roseaux, des plantes aquatiques, de la fougère et même de la mousse ; celle-ci ne se décompose que difficilement. On doit éviter de se servir pour cela de matières mêlées de semences de mauvaises herbes.

On consacre aussi la tourbe à cet usage, surtout dans les bergeries, et en effet les excrémens de bêtes à laine sont plus propres que d'autres à purger la tourbe de son acidité.

A défaut d'autres substances, on peut également employer des gazons en guise de litière ; quant à la terre pure, elle ne saurait présenter de grands avantages. Elle n'est point susceptible de putréfaction ; d'elle-même elle ne peut donc pas être un engrais, et loin de garantir le bétail de l'humidité et de la malpropreté, elle retient et concentre au contraire l'une et l'autre ; de sorte que son emploi ne procure aucun bien qui puisse compenser les frais de transport et de manipulation qu'il occasione.

L'usage de donner une litière au bétail n'est pas universel; souvent on recueille les excrémens seuls, et dans ce cas on dispose les écuries de manière à favoriser la propreté. Dans quelques contrées les gros excrémens sont conservés séparément dans des tas hors des étables, tandis qu'on recueille les urines dans de grands réservoirs, où on les mélange avec de l'eau et quelquefois avec d'autres substances, pour les laisser fermenter et les transporter ensuite sur les terres. Alors il est essentiel d'avoir plusieurs de ces réservoirs, afin de pouvoir laisser fermenter ce liquide dans les uns, tandis que les autres se remplissent.

On fait de grands éloges de ces engrais liquides; il paraît qu'on en retire de grands avantages, surtout en Suisse, où l'art de leur manipulation a été perfectionné; cependant il ne paraît pas entièrement démontré que les frais de cette manipulation ne contrebalancent pas, ou à peu près, les profits qu'on en retire.

Le parcage est un amendement produit par les excrémens du bétail renfermé dans un enclos mobile, assez étroit pour que ces excrémens soient répartis sur le sol d'une manière uniforme. En général on ne fait parquer que les bêtes à laine, à la santé desquelles l'auteur pense que cette méthode est nuisible, sans présenter d'autre avantage réel que d'épargner le transport des engrais sur des champs éloignés ou d'un difficile accès.

La richesse de l'amendement donné par le parcage ne dépend pas seulement du resserrement de l'espace laissé à chaque bête dans le parc, mais aussi de l'espace de temps durant lequel ces bêtes y séjournent, et de l'abondance de la nourriture qu'elles ont eue, soit au pâturage, soit dans la bergerie. Il convient donc de proportionner à ces diverses circonstances, tant les dimensions du parc, que la durée du parcage.

Le corps des animaux morts et les dépouilles de boucherie sont une excellente espèce d'engrais, mais il convient de les mettre en tas avec de la chaux et de la terre pour accélérer leur décomposition et les débarrasser de leur puanteur.

La corne, le résidu de la fabrication des peignes, la corne du pied des animaux, peuvent aussi être employés comme engrais; il en est de même du poil, de la laine et des vieux cuirs; mais, comme ceux-ci sont d'une décomposition difficile, il faut leur associer un peu de chaux vive.

Enfin, on obtient de très-bons effets du

résidu de la fabrication des chandelles et des
raffineries de sucre, dans les lieux où l'on peut
se les procurer en quantité tant soit peu considérable.

Les engrais végétaux, ainsi que je l'ai dit
plus haut, ont une action plus lente, mais plus
durable. Toutes les plantes qui végètent dans
le sol puisent dans l'atmosphère une partie
de leur nourriture; ainsi, lorsque étant encore
vertes, elles sont renversées et enterrées, elles
communiquent à la terre des sucs qu'elle n'a-
vait pas auparavant. C'est à cette circonstance
qu'on doit attribuer l'amélioration que le sol
éprouve lorsqu'on le laisse dans l'état que
nous caractérisons sous le nom de repos.
L'on conçoit ainsi que plus le sol est garni
d'herbes, plus ces herbes y végètent avec
force, plus l'amélioration doit être considérable, surtout si l'on enterre dans le sol la
plante tout entière, sans en rien emporter,
et avant que, dans la dessiccation, une grande
partie de ses sucs aient été évaporés. De là
vient que le repos profite beaucoup plus aux
terrains riches et qui produisent beaucoup
d'herbe, qu'à ceux dont la surface reste nue.

On procure au sol un amendement végétal
bien plus abondant, lorsque, au lieu de l'a-
bandonner à lui-même, on y sème, avec les

soins convenables, des récoltes adaptées à sa nature et qui végètent avec beaucoup de force, et lorsqu'on les enterre immédiatement après leur floraison, ou bien qu'on les fait manger sur place par du bétail qui y séjourne nuit et jour. En Italie cette méthode date de la plus haute antiquité; on y fait usage, pour cet effet, surtout des lupins et des fèves; en Angleterre, c'est plutôt des vesces, et surtout des turneps ou navets : l'auteur recommande particulièrement la spergule des champs. On emploie avec beaucoup de succès le blé noir au même usage.

Toutes les dépouilles de végétaux sont propres à servir d'engrais, pourvu que, avant de s'en servir, on y mêle quelques substances animales, ou de la chaux, afin d'en accélérer la décomposition.

Le terreau qu'on trouve dans les bas-fonds et quelquefois sous l'eau dans les étangs, est de la même nature que les engrais végétaux, mais il importe de ne le charrier que lorsqu'il est absolument sec, soit afin que son transport soit moins coûteux, soit afin de pouvoir mieux diviser cette substance. La quantité nécessaire à l'amendement d'une étendue de terrain donnée, dépend surtout de la nature de ce terreau, et en partie aussi de la fertilité du sol, puisque lorsque celui-ci a déjà de la fécondité, il a besoin d'une moins grande addition de sucs pour parvenir à ce point où il rend les plus belles récoltes, sans que les grains courent risque d'y verser.

Il importe beaucoup que le terreau soit parfaitement mélangé avec le sol, et que ce mélange ait lieu aussitôt après que le terreau a été épandu, afin que celui-ci ne s'agglomère pas, et ne forme pas des mottes.

Quoique la tourbe soit composée de dépouilles de végétaux, on ne peut employer immédiatement à l'amendement des terres que celle qui est légère et meuble, et cette espèce de terreau qui s'en détache dans le frottement; celle qui est pesante, qui contient de l'acide, et surtout du bitume, a besoin, pour être convertie en engrais, de demeurer long-temps en tas, mêlée avec de la chaux vive ou avec des fumiers très-actifs, ou enfin avec du sable bien grené.

Enfin, on a employé avec un grand succès à l'amendement des terres, du charbon de terre bitumineux; mais cette substance paraît agir bien plus comme agent de décomposition, c'est-à-dire par la faculté qu'elle a d'accélérer la décomposition des matières organiques auxquelles elle est associée, que comme aliment proprement dit.

Les défauts qui caractérisent une espèce de terrain peuvent, sans contredit, être corrigés en ajoutant à celle-ci des terres qui se distinguent par l'excès contraire ; mais elles sont rares les circonstances où les frais de telles améliorations n'excèdent pas les avantages qu'on peut en retirer ; peut-être même se réduisent-elles au seul cas où la couche inférieure du sol a en elle les qualités qui peuvent corriger les défauts de la couche supérieure. D'ailleurs, le mélange du sable avec l'argile est d'une difficulté extrême ; on ne peut l'opérer que par des labours très-multipliés, en choisissant pour cela les momens les plus favorables.

Cependant on améliore d'une manière durable la nature physique des terrains argileux, en les écobuant, en brûlant leur superficie ; parce que le feu durcit les parties intégrantes du sol, en même temps qu'il les sépare par la combustion des racines et des fibres qui y étaient renfermées, et qu'ainsi il s'y forme une sorte de gravier ou de sable.

On améliore les terrains riches, spongieux, qui manquent de consistance et sont exposés à l'humidité, en y charriant du sable qu'on épand à leur superficie.

La *chaux* agit sur le sol, non-seulement en facilitant la décomposition des dépouilles de plantes et d'animaux qui y sont contenues, et en les mettant en action, mais encore en absorbant son acidité. Outre cela il paraît qu'elle fournit aux plantes une nourriture réelle, puisqu'on trouve de cette substance dans l'analyse de la plupart des végétaux.

La chaux calcinée (vive) a plus d'efficace pour l'amendement des terres que la chaux brute (pierre à chaux); dans ce premier état elle agit avec beaucoup plus de force sur les corps organiques, et elle attire fortement à elle les sucs contenus dans l'atmosphère.

Comme la chaux produit son effet, bien moins par elle-même, qu'en mettant en action les substances que le sol contenait déjà, elle agit d'une manière bien plus sensible sur les terrains riches que sur ceux qui ont été appauvris. Si l'on n'a pas soin de faire alterner l'emploi des fumiers avec l'usage de la chaux, le sol ne tarde pas à être absolument épuisé. Le cultivateur sage qui a de la chaux à sa disposition, l'emploie d'abord à se procurer des substances qu'il puisse convertir en engrais, et avec ceux-ci il donne au sol de nouveaux sucs, qui lui permettent de recourir encore à l'emploi de la chaux; ainsi, par un judicieux usage des moyens que la nature et l'art ont mis à sa disposition, il parvient à augmenter la fécondité de son fonds et les moyens de l'alimenter.

Les terrains argileux supportent, mieux que les sablonneux, des amendemens de chaux réitérés, parce que cette dernière substance diminue leur ténacité et leur disposition à retenir l'humus ; mais si l'on pousse cet emploi à l'excès, l'on réduit le sol à un état de stérilité, dont on ne peut le tirer qu'en le fumant plusieurs fois, et peut-être en le laissant reposer.

On se sert ordinairement de la chaux d'abord après qu'elle a été éteinte, parce qu'alors elle produit plus d'effet, et qu'elle peut plus facilement être réduite en poudre ; on l'emploie ou immédiatement sur les champs, en l'épandant avec tout le soin possible, et en la mêlant complètement avec le sol au moyen de hersages, de labours superficiels, etc. ; ou bien dans des composts, en la mêlant avec des gazons, des dépouilles de végétaux, ou d'autres matières dont elle favorise la décomposition.

La quantité de chaux à appliquer à un espace de terrain, varie infinimnet, et dépend non-seulement de la nature de la chaux elle-même, de son plus ou moins de pureté, et de la nature du sol, c'est-à-dire de la proportion d'argile et de la quantité de matières organiques non décomposées qu'il contient, mais aussi du temps qui s'est écoulé depuis le dernier amendement, ou de celui qui s'écoulera jusqu'à ce qu'on en donne un nouveau du même genre. Si l'on a fréquemment recours à l'emploi de la chaux, on doit l'appliquer au sol en quantités beaucoup plus modérées.

Les opinions varient encore sur les effets que la chaux produit dans les prairies ; cependant on ne saurait douter que si on l'y épandait en trop grande proportion, les plantes n'en fussent altérées. Cette substance semble être avantageuse aux prairies sèches, lorsqu'elle y est employée en petite quantité, tandis que, dans les lieux humides, on n'en aperçoit aucun résultat satisfaisant.

Les eaux qui contiennent de la chaux en dissolution produisent d'excellens effets sur les prairies, et d'autant plus qu'elles sont plus rapprochées de leur source. Lorsqu'elles sont long-temps exposées au contact de l'air, elles déposent ou laissent précipiter peu à peu la chaux qu'elles tenaient en dissolution.

On obtient aussi des effets avantageux de la chaux non calcinée, mais ces effets sont beaucoup moins sensibles ; d'ailleurs, lorsqu'elle est dans cet état, il est très-difficile de la briser et de la réduire en poudre.

La *marne*, qui, ainsi que nous l'avons vu, est une combinaison d'argile et de chaux, agit de deux manières sur les terres ; par le moyen de l'argile elle change leur nature physique, et par le moyen de la chaux elle communique au sol de nouveaux alimens, mais surtout elle met en œuvre ceux qu'il contient déjà. Des marnages qui alternent successivement avec des amendemens de fumier donnent au sol une grande fécondité; mais des marnages répétés successivement, sans mélange d'autres engrais, appauvrissent le sol au point de le rendre à peu près stérile.

Le charroi formant la plus grande partie des frais du marnage, il importe de se procurer la marne autant que cela est possible dans le voisinage des lieux auxquels on la destine, et de mettre dans la distribution des ouvriers et des attelages qui sont employés tant à l'extraire qu'à la charrier, un ordre qui prévienne les pertes de temps. Dans tous les cas la prudence veut qu'on fasse l'essai du marnage sur de petites surfaces, afin d'en calculer d'avance les frais, et de les mettre en opposition avec les avantages qui doivent en résulter.

Il en est de la quantité de marne à donner à un champ comme de celle de la chaux; elle varie selon la nature de la marne et du sol, et selon l'espace de temps durant lequel on veut que son effet se prolonge. Comme la chaux, la marne demande à être mêlée avec le sol aussi soigneusement que cela est possible; pour cet effet il convient de la charrier sur les champs avant la gelée, afin que celle-ci et le dégel la divisent et la pulvérisent.

Le *gypse* (plâtre), épandu sur les trèfles et sur les plantes à fleurs légumineuses et crucifères en général, produit des effets étonnans, pourvu que le sol soit dans un état prospère; car sur des terrains maigres et épuisés, il ne produit pas des avantages sensibles. Il paraît avoir aussi beaucoup plus d'action dans les terrains secs que dans les humides, en temps sec qu'en temps pluvieux.

Le gypse, ou plâtre, agit principalement sur les plantes elles-mêmes; cependant il n'est pas sans influence sur le sol; une expérience faite par l'auteur semble du moins le démontrer.

Les recherches faites jusqu'à ce jour pour découvrir de quelle manière cette substance opère n'ont pas encore produit une solution satisfaisante de ce problême; mais il ne saurait y avoir aucun doute sur la réalité de l'effet. L'usage a démontré que pour employer le plâtre, le mieux est de choisir le moment où les feuilles du trèfle et des autres plantes auxquelles on le destine commencent à couvrir le sol, et de l'épandre le matin à la rosée, ou le soir vers le coucher du soleil, par un temps calme, et lorsqu'on n'a pas à redouter la pluie.

Le plâtre ne produit que peu ou point d'effet direct sur les blés et les graminées céréales en général; mais bien un indirect, en améliorant considérablement les récoltes à fourrages, et surtout les trèfles auxquels il est appliqué. Non-seulement par le moyen de ceux-ci il procure une plus grande quantité d'engrais, mais encore les blés et surtout le froment, deviennent beaucoup plus beaux lorsque le trèfle auquel ils succèdent a été plâtré, que lorsqu'il ne l'a pas été.

Divers *sels* sont propres à l'amendement des terres, et dans leur nombre le sel commun et le salpêtre employés en petites quantités, mais surtout ces concrétions qui s'attachent aux fagots des bâtimens de graduation et aux chaudières dans les salines : ce résidu des salines est fort recherché et entre en concurrence avec le plâtre. Quant au sel commun et au salpêtre, ils sont trop coûteux pour pouvoir être destinés à un tel usage.

Dans ces derniers temps on s'est aperçu que le vitriol, employé aussi en petite quantité, avait la propriété d'amender les terres, tandis qu'il nuisait essentiellement à celles dans lesquelles il se trouvait en abondance ; mais les expériences faites sur ce sujet n'y répandent point assez de lumière pour éclaircir tous les doutes. Ce qui paraît démontré, c'est le bon effet qu'ont produit pour l'amendement des terres la tourbe et charbon de terre imprégnés de vitriol.

Les *cendres* sont beaucoup plus efficaces pour l'amendement du sol, et sont fréquemment employées à cet usage ; elles sont en général composées de potasse et de différentes terres élémentaires, surtout de chaux. Ainsi que la chaux, la potasse est un agent de décomposition très-actif, mais le plus souvent on emploie les cendres après qu'elles ont été lessivées, par conséquent lorsqu'elles sont privées de cette substance, et dans cet état elles ne laissent pas de produire de l'effet ; il faut donc que les cendres recèlent quelque élément qui nous soit encore inconnu.

On se sert des cendres ou en compost, ou épandues par-dessus le sol, sans les enterrer.

Les cendres de tourbe diffèrent essentiellement de celles de bois ; elles ne contiennent que très-peu de potasse libre, et en revanche une beaucoup plus grande proportion de chaux.

Au reste, elles varient à l'infini comme les espèces de tourbe, et leurs effets présentent ainsi des résultats très-dissemblables. En général la cendre de tourbe légère et meuble produit plus d'effet que la pesante, probablement parce qu'elle contient une moins grande proportion de sable ou de silice.

L'agriculteur qui peut disposer des diverses substances dont nous venons de parler, trouve, dans un emploi judicieux et alternatif des fumiers chauds et actifs, des engrais végétaux dont l'action est à la fois plus lente et plus durable, et des substances qui accélèrent la décomposition des matières organiques ou donnent de la vigueur aux organes des plantes ; il trouve, dis-je, des moyens efficaces de multiplier les produits de son terrain, et de tirer un grand parti de sa culture.

Tel est en résumé le contenu de ce volume ; si j'ai atteint le but que je me suis proposé, la lecture de ce court exposé démontrera toute l'importance du travail de l'Auteur, et engagera à l'étudier avec l'attention qu'il exige, avec ce détail auquel nulle circonstance n'échappe.

En rédigeant cet abrégé, j'ai cherché à être utile aux personnes qui sont étrangères à la chimie et à sa nouvelle nomenclature ; je me suis donc abstenu d'employer les termes

même plus précis que la science a consacrés,
pour ne faire usage que de ceux seulement qui
sont reçus dans notre langage vulgaire. Je sais
de combien de défaveur la chimie est couverte
aux yeux du cultivateur pratique, je sais les
reproches que les préjugés prodiguent à cette
science; et ne pouvant vaincre ces préjugés que
par les faits, j'ai cherché à ôter à ceux-ci l'appareil qui en éloignait, persuadé que celui qui
s'en sera approché n'en demeurera point à
ce premier examen.

AFIN DE FACILITER la lecture des sections III
et IV aux personnes qui n'ont aucune notion
de chimie, je vais donner ici une explication
succincte des principaux termes consacrés à ce
sujet.

CALORIQUE. On donne ce nom au feu ou
au principe qui produit la sensation de la chaleur. Il perd sa qualité chauffante en se combinant avec différens corps. Les liquides sont
des combinaisons de solides avec le calorique.
Toutes les fois que l'eau liquide perd beaucoup de calorique en se combinant avec d'autres corps, on doit la considérer comme solide
dans ses combinaisons. Sous cette modifica-

tion elle porte, dans les sels cristallisés, le nom d'eau de *cristallisation.* La solidité du mortier et la chaleur que produit la chaux vive en se combinant avec l'eau sont des résultats de la solidification de ce liquide dans la chaux. Plusieurs observations indiquent que les végétaux considérés dans l'état sec sont en grande partie formés de carbone ( ou charbon pur ) et d'eau qui s'est fixée sous l'état solide pendant la végétation.

Lorsque le calorique, en se combinant avec certains corps, leur donne toutes les propriétés physiques de l'air, ces combinaisons portent le nom de *gaz.*

Air atmosphérique. Notre atmosphère est principalement formée de trois espèces de gaz : le gaz oxigène, le gaz azote et le gaz acide carbonique, que nous allons examiner séparément. Ces gaz sont mêlés dans l'atmosphère avec de l'eau en état de vapeur, et avec une multitude de molécules végétales et animales que leur légèreté y tient souvent suspendues, et qui contribuent probablement à la nutrition des végétaux.

Gaz oxigène. Ce gaz, qui constitue environ la cinquième partie de notre atmosphère, est le seul qui, dans son état de pureté, soit propre à la respiration, et qui entretienne essen-

tiellement la vie des animaux et des plantes.
Sans sa présence, aucun corps combustible ne
peut brûler. Le gaz oxigène entre presque
toujours dans la composition des acides; en
s'alliant aux métaux, il forme les oxides ou les
chaux métalliques.

GAZ AZOTE. Ce gaz forme environ les quatre
cinquièmes de notre atmosphère. Les animaux
ne peuvent y vivre lorsqu'il est pur ou sans
mélange de gaz oxigène. Il entre dans la composition de la plupart des matières animales,
et il sert, par sa présence dans ces substances,
à les distinguer des substances végétales qui en
contiennent beaucoup moins. Combiné avec
le gaz oxigène, il forme l'acide nitrique ou l'esprit de nitre. La combinaison de l'azote avec
l'hydrogène constitue l'ammoniaque ou l'alcali
volatil. C'est à ce dernier composé qu'est due
l'odeur piquante exhalée souvent par les excrémens animaux en putréfaction.

GAZ ACIDE CARBONIQUE. Ce gaz, connu long-
temps sous le nom d'air fixe, est produit par
la combinaison de soixante-treize parties en
poids d'oxigène, avec vingt-sept parties de carbone ou de charbon pur. Il ne paraît pas entrer pour plus d'un millième dans la composition de l'air atmosphérique. Il se dégage en
abondance des cuves qui fermentent, et en

général de toutes les matières animales et végétales qui sont en fermentation. Toutes les eaux de sources en contiennent une plus ou moins grande quantité. Certaines eaux minérales dites acidules, telles que l'eau de Seltz, lui doivent leurs principales vertus. Les animaux ni les plantes ne peuvent vivre dans ce gaz lorsqu'il est pur; mais il joue un rôle important dans la nutrition végétale, lorsqu'il est mêlé en petite quantité à l'air atmosphérique; les plantes décomposent ce gaz; elles s'approprient le charbon ou le carbone dont il est composé, et rejettent une partie de son autre principe que nous avons dit être le gaz oxigène.

Les sels qui résultent de l'union du gaz acide carbonique avec diverses bases portent le nom de *carbonates*.

Gaz hydrogène ou air inflammable. Ce gaz se distingue par la propriété qu'il a de s'enflammer en se combinant avec le gaz oxigène, et en ne formant que de l'eau pure dans cette combinaison. Cent parties en poids d'eau sont formées de 88 parties d'oxigène et de 12 parties d'hydrogène. C'est seulement à l'aide de l'art qu'on obtient ce gaz en état de pureté. Mais on le trouve fréquemment, dans la nature, allié au carbone, ou en combinaison triple avec l'oxigène et le carbone. Suivant la nature de ces combinaisons, il porte le nom d'*hydrogène carburé* ou d'*hydrogène oxicarburé*. Les matières végétales et animales en putréfaction, les eaux croupissantes en produisent une grande quantité. Le gaz hydrogène se trouve très-souvent allié au soufre; il porte alors le nom de gaz *hydrogène sulfuré*.

Acides. On donne ce nom aux corps qui se distinguent par une saveur aigre, par la propriété de rougir plusieurs couleurs bleues végétales, et par une grande tendance à s'unir aux terres, aux alcalis et aux oxides métalliques. La plupart des acides sont des combinaisons de l'oxigène avec une base. *L'acide sulfurique,* l'huile ou l'esprit de vitriol est une combinaison de l'oxigène avec le soufre. Les sels dont cet acide est un élément portent le nom de *sulfates. L'acide nitrique* ou eau forte, ou esprit de nitre, est une combinaison de l'azote avec l'oxigène. Les sels que cet acide forme avec diverses bases portent le nom de *nitrates. L'acide phosphorique* est une combinaison de l'oxigène avec le phosphore. Les sels dont cet acide est un élément s'appellent *phosphates. L'acide muriatique,* connu sous le nom d'acide marin ou esprit de sel, est un des acides les plus abondans et les plus répandus dans la nature, puisqu'il entre dans la composition du sel marin. Les sels que cet acide forme sont appelés *muria-tes*. On ne connaît point encore la composition de l'acide muriatique.

ALCALIS. Les alcalis sont des substances caractérisées par une saveur âcre, brûlante, urineuse, par la propriété de verdir certaines couleurs bleues végétales, de se combiner facilement avec les acides, de se dissoudre dans l'eau, de former des savons dans leur combinaison avec les huiles, et d'altérer ou de dissoudre les substances animales lorsqu'ils sont dans un état de concentration. On connaît trois espèces d'alcalis, la *potasse,* la *soude* et l'*ammoniaque.* La *potasse* peut s'extraire de la lessive des cendres de presque toutes les plantes qui croissent dans des lieux éloignés de la mer. Elle forme avec quelques acides des sels qui sont d'un grand usage dans les arts. Telle est sa combinaison avec l'acide nitrique qui constitue le salpêtre ou *nitrate de potasse.* La *soude* ou l'*alcali minéral,* qui sert de base au sel marin ou *muriate de soude,* se retire de la lessive des cendres des plantes marines. L'*ammoniaque* ou alcali volatil se distingue éminemment des précédens par la propriété qu'il a de se réduire à l'état

de gaz, par son odeur piquante, et par la facilité avec laquelle il se sépare de toutes ses
combinaisons.

Le soufre s'allie aux alcalis et forme des
composés remarquables par leur odeur fétide
d'œufs pourris. Ces combinaisons sont connues sous les noms de *sulfures alcalins* ou
de foies de soufre. Quand ces sulfures sont
dissous dans l'eau, ils portent le nom d'*hydro-
sulfures*.

# PRINCIPES

### RAISONNÉS

# D'AGRICULTURE.

## SUITE DE LA SECTION II.

## RAPPORTS RÉCIPROQUES DES DIVERS SYSTÈMES DE CULTURE,

### PRÉSENTÉS PAR DES EXEMPLES.

### § 396.

AFIN de mettre en opposition les systèmes de culture dont on s'occupe le plus, je vais donner ici, en neuf tableaux comparatifs, le compte d'un pareil nombre d'exploitations rurales, dont je suppose le terrain de même nature et de même étendue. Ces comptes sont très-variés, et ils diffèrent sensiblement les uns des autres, soit à l'égard des soles et des produits, soit à celui du bétail et des travaux. Je ne présente ici que ce qui est le plus ordinaire, et je laisse à chacun de mes lecteurs le soin de se faire une représentation semblable de la culture de tout autre fonds, d'après les idées qu'il peut en avoir.

Au reste, dans ces tableaux, je n'ai aucun égard à l'industrie dans la direction du bétail ; ils doivent donc être envisagés bien moins comme des évaluations de produits que comme des comparaisons entre ces divers genres de culture.

La surface de terrain que je prends ici pour exemple est de 1450 journaux, dont 150 sont en prairies à demeure. Dans les exploitations calculées d'après l'assolement triennal, 300 journaux de terres sont en pâturages découverts, ou bien il y a l'équivalent en pâturages de bois ; les uns et les autres sont exclusivement réservés à cette destination. Dans celles soumises à la culture alterne, au contraire, 200 journaux peuvent être joints aux soles et mis en culture, par conséquent être transformés en champs ; alors les terres arables sont portées à 1200 journaux.

Je suppose que le sol soit une bonne terre à orge, ou une argile douce, peut-être un peu calcaire, et contenant de 60 à 50 pour 100 de sable.

Je suppose aussi que le sol ait été déjà, pendant une rotation entière, soumis au même assolement, ou que tout au moins, il ait reçu une fois l'amendement complet que j'indique ici ; je suppose également qu'on donne aux labours, aux semailles et à la récolte, tous les soins nécessaires ; qu'on fasse toutes ces choses en leur temps et avec activité, et que d'ailleurs chaque produit ait le genre de culture qui lui convient.

### § 397.

Je dois donner les explications suivantes à l'égard des divisions contenues dans ces tableaux.

La colonne *a* contient, sous la dénomination *genre*

*de culture*, l'assolement ou la rotation des récoltes, la distribution des soles.

Quant au genre de produits de ces diverses soles, il faut observer que j'y ai porté seulement ceux qui sont les plus ordinaires, ceux qu'on trouve dans toutes les exploitations rurales du même genre. Celles qui ont à leur disposition une abondante quantité d'engrais pourraient cultiver des végétaux d'un produit plus avantageux, tels que le blé froment, le maïs, le colza, le tabac, etc., et souvent nous avons fait leur compte en conséquence. Mais alors elles ne demeurent nullement en rapport avec les autres, et c'est pour cela que nous ne parlons point ici de tels produits. Au reste, chacun y viendra bien de lui-même, lorsqu'il aura la quantité d'engrais attribuée aux exploitations $n^{os}$ 7, 8 et 9. Dans la sole des récoltes sarclées, je n'ai porté que des pommes de terre seulement, quoiqu'il y ait d'autres végétaux consacrés à la nourriture du bétail, qui donnent un plus grand produit, et que, dans le cas où l'on aurait des fourrages en surabondance, l'on puisse cultiver avec plus d'avantage sur une partie de cette sole, des fèves, du maïs ou des végétaux destinés à la vente.

*b* indique le nombre de journaux de chaque sole.

*c* la quantité de semence qui est supposée épandue convenablement à la volée, sans instrumens particuliers et suivant l'usage établi, quels que puissent être à cet égard les principes émis dans les estimations qui ont lieu dans diverses contrées.

*d* le produit de chaque journal porté en scheffels. Il faut bien observer que ce n'est pas l'indication du nombre de fois que la semence est multipliée par la végétation. Cette estimation du produit n'est nullement arbitraire, ainsi qu'on s'en apercevra bientôt après un examen plus particulier ; elle est portée là partie d'après les règles tracées aux §§ 250 et suivans, partie d'après l'expérience générale ; cependant ce produit, surtout lorsqu'il dépasse la moyenne, est toujours mis un peu au-dessous de la réalité, afin de balancer par là les cas fortuits. Je prie celui à qui il paraît plus élevé que le général de ce qui a lieu dans les exploitations ordinaires, de vouloir bien faire attention aux circonstances d'où cela provient. Au surplus, j'ai supposé avant tout un ensemencement accompli et une récolte faite avec tout le soin possible. Le produit du trèfle et des pommes de terre en particulier eût dû être porté plus haut, en raison de la quantité d'engrais mise sur le sol qui les a produits, et de l'étendue de terrain qu'ils ont occupée ; mais la possibilité de la non réussite a dû me déterminer à ne pas dépasser ce taux pour le trèfle, et, quant aux pommes de terre, à prendre pour base le moindre produit qu'on doive en attendre.

$e$ donne le produit complet de la sole, et $f$ le produit net après déduction de la semence. Les vesces ne donnent pas le produit net en grain, parce que, dans la bonne règle, on ne doit en laisser mûrir que ce dont on a besoin pour les semailles suivantes. La paille de ces dernières est supposée égaler le foin en valeur ; et en effet la différence n'est pas considérable.

$g$ Le produit en paille est réglé d'après la proportion indiquée aux §§ 280 et 281. La fane d'un journal en pommes de terre n'est pas portée trop haut à 7 ½ quintaux, dans la supposition qu'on ne la laissera perdre dans aucune exploitation rurale où l'on sait apprécier les engrais.

*h* Les pommes de terre sont réduites ici en foin, à la moitié de leur poids. Dans le produit des prairies, on n'a porté qu'une augmentation de 3 quintaux par journal, lorsque les circonstances de l'exploitation avaient permis de fumer, quoique la différence doive bien s'élever à 6 quintaux. Le produit en trèfle n'est augmenté que de 4 quintaux par journal, lorsqu'il a été semé sur la première récolte de grain après la récolte jachère fumée, quoique l'expérience enseigne qu'alors souvent le produit en est doublé. Une coupe unique de trèfle est comptée à 14 quintaux. (Par un quintal, nous entendons toujours 100 livres.)

*i* indique en poids la quantité d'engrais produite par la paille, le foin et les pommes de terre consommés par le bétail, d'après les proportions données aux §§ 274, 275, 277 et 281.

*k* le nombre de charges de fumier qui peut être mis à chaque journal de la sole à laquelle les engrais sont destinés : la charge à 20 quintaux de 100 liv. chacune, ou 2,000 liv.

*l* le bétail, d'abord celui de trait qui est nécessaire à l'exploitation, et ensuite celui de rente qu'elle peut entretenir. La quantité du premier est réglée d'après les évaluations de travaux jointes au § 100 ; cependant on y a toujours porté quelque chose en sus, parce que divers accidens peuvent entraver ou retarder les labeurs. La quantité du bétail de rente est réglée d'après celle des fourrages, de la paille et des pâturages dont l'exploitation peut disposer. Cependant le nombre des bêtes peut être augmenté ou diminué, suivant qu'on trouve avantageux de donner une nourriture plus ou moins abondante. Le choix est également libre sur l'espèce de bétail de rente ;

ainsi l'on peut à volonté donner aux bœufs d'engrais la préférence sur les vaches à lait ; car ce n'est point ici le lieu d'examiner dans quel cas l'un doitêtre préféré à l'autre.

*m* indique la quantité de paille, de foin et de pâturage, qui peut être consacrée au bétail, les premiers en quintaux, les derniers en journaux. L'on y voit, entre des accolades, combien on a assigné à chaque pièce de bétail, et, au-dessous, combien cela monte pour la totalité des bêtes de chaque espèce. Il faut bien faire attention à la quantité assignée à chaque animal, parce qu'elle varie beaucoup, suivant que le bétail reçoit toute sa nourriture à l'étable, ou qu'il va au pâturage. L'on comprend que le fourrage vert et les pommes de terre sont réduits en foin.

*n* le produit probable du bétail. C'est une vérité depuis long-temps reconnue, que ce produit ne dépend pas du nombre de bêtes, mais des fourrages et du pâturage qu'on leur assigne, bien entendu cependant qu'on ne mette dans la distribution de ceux-ci, ni parcimonie ni prodigalité, et que l'on tienne une quantité de bétail proportionnée à celle des alimens dont on peut disposer en sa faveur. Ici le pâturage des champs est estimé par journal 1 ½ scheffel seigle ; et, des autres pâturages, 100 sont supposés égaux à 6o de ces premiers. Pour les exploitations soumises à l'assolement triennal, ce pâturage est compté à 1 scheffel seigle. Mais le foin et les divers fourrages réduits en foin sont portés à ½ scheffel seigle par quintal ; la paille, en revanche, n'est point portée en compte. C'est d'après ces principes que la rente du bétail est évaluée, ainsi le résultat sera toujours le même, quelle que soit l'espèce d'animaux qu'on choisisse, et

le nombre des bêtes auxquelles on distribue ces fourrages, suivant qu'on veut donner à chacune de celles-
ci une nourriture plus ou moins abondante.

Les soins de nourriture et de pansement sont compris dans les frais de culture et d'exploitation. Il n'y
est pas fait mention des jeunes bêtes (élèves), parce
que leur croissance doit payer la nourriture qui leur
est assignée, d'autant surtout qu'on ne porte point en
compte la paille et la balle des grains, et que, dans la
plupart des exploitations rurales, on pourra très-bien
entretenir le nombre de jeunes bêtes nécessaires, indépendamment de celui fixé de bêtes de rente. Beaucoup de gens trouveront que la rente du bétail est
mise au-dessous de la réalité, et elle l'est en effet. En
la mettant à un taux aussi bas, j'ai voulu que personne
ne pût m'accuser d'avoir exagéré les avantages des
exploitations abondantes en fourrages.

*o* le produit net des grains réduit en seigle ; 1
scheffel grande orge (ici, il n'est pas question de la
petite) est envisagé comme égal à $\frac{3}{4}$ scheffel seigle ;
1 scheffel avoine à $\frac{1}{2}$ scheffel seigle ; 1 scheffel pois
à 1 seigle, quoique ce légume ait une valeur intrinsèque supérieure.

*p* les frais de culture et d'exploitation. A l'article
des chevaux, il y a une différence sensible, parce
qu'indépendamment des autres frais, dans lesquels
je comprends ceux de l'attirail d'attelage, on n'a porté
en compte que le montant du grain que les chevaux
consomment. Ainsi là où les circonstances de l'exploitation permettent que les chevaux reçoivent en
été du fourrage vert, et peut-être aussi en hiver des
pommes de terre, leur entretien revient à meilleur
marché que cela n'a été porté ici. Si l'on compare

avec les frais les rations de foin qui ont été assignées à ces bêtes, on les trouvera à peu près en raison inverse ; car plus on donne de foin, moins on donne de grain. Quant aux bœufs, lorsqu'ils reçoivent une forte ration de foin, et que, par conséquent, il n'est pas nécessaire de leur donner du grain, leur entretien n'est porté qu'à $\frac{1}{7}$ de celui des chevaux. Le nombre de domestiques et de journaliers est réglé d'après les évaluations de travaux jointes au § 200. Le prix de la journée d'un homme est porté à $\frac{1}{8}$ de scheffel seigle, et celui de la journée d'une femme à $\frac{1}{12}$ de scheffel. Le travail de main qu'exigent les pommes de terre, y compris la récolte, est compté à part ; il est porté à $1\frac{3}{4}$ scheffel seigle par journal, et, pour ce prix, cet ouvrage peut fort bien être exécuté, si, pour cela, l'on se sert des instrumens convenables. Les frais sont portés à un taux qui, dans tous les cas, doit être suffisant, même pour les choses qui doivent être payées en argent ; cependant je conviens qu'il est certaines dépenses particulières, par exemple celle d'un régisseur ou inspecteur, celle d'une ménagère et quelques autres frais accessoires, dont je n'ai point fait mention dans ce parallèle des divers genres de culture. Le capital du cheptel, surtout celui du bétail, est sans doute plus considérable ; on en retrouvera très-sûrement la rente dans l'excédant du produit qu'on retirera de ce bétail.

$q$ enfin présente le produit net de l'exploitation, calculé en scheffels seigle. Je dois d'ailleurs laisser à chacun le soin de l'évaluer en argent, puisque le prix dépend autant de la localité que des conjonctures.

Souvent j'ai omis de petites fractions, ou je les ai compensées, parce qu'il ne s'agissait ici que des prin-

cipaux résultats et de calculs approximatifs ; en effet,
en spéculation, ces calculs n'étaient pas susceptibles
d'une précision absolue.

## § 398.

Je dois encore faire les observations suivantes sur
les genres de culture qui font le sujet de ces tableaux.

N° 1 démontre que les exploitations soumises à
l'assolement triennal avec jachère morte, lorsqu'elles
ont aussi peu de prairies, manquent de tout, et ne
donnent qu'un chétif produit, lequel encore va progressivement en déclinant. Comme le foin est dans
une proportion très-faible à l'égard de la paille, et que
celle-ci n'est presque remplie que de particules
aqueuses, il demeure douteux qu'il en résulte autant
d'engrais. Au reste, ce fumier ne peut qu'être pailleux
et maigre, par conséquent beaucoup moins actif ; ainsi
il est possible que le produit en grains soit encore
porté trop haut.

N° 2 représente un genre de culture qui est aujourd'hui fort usité ; on le trouve établi dans la plus
grande partie du royaume actuel de Westphalie, pays
favorisé par la nature. On pourrait ainsi l'appeler *nouvel assolement de Westphalie*. Sur les terrains fertiles, marneux et souvent riches en humus, que cet
État contient, et où l'on peut ensemencer les jachères,
mais où l'on ne peut rompre et mettre en labour les
pâturages et les bois, cet assolement est très-convenable, et d'ailleurs les circonstances locales ne permettent pas qu'il soit échangé contre un meilleur.

Mais sur les terrains infectés de chiendent et de
mauvaises herbes, tenaces et moins féconds, cet asso-

lement n'a pas eu des succès permanens ; des jachères plus fréquentes y paraissent nécessaires, et le bétail y est toujours trop peu nombreux, quoiqu'il procure la quantité d'engrais absolument indispensable. Au reste, la règle qui veut qu'on fasse alterner les récoltes sert de base à ce système de culture, en ceci, qu'après deux récoltes céréales, si l'on ne fait intervenir la jachère, l'on sème tout au moins des végétaux d'un autre genre.

Nos 3, 4 et 5 sont des assolemens alternes de divers genres avec pâturage, tels qu'on les rencontre dans le Mecklembourg. Pour le produit en grains, ils sont assez semblables, mais pour le produit du bétail, celui qui n'a qu'une seule jachère présente une grande supériorité. Au reste, ce sont ceux qui exigent le moins de travaux et de frais d'exploitation, et c'est ce qui les rend particulièrement recommandables dans un pays qui manque de bras et de capitaux. Souvent ils doivent à la culture de plantes à fourrage dans des soles particulières, des produits et des proportions différens ; mais ce n'est pas ici le lieu d'y faire attention.

No 6 est un assolement alterne avec pâturage, du genre de ceux du Holstein, et tel qu'on le rencontre souvent aujourd'hui, là du moins où la jachère suit l'avoine semée sur pâturage rompu. Un plus long repos et un amendement plus riche procurent des récoltes de grains plus abondantes ; ils sont associés à une bonne préparation du sol, ce en quoi l'on péchait ci-devant dans le Holstein, en ne donnant du tout point de jachère. Alors, dans la plupart des domaines, le produit du bétail égalait celui des grains, et même il le surpassait : mais le produit total était moins fort qu'aujourd'hui.

N° 7 est un assolement alterne avec pâturage, auquel on a joint la méthode de retirer le bétail dans les étables pendant la nuit, et de lui donner à manger là le matin avant de le mettre au pacage. La supériorité qu'il a pour le produit en grains est due tant au repos qu'à l'abondance des engrais, qui, par chaque amendement, ne produisent qu'une récolte de céréales ; ce produit est porté plutôt trop bas qu'à un taux trop élevé. Le haut produit du bétail y est dû à l'abondance des fourrages unie au pâturage.

N° 8 est un assolement alterne appliqué à la nourriture du gros bétail à l'étable, et calculé sur ce genre d'économie. La grande quantité d'engrais qu'il procure autorise à en attendre au moins ce produit en grains. C'est ici que les travaux et les frais s'élèvent le plus haut ; cependant c'est également ici que le produit net est le plus considérable.

N° 9 réunit à la nourriture du gros bétail à l'étable l'entretien d'un troupeau de bêtes à laine. On conçoit qu'il ne s'agit ici que de moutons de races perfectionnées, puisqu'indépendamment du riche pâturage des chaumes, on leur consacre aussi celui des trèfles ; qu'outre cela on leur assigne encore une nourriture d'hiver abondante en foin, et que la moitié de la paille qui leur est consacrée, peut être de celle des pois. Malgré l'abondance de cette nourriture, cette exploitation a encore en surabondance du foin, dont les circonstances indiqueront l'emploi ; aussi doit-elle nécessairement parvenir à un état remarquable de prospérité. Chacun de mes lecteurs pourra facilement calculer le produit proportionnel que chacune de ces exploitations tire du journal de son terrain. (*Voir l'Atlas, tableaux n° 26.*)

## PASSAGE A UN NOUVEL ASSOLEMENT.

### § 399.

C'est seulement après avoir mûrement pesé les circonstances dans lesquelles il est placé, que l'agriculteur sage se décide à changer son système de culture, pour en adopter un meilleur. Nous allons tracer ici les règles qu'on peut donner sur ce sujet en général, sans avoir une localité particulière devant les yeux.

Avant tout, on doit bien se dire que ce passage à un assolement perfectionné ne saurait avoir lieu sans qu'on soit obligé à faire l'avance d'un plus grand capital. Au reste ce but peut être atteint, au moyen d'une somme plus ou moins forte ; mais avec la première, il l'est toujours plus vite qu'avec la seconde, si d'ailleurs on suppose qu'il y ait parité absolue de capacité dans le directeur de l'exploitation. Une augmentation de fourrages, condition sur laquelle repose toute amélioration, exige toujours le sacrifice momentané de quelques produits destinés à la vente ; ce sacrifice a lieu ou par une diminution de l'étendue ensemencée, laquelle ne peut pas encore être remplacée par une augmentation de produit dans ce qui reste, ou par une diminution des engrais qu'on lui consacrait et dont une partie doit être employée à la culture de plantes destinées à la nourriture du bétail. A cela, il faut ajouter l'augmentation progressivement nécessaire du cheptel, des domestiques et des journaliers. C'est à tort, sans doute, qu'on appelle cela des sacrifices à faire sur le produit du domaine, ce n'est autre chose que l'avance d'un capital destiné à donner une plus grande activité à l'industrie ; car, à moins de malheurs extraordinaires, on ne peut manquer de recouvrer ce capital et d'en retirer un intérêt avantageux ; mais encore faut-il avoir la somme nécessaire, si l'on ne veut être arrêté dans sa marche, ou même rétrograder.

L'étendue de ce capital, comme nous l'avons dit, varie beaucoup. Si l'on veut avancer avec une vitesse moyenne et avec la circonspection convenable, il faut que ce capital soit au moins double du produit net que le domaine produisait auparavant, encore ne faut-il pas trop se presser d'augmenter le bétail, ni se permettre de nouvelles constructions ou des changemens considérables dans les bâtimens.

On ne saurait faire des modifications profitables à la culture d'un domaine, sans y employer un capital quelconque. Là où cela paraît avoir eu lieu, cela s'est fait en épargnant successivement sur les diverses branches de l'exploitation, ou au moyen d'une plus grande application au travail. Le défaut de capital, à moins que, l'ayant, on n'ait été retenu par impossibilité ou volonté de l'employer à ce but, est la cause la plus ordinaire du défaut de succès des entreprises de ce genre. Il est d'une grande importance de convaincre de cette vérité, et de détruire le préjugé contraire.

Outre cela, pour entreprendre des changemens de cette nature, il faut être possesseur exclusif du sol, il faut que ce sol ne soit assujéti à aucune servitude qui mette des entraves à la nouvelle culture. Si ces servitudes existent, il faut avant tout en obtenir la libération ou le rachat.

## § 400.

Après ce que nous avons dit au § 257 jusqu'au § 295, sur l'introduction des assolemens avec pâturage, consacrés tant à la culture des céréales qu'à celle alterne des grains et des plantes à fourrage, nous ne saurions qu'ajouter sur ce sujet, à moins d'avoir un local particulier devant les yeux. Dans le plus grand nombre de cas où il s'agira d'introduire un assolement avec pâturage, sur un domaine jusque là soumis à l'assolement triennal avec jachère, on commencera par mettre en culture quelque vieux pacage dont on pourra désormais se passer. Si ce pacage peut être introduit dans l'assolement, il faut arranger les choses de manière qu'il y soit amené peu à peu, et qu'il soit ensemencé en grains à mesure que quelques parties des anciens champs sont transformés en pâturage. Quant à la manière dont cela doit s'effectuer, nous nous en occuperons lorsque nous traiterons de celle de mettre en culture ; nous observerons seulement ici qu'il faut se garder d'épuiser ce nouveau champ, et qu'après en avoir retiré, au plus, deux récoltes de grains, il faut le fumer pour le remettre en herbage, ou le soumettre à un assolement alterne. Il faut également pourvoir à ce que les champs qui doivent être laissés en pâturages, soient en passablement bon état, et à ce qu'ils aient produit, au plus, quatre récoltes depuis qu'ils ont été fumés pour la dernière fois, afin qu'il y croisse d'abord une quantité d'herbe assez abondante.

Mais si, à cause de sa position ou de sa nature, l'ancien pâturage ne peut pas être introduit dans le nou-

vel assolement, et s'il doit, au contraire, en avoir un
qui lui soit propre, il faut, pour ne pas déranger la
proportion qui doit exister entre les pâturages et les
produits en grain et en paille, disposer la culture de
manière qu'une partie des champs fournisse du nouveau pâturage à mesure qu'on en est privé sur l'ancien.

Si, dans la nouvelle répartition, et par la réunion
d'une nouvelle étendue de champ très-morcelée, l'on
a joint ensemble des parties qui diffèrent essentiellement, non-seulement par la nature du sol, mais encore par l'état de fécondité qui résulte de leur culture,
et si l'on veut en faire des soles permanentes, il faut
un examen très-approfondi et un plan mûrement ré-
fléchi pour donner à ces différentes parties une fécondité égale. Les règles à suivre pour cela ne peuvent
être développées que pour des exemples particuliers.

## § 401.

La manière de passer, sur un terrain déjà séparé,
de l'assolement triennal avec jachère, à un assolement
alterne avec nourriture du bétail à l'étable, n'est point
difficile, si tous les champs ont été amendés à leur
tour. Mais là où une partie seulement des terres arables a pu être fumée, et où une autre partie ne l'a été
que peu, rarement ou pas du tout, on rencontre de
beaucoup plus grands obstacles, et l'on ne doit pas
s'attendre à parvenir en peu de temps à ce but, sans
aide de moyens étrangers. Cependant, comme, ici, il
n'est point indispensable que les soles soient attenantes les unes aux autres, et que les numéros se suivent,
comme cela l'est dans les assolemens avec pâturage,
l'on parvient peu à peu à mettre tout en ordre. Si,
comme cela a ordinairement lieu, les terres qui n'é-

taient pas comprises dans l'assolement sont plus éloignées et attenantes les unes aux autres, le plus souvent
il sera plus avantageux d'adopter deux ou plusieurs
cours de récoltes, ou de diviser les terres arables en
soles intérieures et en soles extérieures, et de commencer à améliorer ces premières, en attendant, pour
s'occuper des dernières, qu'on puisse être aidé par la
fécondité et la surabondance d'engrais des soles intérieures. Si cela ne peut se faire ainsi, l'amélioration
des soles principales sera retardée, et il faudra s'abstenir, d'autant plus long-temps, de cultiver des végétaux destinés à être vendus.

Mais si la position et la figure des champs en indiquent le besoin, on peut arranger les choses de manière que chaque sole plus fertile ait un supplément
en terres maigres et de plus mauvaise qualité, quoique
celles-ci ne soient pas attenantes. Alors, peu à peu et
autant que l'état de la culture le comporte, l'on bonifie ce supplément, jusqu'à ce qu'il soit en parité
avec le reste. Pour arriver à ce point, on lui donne
plus de repos, et c'est de temps en temps seulement
qu'on lui fait rapporter une récolte de même nature
que celle de la sole principale.

Dans ce passage de la culture des jachères à la culture alterne, la principale chose à laquelle on doit
s'attacher, c'est d'augmenter promptement la quantité
de fourrage, afin d'en obtenir des engrais. Cela ne
saurait avoir lieu sans qu'on diminue un peu les semailles en grains ; mais il ne faut pas faire ce retranchement sur les céréales d'automne, ni sur les engrais
qui leur étaient destinés, soit parce que ces céréales
donnent un plus grand produit, soit, et surtout, parce
qu'elles donnent plus de paille.

Le tableau n° 21 (*voir l'Atlas*) montre la manière de
passer d'un assolement triennal dans lequel les terres
étaient fumées tous les neuf ans, à un assolement alterne
de neuf ans, associé à la nourriture à l'étable. Quoique la première année il n'y ait pas encore de trèfle, il
faut également mettre le bétail ou tout-à-fait ou du
moins à moitié, à la nourriture à l'étable, au moyen
de vesces fauchées en vert; pour cet effet, on aura eu
soin de semer successivement en vesces la sole destinée à être fumée, et cela à mesure qu'on aura enfoui
les engrais faits pendant l'hiver, si l'on ne voulait les
épandre sur le sol après l'ensemencement *. En suivant cette méthode, l'on aura ainsi, pour le bétail,
une nourriture suivie pendant tout l'été. Cette même
année on peut encore semer des vesces avec les fumiers faits des premières dont on a récolté le fourrage;
il faut seulement faire les dispositions nécessaires
pour que le bétail puisse avoir de l'autre nourriture
jusqu'aux premiers jours de juin, époque à laquelle
les vesces sont assez grandes pour être fauchées ; à
défaut d'autres moyens, on atteint ce but en semant,
dans la sole des grains de printemps, du seigle, qu'on
peut faucher en vert dès les premiers jours de mai ;
outre cela, il faut s'être procuré, par l'épargne ou
autrement, la quantité de litière nécessaire. Là où l'on
ne trouve pas à acheter de la paille, on peut y suppléer par des feuilles d'arbres, des roseaux, de la

---

* Dans les contrées dont le climat n'est pas excessivement humide,
il ne peut que rarement être avantageux d'épandre, au printemps, le
fumier sur les semailles; cette méthode excellente pour l'automne et
l'hiver, où l'ardeur du soleil est moins forte, et les pluies qui entraînent les engrais dans le sol plus abondantes, mise en pratique à l'entrée de l'été, ne présenterait nullement les mêmes avantages. (*Trad.*)

mousse, des substances tourbeuses et spongieuses, ou de la vieille paille de toits, lorsqu'on a pris d'avance ses mesures pour en avoir ; sans cela, il faut arranger l'étable de manière qu'on n'ait besoin que de peu ou point de litière, et que le fumier puisse être emporté liquide ou sous la forme de bouillie, pour être mêlé avec de la terre, de la tourbe ou des gazons brisés, tirés des fossés ou rigoles des champs ; cet embarras pour la litière n'a lieu que durant les deux premières années ; dans la suite on récolte assez de paille. Si l'on se procure du dehors des supplémens pour la litière, on obtient, par la consommation des vesces en vert, autant de fumier qu'on leur en a consacré, et comme les engrais mis dans la terre qui a produit le fourrage n'y sont point perdus, l'on se trouve par là avoir, pour les grains d'automne, une quantité de terrain fumé double de celle qu'on eût eue sans cela, ce qui, pour la troisième année, remédie déjà au défaut de paille. Il convient aussi de semer en seigle une partie des terres consacrées aux grains de printemps ; parce que cette espèce de grain produit plus de paille.

Plusieurs personnes qui voulaient passer à ce système de culture ont commencé par cultiver des pommes de terre dans la jachère, et par leur consacrer la totalité de leur fumier, ou les sucs que le sol contenait encore ; mais comme elles n'ont pu semer cette même année des grains d'automne, ou que tout au moins elles n'ont obtenu que de chétifs produits, elles ont été considérablement en perte sur cette récolte, qui ordinairement est la plus avantageuse, et elles ont éprouvé une grande disette de paille l'année suivante. Ainsi la première année il ne faut point se livrer à cette culture, du moins sur une certaine étendue, si l'on n'a à sa disposition des moyens extraordinaires. Il faut se borner à semer, le premier été, autant de vesces ou de mélanges de vesces et d'avoine pour fourrages, que cela est possible, afin de se procurer du vert en suffisance pour nourrir le bétail pendant la belle saison, et même d'en avoir en surabondance pour en faire du foin ; car, au contraire des pommes de terre, ces vesces sont une excellente préparation pour les grains d'automne.

Au printemps, il faut semer sur les grains ainsi fumés du trèfle, dont en automne on obtient déjà quelques secours. Outre cela, il sera très-convenable de semer, à la suite des céréales d'automne fumées l'année précédente, encore du seigle au lieu de grains de printemps. Si même cette récolte devait demeurer inférieure en valeur à celle d'orge qu'on aurait obtenue, ce qui n'est pas probable, on obtiendrait toujours une plus grande quantité de paille, et l'on serait ainsi hors d'embarras pour la suite.

La seconde année de ce passage à un autre assolement, on cultive des vesces de la même manière, et alors on est déjà en position de fumer une partie de la sole des jachères, pour y mettre des récoltes sarclées, ne fût-ce, pour la plus grande partie, que des raves. Comme il y a déjà une sole de trèfle, si l'on peut se procurer une petite quantité de litière, on pourra, au moyen de la nourriture à l'étable, peut-être fumer la totalité de la jachère avant les semailles : on sème de même du trèfle sur ceux des blés d'automne qui ont été fumés.

La troisième année on est alors en pied ; on a deux soles de trèfle, une de vesces, une pour la culture des récoltes sarclées, et une en pois, autant de choses auxquelles on ne pouvait presque pas penser auparavant; et quatre soles de grains. Au moyen de cela on doit avoir une abondance de nourriture pour l'été et l'hiver, et l'on peut employer, pour la litière, la totalité de la paille, qui se trouve considérablement augmentée par l'amendement donné aux céréales d'automne.

Dans le tableau n° 21 (*voir l'Atlas*), j'ai porté une récolte de colza à la suite du trèfle de la deuxième année, parce que la culture se trouve alors avoir une surabondance de fourrages et d'engrais.

## § 402.

Lorsqu'on quitte l'assolement triennal pour en adopter un autre, le mieux est de fixer le nombre de soles de manière qu'on puisse y répartir celles qui existent, sans en changer les limites; ainsi préférablement 6, 9, 12; à moins cependant que des circonstances particulières ne conseillent le contraire. Mais si l'assolement qu'on quitte était de quatre ans, on peut beaucoup plus facilement diviser les soles en 8 ou 12. Lorsque, en passant à un autre système de culture, on doit changer les bornes des soles et des champs pour leur en donner de nouvelles, cette opération rencontre souvent de grandes difficultés, et produit presque toujours du désordre; cependant quelquefois cela ne peut pas être fait autrement.

Le tableau n° 22 (*voir l'Atlas*) montrera comment peut s'opérer le passage à un assolement de six ans.

Les fourrages qu'on obtient à la seconde année, donnent la facilité de fumer complètement, déjà à la troisième année, une demi-sole pour des récoltes sarclées, et de fumer légèrement pour les pois et les vesces.

La quatrième année on peut donner un amendement complet à la totalité de la sole des récoltes sarclées, et fumer, imparfaitement à la vérité, la sole des pois.

Si auparavant les champs étaient fumés tous les six ans, le passage au nouvel assolement est alors beaucoup plus facile, et déjà la troisième année on peut être parvenu à son but. Cependant on comprend qu'on ne doit jamais attendre le produit complet d'un assolement alterne, jusqu'à ce qu'on ait parcouru une rotation entière, à dater de l'année où l'on a accompli tous les changemens.

Dans le plus grand nombre des cas où l'on aura à passer de la culture des jachères à un assolement alterne, on devra mettre en culture les pâturages permanens qui étaient nécessaires au premier assolement. Les circonstances seules peuvent décider s'il convient d'en faire une ou plusieurs soles séparées, et de porter ainsi le nombre total des soles à 7, 10, etc.; ou si l'on doit diviser et répartir ces pâturages entre les diverses soles; ou si enfin il convient de les soumettre à un genre de culture distinct : mais c'est un grand avantage qu'en changeant d'assolement, on ne soit point obligé de diminuer momentanément les semailles en grains, et par conséquent les produits en paille. Aussitôt donc qu'on aura assez de fourrages pour pouvoir se passer de ces pâturages, on les mettra en culture pour les ensemencer en grains d'automne, et pour cela on aura recours à la jachère, ou à quelqu'autre des moyens dont nous parlerons lorsque nous traiterons de la manière de mettre en culture les terrains qui sont en repos.

Au reste, ici, il y a une variété de circonstances

telle, que, à moins d'avoir une localité particulière devant les yeux, on ne peut rien dire de plus précis. (*Voir l'Atlas, tableau n° 22.*)

### § 403.

Pour passer d'un assolement avec pâturage à un assolement alterne perfectionné, il n'est que rarement avantageux de changer le nombre primitif des soles. Pour conserver le pâturage, six ou sept soles ne seraient point assez, mais il serait facile de les diviser en douze ou quatorze. Si, au contraire, on veut adopter la nourriture à l'étable, cette augmentation de nombre n'est pas nécessaire.

La prudence veut qu'on avance par gradation lorsqu'on introduit la nourriture à l'étable : pendant le premier été, il faut donner au bétail la moitié de sa nourriture à l'écurie; pendant le second, garder une partie des bestiaux entièrement à l'étable ; pendant le troisième, diminuer encore le nombre des bêtes qu'on met au pacage, ou bien faire pâturer le bétail pendant quelques momens de la journée seulement, suivant que la quantité des fourrages se trouve augmentée, et le pâturage diminué.

Cela sera suffisamment démontré par le tableau n° 23 (*voir l'Atlas*), qui montre le passage d'un assolement de sept ans, à un assolement alterne de, 1re année récoltes sarclées, 2e orge, 3e et 4e trèfle, 5e grains d'automne, 6e pois et vesces, 7e grains d'automne.

La première année on sème des vesces dans la sole g qui devait déjà être mise en culture et à laquelle on donne les engrais faits pendant l'hiver. On doit supposer qu'on a semé sur les céréales de printemps de la sole d, du trèfle, sur lequel on peut compter pour une demi-coupe. Au moyen de cela on peut fournir du vert à l'étable matin et soir, en sorte que, au lieu de ressentir la privation d'une partie du pâturage, on a, au contraire, de la surabondance, et une grande provision de fourrages d'hiver.

La seconde année il faut sacrifier une sole de grains de printemps. S'il y avait trop d'inconvéniens à cela, on pourrait consacrer la sole *c*, laquelle ne peut également pas être entièrement fumée pour des récoltes jachères, à une récolte d'avoine, à la suite de laquelle on fumerait et labourerait pour de la petite orge.

La troisième année il est à propos de mettre deux soles en grains d'automne : cependant une partie de l'une peut encore être ensemencée en grains de printemps.

La quatrième année, en revanche, il vaut mieux consacrer deux soles aux grains de printemps. Cependant on peut, sans inconvéniens et tout au moins avec certitude d'avoir plus de paille, se procurer encore une récolte de seigle en *a*.

Ainsi, à la cinquième année, le nouvel assolement a son cours, et bientôt la quantité progressive d'engrais qu'il procure permet de se livrer à la culture de plantes plus épuisantes.

§ 404.

Dans un assolement de 11 ans, et en général dans tous ceux qui comprenaient deux jachères, le passage peut facilement avoir lieu, non-seulement sans diminuer les semailles de grains d'automne, mais encore en les augmentant promptement, comme on le verra dans le tableau n 24. Si l'on veut n'introduire que peu à peu la nourriture à l'étable, on commence à rompre la sole qui a été le plus long-temps en repos (pâturage), et l'on y sème de l'avoine, au lieu de lui donner une jachère. Après l'avoine suivent les récoltes sarclées, toutefois pour autant qu'on a des engrais à leur consacrer. La plus grande partie des fumiers est réservée pour la jachère grasse, laquelle, au lieu d'être laissée morte, est ensemencée en vesces destinées à la consommation en vert ; de sorte que les engrais produits la première année par ces vesces sont réservés pour les récoltes sarclées de la seconde année, où la décomposition des plantes du pâturage permet qu'ils soient étendus un peu plus clairs qu'à l'ordinaire. La première année on sème en *e*, parmi les grains de printemps, du trèfle dont on peut toujours attendre une récolte médiocre l'année suivante. *g*, au lieu d'être ensemencé, reçoit une jachère, et il ne reste en conséquence plus que trois soles de pâturage, puisque la quatrième est remplacée avec avantage par la nourriture à l'étable procurée par les vesces en vert. La première année nous gagnons une sole de grains de printemps ; mais la seconde année nous éprouvons une réduction dans les grains d'automne, puisqu'ils tombent dans la sole *g*, sur une jachère non fumée, au lieu de se trouver dans celle qui suit le repos.

La seconde année transmet à la troisième déjà assez d'engrais pour que, indépendamment de la sole des vesces, la plus grande partie de celle des récoltes sarclées puisse être fumée. Cette année a déjà deux soles de trèfle ; mais comme ce trèfle n'est pas encore à la place qu'il doit occuper, son produit n'est pas encore ce qu'il doit être. Elle commence la culture des pois en *e*.

La quatrième année distribue ses engrais sur trois soles, mais à la vérité pas encore en grande quantité. Une partie seulement de *g* peut être fumée pour les fèves ; le reste doit demeurer en jachère morte, parce qu'il est déjà trop épuisé : une sole de trèfle se trouve à la place qui lui est assignée par le nouvel assolement.

La cinquième année pourra fumer les soles *h*, *e* et *c*, et, au moyen de ses produits en fourrages et en paille, fournir la quantité d'engrais nécessaire pour que les récoltes sarclées, cultivées sur une sole fort épuisée, puissent être fumées convenablement, et les fèves et vesces, tout au moins d'une manière imparfaite.

Alors l'abondance d'engrais conduira bientôt à la culture de produits plus précieux et de plantes destinées à la vente.

La sixième année il y a quatre soles de grains d'automne ; si la quantité de travail qu'elles exigent paraît difficile à exécuter, on demeure libre de réserver une sole, celle du vieux trèfle, par exemple, pour des grains de printemps. Cependant souvent il n'est pas difficile de faire les semailles de grains d'automne, lorsqu'elles ont été précédées par des récoltes convenables. (*Voir l'Atlas, tableau n*º 24.)

## § 405.

Si, en passant d'un assolement ordinaire avec pâturage à un assolement perfectionné, on doit cependant conserver des soles de pâturage, il faut avoir soin que celles-ci demeurent attenantes les unes aux autres, ce qui, si le bétail devait être complètement nourri à l'étable, non-seulement ne serait point nécessaire, mais souvent même ne serait pas avantageux. Le tableau n° 25 (*voir l'Atlas*) du passage d'un assolement de 10 ans avec pâturage, à l'assolement n° 9 des tableaux du § 398, montre de quelle manière on peut s'y prendre, en faisant cependant les diverses modifications que la localité et les circonstances rendent nécessaires.

La première année, on met en culture l'avant-dernière sole de pâturage $i$, et l'on y sème de l'avoine. On rompt de même la sole $k$, laquelle devait également être mise en jachère, et l'on y sème successivement des vesces, à mesure qu'on a des engrais à lui consacrer. En échange de la récolte d'avoine de la sole $i$, on retranche des grains de printemps de la division $b$, à laquelle on donne une jachère. Au contraire, on laisse $c$ encore une année en pâturage, afin de ne pas manquer de ceux-ci, et bien qu'on retire déjà des vesces un grand secours pour la nourriture du bétail.

A la seconde année, $a$ sera mis en jachère. La récolte de grains d'automne $b$ ne sera à la vérité pas très-abondante, puisque le terrain de cette sole est assez épuisé ; mais le déficit qu'on y éprouvera sera compensé par la sole $k$. Les engrais produits par les soles de trèfle et de vesces de l'année précédente sont suffisans pour qu'une partie considérable de $c$ puisse être ensemencée en récoltes sarclées. Il ne restera que deux soles de pâturage, et la nourriture à l'étable pourra avoir son cours, cependant sans augmenter la quantité de bétail ; il vaudra mieux alors augmenter la provision de fourrages d'hiver.

A la troisième année les proportions seront les mêmes ; cependant les engrais augmenteront.

La quatrième année on aura du trèfle sur lequel on pourra compter, ce qui n'a lieu que lorsque cette

plante est semée sur la première récolte de grains,
après une récolte sarclée convenablement cultivée.
L'on pourra alors entretenir à l'étable une beaucoup
plus grande quantité de bétail.

Les n⁰ˢ joints à la cinquième année indiquent la rotation. (*Voir l'Atlas, tableau n⁰ 25*).

Pour calculer la progression des produits durant
le changement d'assolement, on peut également employer les formules d'après lesquelles j'ai estimé ceux
des assolemens établis ; au moyen de ces formules, on
évalue chaque année les récoltes d'après les bases
que j'ai données, et proportionnément à la fécondité
effective que, à chaque époque, le sol doit tenir de la
culture et des engrais qui lui ont été appliqués. L'on
comprend que les engrais faits chaque année ne peuvent être attribués qu'à la suivante, et qu'ils doivent
être répartis entre les diverses soles, à la colonne *h*
(des tableaux du § 398). Si, à côté de cela, on calcule
la dépense nécessaire pour l'augmentation du cheptel,
on verra combien sont grands les sacrifices qu'on doit
faire, surtout à la seconde année, ou plutôt à quel
point le capital du cheptel et celui en circulation doivent être augmentés ; à quelle époque ces capitaux
commencent à donner leur rente, et quand leur ren-
trée commence à s'opérer.

Tout agriculteur qui se dispose à faire des améliorations doit toujours les faire précéder d'un tel calcul,
approprié à sa localité.

S'ils sont faits avec exactitude, ces calculs se réali-
seront toujours, à moins que, durant le changement,
le cours naturel des choses ne soit troublé par des
cas fortuits ou des accidens malheureux, tels qu'une
année stérile, les dévastations de la guerre et de

fortes contributions en denrées pour les troupes ; dans ce moment-là surtout, ces contributions sont extrêmement onéreuses à l'exploitation, lors même que, en temps ordinaire, elle devait pouvoir les supporter.

# SECTION III.

## AGRONOMIE,

ou

TRAITÉ DES PARTIES CONSTITUANTES ET DES PROPRIÉTÉS PHY-
SIQUES DU SOL, DE LA MANIÈRE DE CONNAITRE ET D'APPRÉCIER
LES TERRES.

> Que sera-ce lorsque les citoyens éclairés, las
> des tumultes et des plaisirs factices des villes,
> porteront dans les campagnes les lumières
> dont ils se seront munis, et appliqueront à
> l'agriculture les ressources si riches des scien-
> ces physiques?
>
> FOURCROY.

### § 406.

LE sol est à l'industrie agricole ce que la matière
première est aux manufactures en général. Tout
comme le fabricant cherche cette matière, la choisit
et s'en fait une estimation approximative, afin de ne
pas la payer au-delà de sa valeur réelle, de même le
cultivateur cherche la terre qui doit réunir les qualités qu'il désire : avant d'en acquérir la propriété ou la
disposition, il s'en forme une évaluation qui le dirige
dans le prix qu'il doit en donner. Comme ce fabricant,
lorsqu'il a pris possession de cette matière sur laquelle
il doit travailler, il l'examine de plus près, il l'assortit,

il donne à chacune de ses parties la destination à laquelle elle est propre, et qui doit acquérir non-seulement à elle, mais encore au travail qu'on doit y appliquer, la plus haute valeur à laquelle ils puissent atteindre.

Le fabricant perdrait son temps en cherchant à faire du drap fin avec de la laine grossière ou jarreuse, et atténuerait la valeur de sa laine en faisant des draps grossiers avec de la laine superfine. Il faut donc qu'il fasse un choix, et pour ce choix, pour cette classification, il a besoin de beaucoup plus de connaissances que pour l'achat en gros. De même l'agriculteur ne peut se contenter des directions données pour les acquisitions aux §§ 70 et suivans, si, par le choix des produits les plus convenables, il doit tirer du sol dont il dispose et du travail qu'il y applique les profits les plus satisfaisans; car le choix judicieux de ces produits dépend principalement de la connaissance approfondie qu'il a de sa matière première, c'est-à-dire de son terrain.

Ce que sont au fabricant les formes et les modèles donnés par l'art, les semences et les germes fournis par la nature le sont à l'agriculteur. La principale occupation de celui-ci doit être d'attribuer à chacune de ces semences le sol qui lui convient, et à ce sol la culture qui lui est le plus appropriée, et il remplira d'autant mieux cette tâche que le terrain sur lequel il travaille lui sera plus parfaitement connu.

Mais une juste appréciation du sol ne peut se fonder que sur de vraies notions de physique et de chimie. Quoique des connaissances pratiques, acquises par un long exercice, suffisent pour connaître et apprécier certains terrains particuliers, elles ne peuven jamais être employées avec sécurité pour tous les sols indistinctement : les expériences que l'on aura faites sur l'un ne feront qu'induire en erreur lorsqu'on en appliquera les conséquences à d'autres dont on n'aura pas su apercevoir ou approfondir les différences.

## § 407.

Nous examinerons donc ici les différentes espèces de terrains d'une manière plus approfondie, et en prenant pour guide les découvertes de l'histoire naturelle, qui, sur ce point et depuis peu, ont incroyablement développé nos connaissances. Sans doute le temps qui s'est écoulé depuis que l'attention réunie des naturalistes et des agronomes s'est appliquée sérieusement à ce sujet, est trop peu considérable pour qu'il n'y reste pas encore beaucoup de découvertes à faire, beaucoup de choses à approfondir et à déterminer d'une manière plus positive ; mais ce que nous avons atteint suffit déjà pour nous donner des idées justes sur cette matière, et nous ne tarderons pas à obtenir les rectifications que nous pouvons encore désirer à son sujet. Pour nous mettre en état de profiter de celles-ci, il est nécessaire que nous entrions nous-mêmes dans les domaines de l'histoire naturelle, et que nous cherchions à acquérir des idées claires sur les parties constituantes du sol et sur les propriétés qui en découlent ; et comme ces idées se rapportent aussi à la théorie des engrais, ou de l'amélioration chimique du sol, elles nous seront également utiles lorsque nous aurons à nous occuper de ce dernier sujet.

## § 408.

La surface de notre planète, composée de cette matière meuble et friable que nous nommons le *sol*, le *terrain*, est un assemblage, un mélange, une combinaison de substances infiniment variées. Dans le langage ordinaire, nous lui donnons le nom de *terre*; cependant elle comprend des matières que l'histoire naturelle ne classe point sous' cette dénomination, prise dans son sens précis ; la plus grande partie seulement de cette masse consiste dans des terres proprement dites. Les parties constituantes de ce mélange sont la *silice*, l'*alumine*, la *chaux*, et quelquefois aussi la *magnésie*, auxquelles, le plus souvent, il se joint aussi un peu de *fer* et d'autres substances élémentaires , mais ces dernières seulement en très-petite quantité. Outre ces substances simples, le terrain fécond, celui qui est propre à produire des végétaux utiles, contient encore une matière très-composée, laquelle, à cause de sa forme pulvérulente, on a nommée aussi *terreau, terreau végétal, terre végéto-animale,* et qui, cependant, diffère tellement des terres proprement dites qu'elle ne doit nullement être confondue avec elles : c'est pour la distinguer de celles-ci que nous avons cru devoir lui assigner une dénomination particulière, savoir, le mot latin *humus* que nous emploierons exclusivement ici.

## § 409.

Les *terres* proprement dites se distinguent de l'*humus* principalement en ceci, que, jusqu'à présent, elles n'ont pu être décomposées, et qu'elles ne peuvent l'être que par des agens qui nous sont encore inconnus. Elles sont donc immuables ; elles ne peuvent être détruites par aucune force de la nature organisée qui nous soit connue, ni être changées dans leur essence. L'*humus*, au contraire, est très-susceptible de décomposition ; c'est une matière produite uniquement par la vie végétale et animale, et cette matière peut être changée et détruite en elle-même et par elle-même, mais surtout par l'action des corps extérieurs. Elle est reproduite sur la surface de notre sol par la force organique, et par conséquent à des époques différentes ; elle se trouve à une même place non-seulement en quantités très-variées, mais encore en qualités très-dissemblables.

§ 410.

Nous parlerons d'abord de ces terres immuables qui forment la base du sol, et que, par cette raison, on nomme terres élémentaires ; nous les examinerons d'abord en général, puis dans leur pureté absolue, et enfin dans leurs mélanges et leurs combinaisons les plus ordinaires.

D'après la position dans laquelle nous rencontrons ces terres diversement mêlées sur la surface de notre globe, il paraît vraisemblable que, dans le principe, elles n'existaient point dans cet état pulvérulent, mais que plutôt cette surface consistait en une masse solide d'énormes montagnes et d'abîmes, probablement semblables à ce que, avec d'excellens instrumens d'astronomie, nous apercevons sur la surface de la lune. Cette masse solide fut en partie délitée par l'action de l'air, du feu et de l'eau. L'eau que l'air avait déposée en abondance sur les hauteurs, et qui, pour la plus grande partie, y était congelée, entra en fusion, rompit tout-à-coup ses digues, ou se précipita des monts, entraînant les débris des roches plus ou moins divisés ou pulvérisés, avec elle dans les abîmes, qu'elle remplit ainsi de couches successives de terre et de pierres. En effet, il paraît incontestable que ces couches de terre telles que nous les trouvons, surtout dans les contrées qui sont bordées par des montagnes, ont été produites par des inondations, souvent pas instantanées, il est vrai, mais plutôt lentes et répétées. Ce qui paraît démontrer cette dernière circonstance, c'est que ces couches, au lieu d'être disposées dans l'ordre de leur pesanteur spécifique, alternent au contraire les unes avec les autres d'une manière toute différente.

Le motif qui nous engage à nous arrêter sur cette matière, c'est l'importance dont peut être à l'agriculteur la connaissance des couches dont le sol est composé, même à une assez grande profondeur, tant pour la recherche des conduits d'eau souterrains et des sources, que pour la disposition des travaux de dessèchement et des fouilles destinées à la découverte de terres et de pierres utiles, telles que la marne, la chaux et le charbon de terre, substances sur lesquelles nous reviendrons dans la suite.

Le plus souvent, dans les plaines, les couches de terre se trouvent également disposées en lits, d'une manière horizontale ou légèrement inclinée, et assez semblable à celle des couches de terre que nous voyons aujourd'hui se former des dépôts des eaux. Quelquefois, sur une grande étendue, la continuation et l'épaisseur des couches sont très-régulières et homogènes, en sorte que ces couches paraissent avoir été, peu à peu et les unes après les autres, déposées sur toute cette surface, par des inondations générales. Quelquefois aussi elles forment des espèces de bancs déposés à différentes époques par des courans d'eau d'un moindre volume, ou jetés dans des sinuosités ou des fentes d'une existence antérieure ; mais souvent on y trouve un grand désordre, les différentes terres mêlées avec des pierres y alternent en rognons, en sorte qu'elles paraissent avoir été rompues et séparées les unes des autres par quelque bouleversement de la nature.

Auprès des montagnes de second ordre et dans les contrées montueuses, on trouve en cela diverses irrégularités. Les couches de terre et de pierre sont quelquefois dans une position horizontale ; mais lorsqu'elles s'approchent des hauteurs, elles prennent une direction tantôt oblique et tantôt parallèle à la surface de ces dernières ; rarement elles y sont horizontales ; quelquefois des couches obliques sont coupées par des verticales. Cependant, même en ceci, l'on trouve un certain ordre : ces couches perpendiculaires et obliques paraissent avoir été soulevées par une force ou une révolution souterraine, des enfoncemens où elles reposaient.

Darwin rend très-sensible l'ordre que l'on rencontre dans la succession des couches, lorsqu'il le compare à l'effet produit par une main de papier, au travers de laquelle on a poussé avec une grande force un poinçon émoussé. Il se forme une élévation du côté opposé à l'enfoncement, et les couches des feuilles y correspondent naturellement avec celles qui sont demeurées dans leur première position. Les feuilles supérieures y sont percées et se retirent en arrière,

tandis qu'on en voit à la sommité d'autres qui, avant le
déchirement, étaient recouvertes par plusieurs feuilles.
De même on rencontre à la sommité des monts des
couches qui, dans la plaine, sont à une très-grande
profondeur. En descendant, les couches suivent le
même ordre dans lequel on les trouve au haut de l'é-
lévation. Si donc, à l'orifice de l'ouverture, ou à la
sommité des monts, on trouve une espèce de terre ou
de pierre, on peut s'attendre à la trouver de même et
dans le même ordre parmi les couches de la plaine, si
l'on creuse assez profondément pour l'atteindre. Mais
comme, suivant que le mont est plus ou moins élevé,
ces couches, pour être atteintes dans la plaine, devraient être cherchées à une très-grande profondeur,
il serait quelquefois impossible de les exploiter. Le
plus souvent donc on est forcé d'aller chercher la
chaux, la marne et le charbon de terre sur les montagnes et sur les élévations, quoiqu'on pût également
les trouver sous la plaine. Sur les montagnes même,
les couches de terre se montrent le plus ordinairement
du côté vers lequel elles inclinent, et où il sort la
plus grande quantité d'eau, parce que cette eau a em-
mené les couches supérieures de la terre meuble.

Ceci doit nous suffire, en général, sur les diverses
stratifications du sol.

<h3 style="text-align:center">§ 411.</h3>

Je dois supposer que mes lecteurs connaissent déjà
les élémens de la chimie; cependant je me vois obligé
de développer ici, avec plus de précision qu'elle ne
l'a été jusqu'ici, la partie de cette science qui traite
des terres, dans son application à l'appréciation du sol

et à l'agriculture en général. En effet, quoique cette matière ait dernièrement été traitée dans différens écrits d'une manière analogue à ce but, cependant plusieurs des sujets qui en font partie demandent à être approfondis et plus appliqués aux procédés de l'agriculture qu'ils ne l'ont été jusqu'à ce jour, d'autant que les lacunes qu'on avait laissées dans cette matière paraissent avoir donné lieu à de nombreux et fâcheux mésentendus parmi les agronomes. Le cultivateur éclairé ne saurait se passer d'une connaissance approfondie de cette partie de la science ; c'est elle seule qui peut lui indiquer les causes des divers phénomènes qu'il rencontre dans le cours de son exploitation, et lui expliquer d'une manière satisfaisante divers résultats qui, sans elle, lui paraîtraient contradictoires ; c'est également la parfaite connaissance des terres et de leurs propriétés qui enseigne à l'agriculteur les moyens de tirer le plus grand parti de tout ce que la nature a mis à sa disposition dans le sol dont il a la propriété, et ainsi à établir des fours à chaux, des verreries, des tuileries et des fabriques de porcelaine ; enfin c'est également elle seule qui peut lui servir de guide assuré, s'il veut profiter des grands moyens que la facilité d'extraire des espèces de terre améliorantes des entrailles de la terre, pour les épandre sur ses champs, met à sa disposition pour l'amendement et l'amélioration de son fonds. Voilà pourquoi il m'a paru absolument nécessaire d'introduire ici cette partie de la chimie.

§ 412.

Jusque vers le milieu du dernier siècle, les chimistes n'admettaient qu'une seule terre élémentaire, laquelle, selon eux, était le principal élément de notre globe, était indestructible au plus haut degré, et entrait en plus ou moins grande quantité, comme partie constituante dans tous les corps solides. C'est seulement dès lors qu'on commença à distinguer l'*alumine* de la *silice*. On ne rangeait pas la *chaux* dans le nombre des terres, on l'envisageait comme un corps composé. Mais, à mesure que la chimie avança dans ses recherches sur les minéraux, on apprit à connaître les différences principales qui distinguaient non-seulement les terres élémentaires déjà connues, mais encore plusieurs autres substances nouvelles qu'on classa dans le nombre des corps qui ne pouvaient pas être décomposés. On abandonna l'opinion jusque là accréditée, qui voulait que la terre fût un corps insipide, insoluble dans l'eau ; on n'admit plus une terre unique comme élémentaire, et l'on considéra chaque espèce de terre comme un élément particulier.

> Peut-être eût-on dû bannir totalement de la science le mot *terre*, comme désignant un corps, une matière déterminée ; ou ne conserver cette dénomination qu'aux seules terres insipides et insolubles dans l'eau, parce qu'on ne peut réellement donner aucune définition satisfaisante de ce que les chimistes appellent proprement *terres*.

La *silice* et l'*alumine* sont les terres les plus abondantes et je puis dire les mieux caractérisées ; après elles, c'est la *chaux* qu'on rencontre et qu'on remarque le plus ; mais cette dernière substance se rapproche plus des alcalis que les deux premières. La *magnésie*, long-temps confondue avec les autres terres, en a enfin été distinguée ; elle sert maintenant de liaison entre les premières terres insolubles et les al-

calines, et au moyen de cela, on peut à présent jus-
tifier le rassemblement des corps naturels bruts en
une classe. La décomposition de quelques produits
minéraux ou de corps pierreux a successivement fait
découvrir de nouvelles substances simples, qui peuvent également être rangées dans la classe des terres :
quelques-unes de ces substances se rapprochent de la
silice ou de l'alumine, les autres des alcalis. On se
piquait, il y a quelques années, de découvrir des substances élémentaires nouvelles ; aussi divers produits
de la chimie, qui alors furent donnés comme tels, fu-
rent-ils ensuite reconnus n'être que des combinaisons.
Le plus grand nombre des chimistes ne compte aujourd'hui que neuf espèces de terres élémentaires, et
de ces neuf, les cinq dernières ne nous intéressent pas,
parce qu'on ne les trouve que rarement ou jamais, en
forme de terre, à la superficie de notre sol.

Comme, quelques peines qu'on se soit données, on
n'a pu parvenir à décomposer les terres pures dont
nous avons parlé, on les compte parmi les *corps simples*, ou *substances élémentaires*. Cependant divers
phénomènes observés avec précision ne laissent aucun
doute que ce ne soient des corps composés, puisqu'ils
se forment dans les corps organisés. *Schrader* à Berlin a prouvé que des plantes de graminées céréales,
qui avaient été privées de tout contact avec la chaux
en particulier, contenaient cependant plus de chaux
et de silice que les semences dont elles provenaient.
*De Saussure* a également trouvé beaucoup de chaux
dans la cendre de diverses espèces de bois qui avaient
crû sur un sol absolument dépourvu de cette substance, et *Einhoff* de même. *Vauquelin* a démontré
que les excrémens et les œufs des poules contenaient

beaucoup plus de chaux qu'il n'y en avait dans la nourriture donnée à ces oiseaux. Et comme, suivant la théorie atomistique, tous les effets de la nature ne consistent que dans le mouvement et l'action réciproque des substances déjà existantes, il faut pour qu'une chose soit produite par la nature, que les élémens en soient déjà présens. On ne peut donc envisager comme simple une substance qui n'a été formée qu'alors ; cette substance doit, au contraire, être considérée comme le résultat d'une combinaison. Il paraît aussi que la chaux peut être changée en alcali, et réciproquement l'alcali en chaux, puisqu'on a trouvé de l'alcali dans la cendre d'une plante brûlée étant encore verte, tandis qu'on a trouvé de la chaux dans la cendre de la même plante brûlée en état de siccité.

§ 413.

Les terres sont indestructibles au feu, on peut les exposer à la chaleur la plus ardente, sans qu'elles se volatilisent ; chacune d'elles est infusible lorsqu'on l'expose au feu séparément ; elles ne peuvent pas même être mises en fusion à un feu animé par du gaz oxigène pur ; mais il est remarquable qu'elles perdent ce caractère lorsque plusieurs d'entre elles sont mêlées ensemble. La silice, la chaux, l'alumine ne peuvent point être mises en fusion lorsqu'elles sont séparées, mais elles le sont facilement lorsqu'elles ont été réunies.

Suivant le plus grand nombre d'expériences, les terres n'ont pas d'affinité avec l'oxigène ; c'est par cette raison qu'elles sont incombustibles. Cependant de Humbold a cru voir que différentes terres, en parti-

culier l'alumine, avaient aussi de l'affinité pour l'oxigène, lorsqu'elles étaient dans un état de pureté parfaite. D'autres ont nié cette assertion, et ont cru que,
pour que cette attraction eût lieu, il fallait que la terre
contînt un oxide métallique ou des matières combustibles. Jusqu'à présent, le grand homme dont chacun
envisagerait la déclaration comme décisive, ne s'est
point encore prononcé sur ce sujet. Au reste, cette
question n'est pas, pour la science de la fécondation
de la terre, d'une aussi grande importance que plusieurs personnes le croient, parce qu'il n'existe aucun sol qui soit totalement dépourvu d'oxide métallique ou de matières combustibles.

La couleur de toutes les terres est le blanc pur ;
celle qu'elles ont dans leur état naturel provient du
mélange d'autres substances, surtout de l'oxide de fer
dans ses différentes modifications ; sans lui, la surface
de notre globe nous paraîtrait blanche.

## § 414.

Les rapports qui existent entre ces terres et l'eau
varient de l'une à l'autre. Ainsi que nous l'avons dit,
la chaux et les terres alcalines nouvellement découvertes peuvent seules être dissoutes dans l'eau ; encore
faut-il une proportion d'eau égale à 680 fois le poids
de la chaux, pour qu'elle puisse être complètement
dissoute. L'alumine et la silice sont absolument in-
dissolubles, et quant à la magnésie, il ne s'en dissout
dans l'eau tout au plus qu'une infiniment petite partie, peut être la dix-millième. Cependant toutes le
terres contractent une liaison mécanique avec l'eau,
et en retiennent une plus ou moins grande quantité

lorsque celle-ci est mêlée avec elles. Nous désignerons cette propriété sous le nom de force d'adhésion : elle varie non-seulement dans les différentes terres, mais encore dans leurs mélanges ; de sorte que, suivant nos expériences, lorsque des terres différentes ont été réunies et mêlées, la quantité d'eau qu'elles retiennent n'est pas égale à celle que chacune de ces substances eût retenue, si la quantité mêlée de cette substance fût restée séparée. C'est ainsi que l'alumine et la silice mêlées ensemble retiennent beaucoup plus d'eau qu'elles n'en eussent aborbé avant d'être réunies.

Il nous importe beaucoup de déterminer la force d'adhésion qui existe entre l'eau et différens mélanges terreux. Pour la connaître, il faut faire sécher une portion de la terre qu'on veut examiner, jusqu'au point où elle ne perdrait plus de son poids, lors même que sa chaleur serait portée à celle de l'eau bouillante ; on mêle alors soigneusement de l'eau avec une quantité pesée de cette terre, et l'on verse ce mélange sur un tamis de crin dont le poids est également connu : on laisse égoutter l'eau surabondante, et lorsque la terre ne laisse plus dégoutter d'eau, on la pèse de nouveau avec le tamis ; du poids total, on retranche alors, tant celui du tamis, que celui donné par la terre avant qu'elle fût réunie à l'eau ; le poids restant indique la quantité d'eau que la terre a absorbée.

Cependant, comme il est divers sols qui absorbent beaucoup d'eau sans la laisser dégoutter, et qui pourtant la laissent évaporer plus ou moins facilement lorsqu'elles sont exposées à la chaleur, il faut aussi faire attention à cette disposition : pour déterminer l'adhésion de la terre avec l'eau, sous ce rapport, il faut exposer les diverses espèces de terres à un degré de chaleur égal, et remarquer le temps que l'une ou l'autre emploie pour se sécher complètement.

Les terres, surtout l'alumine, ne perdent jamais entièrement leur eau ; elles en contiennent encore lors même qu'elles paraissent absolument sèches. Elles ne peuvent en être tout-à-fait privées qu'en étant portées à une chaleur très-forte, telle que l'incandescence : aussi, dans cette opération, faut-il prendre pour mesure un certain degré de température, auquel on pousse la dessication.

§ 415.

Les terres ne peuvent, à la vérité, point être combinées avec l'azote (nitrogène), le carbone et l'hydrogène purs ; cependant il y a plusieurs raisons de croire qu'elles se combinent avec ces substances, lorsqu'elles ont été auparavant réunies, et qu'elles absorbent et s'incorporent la matière organique produite par cette réunion, autrement dit le résidu de la putréfaction. Divers phénomènes de la végétation paraissent en donner la démonstration. Nous reviendrons dans la suite sur ce sujet.

Les terres alcalines se combinent avec le soufre, soit qu'on mette ces substances en état de fusion, soit qu'on les fasse bouillir dans l'eau : ces combinaisons sont en général assez semblables à celles qu'on obtient de celle du soufre avec les alcalis. On donne à ces combinaisons le nom de *foie*, parce qu'elles ont une sorte de ressemblance avec ce viscère. Il est vraisemblable qu'il se fait une combinaison du même genre avec le carbone fortement hydrogéné, surtout avec celui qui contient un peu d'azote, c'est-à-dire avec le résidu de la putréfaction ; mais que cette combinaison est promptement décomposée à une température plus élevée.

### § 416.

Toutes les terres élémentaires, excepté la silice, ont une grande affinité avec les acides, et peuvent être dissoutes par eux. L'acide se sature et se neutralise, c'est-à-dire qu'il perd ses facultés acides ; mais les terres alcalines elles-mêmes éprouvent un effet semblable, et perdent le pouvoir qu'elles avaient d'agir sur les plantes et sur la matière organique. Il en résulte alors des sels moyens terreux, qui sont plus ou moins, ou même pas du tout solubles dans l'eau. C'est surtout par la manière dont les terres se comportent avec les acides, par la formation des sels terreux, et par la décomposition de ces derniers, qu'elles se distinguent les unes des autres.

### § 417.

Mais les terres élémentaires ont aussi entre elles une affinité élective, une attraction chimique. Plusieurs des terres et des pierres que nous rencontrons dans la nature ne sont pas seulement des mélanges, mais de vraies combinaisons, à la formation desquelles les oxides métalliques semblent contribuer. Nous pouvons unir les terres d'une manière chimique en les fondant ensemble ; mais il paraît que cette union peut également être opérée par la voie humide. Suivant les expériences de *Guyton* et de *Godelin,* quelques terres, par exemple la chaux et la silice, l'alumine et la silice, se précipitent réciproquement de leurs dissolutions, non en se combinant avec l'acide et l'alcali dans lesquels l'autre terre est dissoute, et en l'en séparant ; mais en s'unissant avec cette autre terre, et en se combinant avec elle. Cette union intime des terres sera d'une grande importance dans la théorie du sol, lorsqu'elle aura été mieux approfondie.

C'est à présent le lieu de considérer les substances simples et insolubles que nous appelons *silice* et *alumine,* dans leur état de pureté chimique et avec leurs propriétés ; nous verrons ensuite quels sont les divers mélanges dans lesquels elles se présentent à nous dans la nature. Lorsque nous aurons traité cette matière, nous aurons à nous occuper des terres alcalines, dans leur état de pureté, et ensuite des composés qui résultent de la combinaison des différentes terres entre elles, après avoir cependant fait précéder un examen plus approfondi de l'*humus*. Toutes ces choses au reste, principalement dans leurs rapports avec l'usage que nous pouvons en faire dans l'enseignement de la théorie du sol, des engrais et de la végétation, lequel, dans sa totalité, doit avoir cette doctrine physico-chimique pour base.

## LA SILICE.

### § 418.

Cette terre doit son nom au *silex,* lequel, ainsi que le *quartz,* en est presque entièrement composé ; c'est par suite de cette dernière circonstance qu'on l'appelait autrefois aussi *terre quartzeuse ;* et comme, combinée avec les alcalis, elle produit le verre, on l'appelait aussi *terre vitreuse ;* enfin comme dans l'opinion des anciens chimistes elle était la terre primitive, et

qu'en effet elle réunit à un degré éminent le caractère qu'on attribue aux terres, on l'appelait aussi *terre*
*élémentaire.*

C'est de toutes les terres celle qu'on rencontre avec
le plus d'abondance dans la nature. Toutes les pierres
dures qui donnent des étincelles avec l'acier, les
énormes masses de montagnes de granit, de porphyre,
de gneiss, etc., tout comme les vastes mers de sable,
sont en plus grande partie formées de silice. Il y a en
général peu ou point de pierres ou de terres dans la
nature, où l'on ne trouve plus ou moins de silice; il
n'y a pas jusqu'aux plantes qui n'en contiennent, et
qui, après leur combustion, ne la rendent dans leurs
cendres. Les graminées en particulier en contiennent
beaucoup; on l'y trouve quelquefois séparée par la
force de la végétation, et en quelque façon cristallisée
dans leur épiderme. Du reste, ainsi que les autres
terres, on ne la rencontre guère dans un état de pureté absolue; le quartz lui-même, dont elle forme la
plus grande partie, contient encore un mélange d'a-
lumine et d'oxide de fer.

§ 419.

C'est seulement à l'aide de l'art que nous pouvons
la montrer pure et dégagée de toute autre substance
minérale. Elle paraît alors sous la forme d'une poussière blanche, très-fine et cependant dure au toucher,
qui s'attache peu aux doigts, et qui, dans la pression
et le frottement, présente une sorte d'âpreté. Elle est
absolument insipide et inodore. Elle n'éprouve aucune
altération au feu, et, quelque ardent que soit celui-ci,
elle n'y est point fusible et ne s'y évapore point.

### § 420.

Elle n'a point d'affinité avec l'eau ; car, sans l'aide
d'un intermédiaire, l'on n'est jamais parvenu à en
dissoudre la moindre partie dans ce liquide. Si on la
mélange avec lui, elle se précipite bientôt, sans laisser après elle aucune solution. Cependant nous avons
dans la nature quelques sources qui contiennent de la
silice en solution, et qui, d'après les recherches précises de *Bergmann* et de *Klaproth*, ne contiennent
absolument aucune autre matière qui eût pu opérer
une combinaison de la silice avec l'eau ; en sorte que
nous ne pouvons expliquer de quelle manière la nature l'a produite. La plus remarquable de ces sources
est celle de Geiss en Islande, source très-chaude, qui
dépose dans son bassin une bordure de silice, et forme
des cristaux, des stalactites et des incrustations.

L'adhésion mécanique de la silice avec l'eau est également peu sensible. Lorsqu'on la mouille, elle n'absorbe pas l'eau avec avidité, elle ne forme point avec
elle une pâte liée, ductile et onctueuse; elle en retient
à elle au plus la moitié de son poids, sans la laisser dégoutter ; elle la laisse aussi promptement évaporer.

### § 421.

Elle se distingue de la plupart des autres corps
surtout en ceci, qu'elle ne peut être attaquée et dissoute par aucun acide que par l'acide fluorique. On
peut faire bouillir la silice fine avec les acides sulfurique, muriatique et nitrique, sans qu'aucune partie
en soit absorbée : c'est à un feu de fusion seulement

que le borax et l'acide phosphorique se combinent
avec elle. Le seul acide fluorique la met en solution
aériforme, et a la faculté d'entraîner cette substance
fixe dans son évaporation.

## § 422.

Les alcalis fixes, au contraire, soit qu'ils se trouvent
dans l'état de causticité ou dans celui de carbonates,
peuvent facilement être combinés avéc la silice, et la
dissolvent complètement. Si l'on fond de la potasse ou
de la soude avec de la silice, celles-là entrent les premières en fusion, et font à leur tour fondre la silice,
qui se combine alors avec elles. Le produit qu'on obtient de cette combinaison varie suivant la proportion
des quantités de ces substances. Si la silice prédomine,
il en résulte le verre, cette composition si utile. Plus
la proportion de la silice est grande, plus le verre résiste à l'air et aux acides. Si, au contraire, l'on y a mis
trop d'alcali, le verre s'obscurcit bientôt à l'air, et résiste aussi bien moins aux acides concentrés. Pendant
la fusion, les oxides métalliques sont absorbés par le
verre, qui en est diversement coloré. La couleur verte
du verre est due à l'oxide de fer, qui était combiné
avec la silice. Lorsque le verre est ensuite désoxidé par
le soleil, il se ternit et prend les couleurs de l'arc-en-
ciel.

Mais quand l'alcali domine et que le mélange est
composé de quatre parties d'alcali et d'une de silice,
l'on obtient une matière vitreuse, transparente, qui
s'humecte facilement à l'air et se résout en un liquide
épais ; cette matière se dissout complètement dans
l'eau, et la dissolution qui en résulte a été nommée
*liqueur siliceuse* (liqueur de cailloux).

Nous avons donc une dissolution de silice, mais seulement par le moyen d'une combinaison avec l'alcali. Si l'on neutralise celui-ci par le moyen des acides, l'eau laisse précipiter la silice, qui, alors, se rassemble au fond du vase qui la contient. Lors seulement que la liqueur siliceuse se trouve contenir une trop grande proportion d'eau, ou qu'on y a mis des acides en surabondance, la précipitation ne s'opère que lorsqu'on a laissé évaporer la dissolution. On a expliqué ce phénomène de manières très-différentes; probablement il est dû à l'affaiblissement excessif de l'attraction de cohésion dans les particules de la silice. On procède donc avec plus d'exactitude pour obtenir la silice pure, lorsqu'on fait, avant tout, évaporer la liqueur siliceuse délayée et saturée avec un excès d'acide, en étendant ensuite de nouveau le résidu avec de l'eau, et en le lavant à plusieurs reprises.

§ 423.

Parmi les corps dans la composition desquels la silice entre pour la plus grande partie, et qui en portent au plus haut degré le caractère, nous remarquons ici les suivans, dont la connaissance peut quelquefois être utile à l'agriculteur.

1. Toutes les pierres précieuses à l'exception du diamant, le *rubis*, le *saphir*, l'*émeraude*, la *chrysolithe*, la *topase*, l'*hyacinthe*, l'*améthyste*, la *chalcédoine*, la *cornaline*, l'*agate* et le *grenat*.

2. La *pierre à feu* et le *pétrosilex*. On trouve la première en amas tant dans les plaines, surtout dans les contrées dont le terrain est sablonneux, que dans les montagnes crayeuses, entourée de la chaux la plus pure. Depuis long-temps les géologues ont cherché à

découvrir comment elle y a été amenée ou formée, et la conjecture que la chaux a été transformée en silice a véritablement beaucoup de plausibilité, puisque souvent on aperçoit clairement le passage de la chaux à l'état de pierre à feu, et que souvent, au milieu de la pierre à feu, l'on trouve des produits organiques, qui prouvent que sa formation est récente.

L'utilité de la pierre à feu est aussi connue qu'elle est grande; sa fabrication en pierres à fusil est d'une grande importance. Ci-devant cet art n'était connu qu'en Espagne et en France; aujourd'hui il est aussi pratiqué dans les États autrichiens. On avait, au reste, des idées singulières sur ce genre de fabrication : on croyait que les pierres à fusil étaient trouvées brutes dans les montagnes, et qu'on les taillait ou qu'on les aiguisait sur des machines. Aujourd'hui il n'y a plus aucun doute qu'elles ne soient frappées à la main avec des instrumens d'acier, mais par des ouvriers exercés. Au reste, toutes les pierres à feu ne sont pas également propres à cet emploi, une partie en est trop tendre, l'autre ne tombe pas sous le marteau en fragmens réguliers. Frédéric-Guillaume I$^{er}$, roi de Prusse, envoya à Saint-Ange un armurier qui y travailla et apprit les procédés de la fabrication. Cet ouvrier revint ensuite et fit en effet des pierres à fusil avec les pierres du pays ; mais elles étaient si cassantes, qu'elles sautaient au second coup.

Outre cet usage, les pierres à feu sont employées dans la fabrication des émaux et des vases de grès, pour polir le verre, pour faire des polissoires pour les relieurs et les doreurs, et dans la composition du verre, surtout du beau *flint glass* anglais.

Le *pétrosilex* ou *pierre de corne* des Allemands a

de la ressemblance avec la précédente, cependant il a l'apparence matte de la corne et la cassure écailleuse.

3. Le *feldspath* a une contexture lamelleuse, le plus souvent couleur de chair ; il se rompt en fragmens rhomboïdaux. On le trouve en couches et en veines dans plusieurs autres espèces de pierres.

4. Le *quartz* est composé de parties cristallines et vitriformes. Il se rompt en morceaux anguleux. On le trouve fréquemment de couleur blanche et transparent, tantôt en grandes masses, tantôt cristallisé. Lorsque les cristaux sont grands, transparens et en forme de colonnes, on l'appelle cristal de montagne.

5. Le *granit*, le *gneiss* et le *porphyre*, sont des corps pierreux composés, extrêmement durs ; ils sont formés de différentes pierres. Ils constituent la principale base des montagnes primitives ; cependant on les rencontre aussi, surtout le granit, en grands blocs dans les plaines. Le granit est composé de quartz, de feldspath et d'une autre pierre du genre argileux, le mica. Son grain et sa couleur varient de plusieurs manières. Le gneiss a beaucoup d'analogie avec le granit ; il est composé de feldspath, de quartz et de mica. Ses parties sont plus intimement mêlées, et il a le plus souvent une apparence schisteuse et lamelleuse. Le porphyre est composé de feldspath, de quartz et d'argile durcie ou de jaspe ; quelquefois aussi de mica.

6. Le *sable*, qui probablement a été formé en grande partie de quartz. Il ne s'en distingue point par ses parties constituantes. De grands courans d'eaux, l'action de l'air, peut-être celle du feu et d'autres agens, ont divisé le quartz, et par le mouvement que l'air et l'eau donnaient à ses fragmens, l'ont réduit en grains arrondis.

Ce sable se distingue en trois espèces principales, suivant la grosseur et la transparence de ses grains.

*a*. Le *sable de fontaine*, ou *de rivière*, qui est composé de grains fins, clairs et sans couleur; le plus souvent il est déposé par les sources et les rivières.

*b*. Le *sable perlé* de gros grains ronds à moitié transparens. On ne le trouve le plus souvent qu'au-dessous de la superficie du sol. Cependant il est aussi lavé et déposé par le cours d'eau.

*c*. Le *sable mouvant*. Ses grains sont de différentes grosseurs. Il est mêlé de parties hétérogènes, et porte ordinairement avec lui de l'alumine, quelquefois aussi de la chaux. Il est facilement remué par les vents, ce qui lui a fait donner le nom par lequel on le distingue. Souvent il est amassé par ces vents ou par les eaux dans des bas-fonds, et réuni en grandes masses devant quelque obstacle. Ces monceaux, s'ils ne sont pas affermis à leur superficie par des plantes qui y ont pris pied à l'aide de quelque peu de terre végétale, sont également entraînés par les vents et endommagent souvent des plaines fertiles.

Au-dessous de la superficie du sol, on trouve le sable en veines ou couches prolongées, entre d'autres couches de terre. C'est à ces sables que nous devons nos eaux de sources les plus pures; l'eau suinte à travers, elle y dépose les matières hétérogènes qu'elle charrie, et gagne en limpidité à mesure qu'elle y prolonge sa course.

Quoique les grains de sable soient en très-grande partie composés de silice, cependant ils contiennent toujours un peu d'alumine et d'oxide de fer. Le sable a encore moins d'affinité mécanique avec l'eau, que la silice pulvérulente; de là et de ce qu'il a également peu

d'attraction de cohésion pour l'humus, vient sa stérilité.

Si le sable est réuni en masses dures par quelque
gluten, l'argile ou la chaux, et par une pression mécanique, on l'appelle *grès*. Il y a différentes sortes de
grès, qui varient quant à la finesse et à la densité ; on
les retire de la terre encore tendres, et elles sont tail-
lées pour servir dans les constructions, pour faire des
jambages et des tablettes de fenêtres, des pierres de
moulin, des meules à aiguiser et à polir. C'est à cette
classe qu'appartient la pierre à filtrer, qui laisse passer
l'eau comme une fine éponge, et que l'on emploie
pour purifier l'eau trouble. Ce grès était autrefois
rare, mais on en trouve beaucoup en Saxe et dans
d'autres pays.

## L'ALUMINE.

### § 424.

Cette terre simple est le plus souvent contenue
dans cette masse qu'on appelle *terre glaise* ou *argile;*
de là lui est venu son ancien nom de terre argileuse ;
mais comme elle est une des parties constituantes les
plus essentielles d'un sel connu sous le nom d'*alun,*
les chimistes modernes ont jugé à propos de lui donner le nom qu'elle porte aujourd'hui.

Il ne faut point la confondre avec l'argile, qui est
un corps composé : l'alumine est la terre simple et
élémentaire *, tandis que l'argile, dont nous parlerons

* Plusieurs indices, et en particulier les découvertes de Davy, nous
portent à croire que les terres jusqu'ici envisagées comme élémentaires,
ne sont en effet que des combinaisons. Au reste les élémens de ces ter-

dans la suite, est la combinaison de l'alumine avec la silice et l'oxide de fer.

§ 425.

Après la silice, l'alumine est, de toutes les terres, celle que nous rencontrons le plus souvent et en plus grande quantité dans notre sol. L'argile, dans laquelle l'alumine entre toujours comme partie constituante, existe en plus ou moins grande quantité dans tous les terrains, et se trouve aussi en grandes couches sous la surface de la terre. Outre cela, l'alumine forme une partie constituante de la plupart des pierres, et dans quelques-unes elle domine. Les corps organisés ne la contiennent qu'en très-petite quantité, et quoique nous ayons trouvé quelque peu d'alumine dans la cendre de la plupart des végétaux, cette substance ne leur semble cependant point essentielle ; elle paraît plutôt ne se rencontrer qu'accidentellement dans les plantes ou dans leurs cendres.

L'alumine est de la plus grande importance pour le cultivateur ; comme partie constituante de l'argile, elle entre toujours dans la composition de la terre végétale. D'ailleurs il est essentiel à l'agriculteur d'avoir une connaissance parfaite de cette terre élémentaire, afin de pouvoir apprécier l'influence de l'argile dans les champs, et l'amélioration ou la détérioration du sol qui a lieu par son moyen. L'argile mérite également

res nous sont encore inconnus, parce que nous n'avons pas trouvé le moyen de les décomposer ; c'est-à-dire que nous n'avons pas rencontré des substances qui aient, avec les parties constituantes des terres appelées élémentaires, plus d'affinité que ces parties n'en ont entre elles. Je ne m'étends pas davantage sur ce sujet, parce que, pour le présent du moins, je le crois indifférent à l'agronomie. (*Trad.*)

d'être examinée, à cause de l'usage qu'on en fait pour
la fabrication des tuiles et de la poterie. Toutes ces
considérations nous engagent à rechercher, dans leurs
principes, les propriétés de l'alumine pure, et ensuite
celles de l'argile.

§ 426.

Quoique, dans les temps même les plus reculés, l'u-
tilité de l'argile et son emploi dans la fabrication des
vases de terre et des tuiles n'aient pas permis que
cette subtance restât ignorée, il n'y a cependant pas un
grand nombre d'années que l'alumine est envisagée
comme une substance élémentaire : long-temps on l'a
confondue avec la terre en général, ensuite on l'a assimilée tantôt à la chaux, tantôt à la silice, qui, par le
moyen des acides ou du phlogistique, auraient pris
un autre caractère. C'est seulement vers le milieu du
siècle passé qu'il a été démontré qu'elle était une terre
particulière, et qu'elle ne devait pas être confondue
avec les autres.

Quelque abondante que soit l'alumine, nous ne la
rencontrons cependant jamais parfaitement pure dans
la nature : le plus souvent on la trouve combinée avec
d'autres terres et des oxides métalliques, quelquefois
aussi avec des acides. Dans le jardin du collége à Halle
seulement, on avait trouvé une substance terreuse
blanche, que, pendant un certain temps, on envisa-
gea comme de l'alumine pure ; mais d'un côté il se vé-
rifia, à la suite d'une analyse chimique plus précise,
que, quoique composée essentiellement d'alumine,
cette terre contenait aussi de la chaux et de l'oxide de
fer ; de l'autre, il est très-vraisemblable qu'elle était le

7.

produit, non de la nature, mais plutôt des travaux de quelques alchimistes qui demeuraient près de là.

La chimie seule peut nous procurer l'alumine pure et dégagée de toute substance hétérogène. La manière la plus ordinaire et la plus facile de l'obtenir telle, consiste à la séparer de l'alun, dans lequel elle est combinée avec l'acide sulfurique. Lorsque l'alun a été dissous dans l'eau, on neutralise l'acide sulfurique avec de l'alcali, et l'alumine se précipite. Cependant il faut encore quelques autres procédés pour la purger complètement des substances hétérogènes qu'elle contient.

§ 427.

L'alumine ne peut pas se combiner avec l'acide carbonique ; tout au moins ne peut-elle pas, comme la chaux et la magnésie, former avec lui un corps solide : c'est particulièrement en cela qu'elle se distingue remarquablement de cette dernière. Plusieurs auteurs ont, à la vérité, parlé d'une combinaison de l'alumine avec l'acide carbonique, mais *de Saussure* a démontré que l'alumine chimiquement pure n'avait aucune affinité avec l'acide carbonique.

Les propriétés physiques de l'alumine peuvent varier jusqu'à un certain point, en raison des procédés, ou de la quantité et de la qualité des agens qu'on emploie pour la séparer des substances auxquelles elle est unie. Souvent aussi l'on a attribué à l'alumine les propriétés de l'argile ; de là vient sans doute que les propriétés attribuées par les chimistes à la première varient. Au reste, la différence n'en est point assez considérable pour qu'on puisse confondre cette substance avec d'autres terres simples.

L'alumine est une substance pulvérulente, blanche et douce au toucher, laquelle, sans avoir aucun goût proprement dit, produit cependant, étant déposée sur la langue, une sensation particulière qui provient de l'absorption de l'humidité que l'alumine attire à elle. Elle produit une sensation pareille lorsqu'elle est introduite dans le nez en poussière fine. L'odeur particulière que l'argile brute donne, surtout lorsqu'on l'humecte avec l'haleine ou de quelque autre manière, n'est point propre à l'alumine pure ; c'est à tort qu'on l'a attribuée à celle-ci.

§ 428.

Comme l'alumine retient à elle plus d'eau qu'aucune des autres terres élémentaires, elle paraît avoir une beaucoup plus grande affinité avec ce liquide. C'est aussi elle qui contracte la plus forte adhésion avec lui. Mais cette dernière propriété varie considérablement dans les diverses préparations faites avec l'alumine. Lorsque celle-ci a été récemment précipitée, et avant d'avoir été séchée de nouveau, elle contient souvent une quantité d'eau égale au sextuple de son poids ; tandis que lorsqu'elle a été séchée à une chaleur modérée, elle ne peut en contenir qu'une fois et demie, ou tout au plus deux fois son poids, sans la laisser dégoutter. Si elle a été rougie au feu, ou seulement séchée à un degré très-fort elle ne peut retenir qu'une beaucoup moins grande quantité d'eau.

L'alumine humectée avec de l'eau produit une pâte plus ou moins onctueuse ; mais cette pâte, lorsqu'elle est faite avec de l'alumine pure, n'est jamais aussi ductile que celle qui est faite avec de la bonne argile brute ; elle n'est également pas aussi susceptible de recevoir les formes qu'on veut lui donner. En revanche, la bouillie faite avec de l'alumine, sèche plus facilement.

§ 429.

L'alumine ne se dissout point dans l'eau pure. Si on la mêle avec une grande quantité d'eau, ses particules séparées les unes des autres, paraissent à moitié transparentes. Elles se divisent en très-petites molécules qui ne tombent que très-lentement au fond du vase ; mais l'eau n'en retient point en dissolution. En revanche, suivant *de Saussure,* l'eau imprégnée d'acide carbonique, peut dissoudre un peu d'alumine ; mais cette combinaison est si faible, qu'elle se décompose déjà facilement à l'air, où le liquide, qui auparavant était limpide, ne tarde pas à se troubler et à laisser tomber l'alumine, sous la forme d'un sédiment gélatineux et léger.

§ 430.

A une chaleur douce d'environ 18 à 20 degrés de Réaumur *, l'alumine laisse évaporer l'eau qui n'est qu'imparfaitement combinée avec elle ; mais cette température n'est point suffisante pour la dépouiller de toute l'eau qu'elle contient, qui, suivant *Buchholtz,* s'élève à 28 pour 100 du poids de la terre, et suivant *de Saussure,* à beaucoup au-delà. Il faut pour opérer cette évaporation totale, un feu très-violent.

---

* 22° 50 à 25° du thermomètre centigrade. (*Trad.*)

## § 431.

L'alumine seule ne peut point être mise en fusion à une chaleur ordinaire ; cependant, au foyer de grands miroirs ardens, et dans un feu animé par un courant de gaz oxigène pur, elle subit une sorte de fusion, laquelle, cependant, ne produit pas une vitrification parfaite ; mais mélangée avec de la chaux, elle peut être fondue complètement ; réunie à la silice, elle a aussi plus de disposition à la fusibilité. L'incandescence, au reste, fait toujours subir à l'alumine une forte altération. Il ne s'ensuit, à la vérité, pas une fusion, mais seulement une sorte de coagulation. L'alumine perd son attraction de cohésion pour l'eau, et elle devient dure au toucher. Mêlée avec de l'eau, elle ne forme plus une pâte onctueuse, et en général alors elle se rapproche davantage de la silice. De là vient qu'après avoir éprouvé l'action du feu, l'argile n'est plus aussi ductile ; cela nous explique aussi en partie l'utilité de l'écobuage dans les terrains argileux. On ne peut rendre à cette alumine ses propriétés primitives qu'en la faisant dissoudre dans des acides, et en la précipitant ensuite par le moyen des alcalis.

## § 432.

L'alumine ne paraît avoir aucune propriété alcaline ; elle ne change point les papiers colorés qui réagissent sur les alcalis. Elle ne peut également pas se combiner avec le soufre, comme le font les alcalis, la chaux et la magnésie. Nous n'avons aucune expérience qui prouve que, dans un état de pureté, elle puisse se

combiner avec l'oxigène, l'hydrogène, l'azote et le carbone ; cependant il est très-vraisemblable qu'elle n'est
pas sans affinité avec ces substances, tout au moins
en a-t-elle avec leurs combinaisons, comme cela se voit
dans l'humus.

§ 433.

En revanche, l'alumine a beaucoup d'affinité avec
les autres terres, et dans certains cas, elle peut réellement se combiner chimiquement avec elles. Elle a
beaucoup de tendance à s'unir à la silice, et selon
*Guyton,* elle peut la précipiter de sa dissolution dans
les alcalis. C'est cette cause qui fait que, dans la nature, nous trouvons si souvent la silice réunie à l'a-
lumine, pour former ce que nous appelons l'argile.

La chaux a également de l'affinité avec l'alumine.
Cela prouve déjà combien ces terres sont fusibles,
lorsqu'elles sont combinées ; mais cela démontre bien
plus encore la faculté qu'a l'alumine de décomposer
l'eau de chaux, et d'en séparer toute cette dernière
substance. Si l'on met dans l'eau de chaux de l'a-
lumine récemment précipitée, cette première perd son
goût alcalin, l'alumine descend au fond du vase, et
entraîne la chaux avec elle. Cette séparation de la
chaux ne peut être produite que par une affinité chimique de l'alumine avec elle, et par une véritable
combinaison de ces deux terres.

§ 434.

Les acides dissolvent d'autant plus facilement l'a-
lumine, qu'on lui a fait éprouver une moindre dessi-

cation ; mais plus lentement et plus difficilement, si elle a été mise en ignition. Du reste, cette dissolution n'occasione aucune effervescence, et il ne s'y développe aucune chaleur. Mais l'alumine n'a pas la faculté d'enlever aux acides toute leur acidité (de les neutraliser) en cela elle se distingue sensiblement des alcalis et des terres alcalines. Les dissolutions de ce genre ont un goût astringent, elles rougissent le papier teint en bleu avec du tournesol. Il en résulte des sels qui en partie peuvent être cristallisés, et en partie ne possèdent pas cette faculté, et dont la plupart sont très-solubles dans l'eau. L'alumine a une grande affinité avec l'acide sulfurique ; avec lui, elle forme une substance visqueuse qui s'humecte facilement à l'air ; et si, à cette combinaison, l'on ajoute un peu de potasse, il en résulte *l'alun*. Au reste, l'alumine peut aussi contenir une petite portion d'acide sulfurique, sans former avec lui un corps salin, et c'est pour cela qu'il est souvent difficile d'en séparer complètement cet acide. Lorsqu'elle se précipite de la dissolution d'alun, l'alumine entraîne après elle un peu d'acide sulfurique, dont elle ne peut pas même être entièrement purgée par des lessives répétées.

Les acides muriatique, nitrique et phosphorique réunis à l'alumine, ne donnent pas des sels cristallisables, mais la plupart d'entre eux produisent avec elle des dissolutions visqueuses.

## § 435.

Les alcalis ont, sur l'alumine, une action qu'il est important de remarquer, parce qu'elle peut servir à caractériser cette terre, et parce qu'on l'emploie sou-

vent pour séparer l'alumine des autres substances. La
chaux et la magnésie ne sont point attaquées par les
alcalis purs, tandis que l'alumine en est complètement
dissoute. Cette combinaison s'opère d'autant plus facilement, que l'alumine a été récemment précipitée
et qu'elle est encore humide ; et cette combinaison
n'est jamais plus difficile, que lorsque l'alumine a auparavant été mise en état d'ignition.

L'ammoniaque, à la vérité, peut également dissoudre une petite proportion d'alumine, mais la potasse et
la soude caustique la dissolvent bien plus vite et en
quantité bien plus grande. L'alumine mouillée, jetée
dans une lessive alcaline caustique et chauffée, se dissout, et le liquide devient transparent. Mais lorsque
les alcalis sont complètement saturés d'acide carbonique, ils ne dissolvent pas l'alumine.

### § 436.

Tous les alcalis, de même que la chaux et la magnésie, ont, avec les acides, une affinité plus grande
que n'est celle de l'alumine ; par leur moyen cette
dernière peut donc être séparée de ses combinaisons ;
ainsi la dissolution de l'alumine dans les alcalis est derechef décomposée par les acides, et l'alumine elle-
même est précipitée par la combinaison des acides
avec les alcalis, qui l'emporte sur la combinaison de
ces premiers avec l'alumine.

#### L'ARGILE.

### § 437.

L'argile est composée, comme nous l'avons déjà
observé plusieurs fois, d'une combinaison d'alumine

et de silice. Ces deux espèces de terre n'y sont pas seulement mêlées ensemble, comme on se le représente ordinairement, elles y sont combinées chimiquement. Une grande partie des argiles que nous rencontrons dans la terre, est encore mêlée de silice, qui y existe sous la forme d'un sable plus ou moins grossier ; mais ce sable peut en être séparé par de simples lavages, ou mieux encore, comme l'expérience nous l'a récemment appris, en faisant bouillir ce mélange dans l'eau ; tandis que la première combinaison ne peut être détruite que par des agens chimiques. Non-seulement l'argile n'a l'apparence ni de l'alumine ni de la silice , mais encore ses propriétés ne suivent pas même la proportion des quantités de chacune des substances dont elle est composée : elle a des propriétés particulières qu'on ne donne point à un mélange mécanique d'alumine et de silice, il semble même que la nature se soit réservée la faculté d'opérer cette combinaison intime ; car, quoique nous soyons parvenus à combiner de l'alumine avec de la silice, par des procédés chimiques, cette combinaison ne forme cependant point encore une véritable argile.

§ 438.

L'argile contient toujours du fer dans un état d'oxidation plus ou moins grande ; probablement ce métal en fait partie essentielle. L'oxide de fer est produit par la combinaison du métal avec l'oxigène, laquelle s'opère aisément à l'aide de l'humidité ; il a différentes couleurs, qui, par nuances, vont du noir au jaune, au brun et enfin au rouge, et qui sont déterminées par le degré d'oxidation ; la couleur noire indique le

premier degré après la blanche, et le rouge le dernier.
Cet oxide de fer est une poussière insipide, inodore;
il n'est pas soluble dans l'eau, mais il l'est dans les
acides, et, combiné avec eux, il donne alors des sels
qui ont l'odeur de l'encre. Ces sels ferrifères peuvent
à leur tour être décomposés par les alcalis, parce que
ceux-ci ont une plus grande affinité avec les acides.
Les végétaux astringens, ceux qui contiennent du tannin, tels que les galles et l'écorce de chêne, séparent
le fer de l'acide; de cette manière, le fer, divisé en
parties ténues, colore ce mélange en noir.

Quelquefois le fer est attaqué dans le sol par un
acide, le plus souvent par l'acide carbonique, avec
lequel il forme un corps insoluble, insipide et tout
au moins indifférent, si ce n'est utile, à la végétation.
D'autres acides en chassent l'acide carbonique avec
effervescence, comme s'il y avait de la chaux. Cela
m'a induit moi-même en erreur, dans un essai superficiel, fait sur une glaise que je croyais être
marneuse.

Quelquefois l'oxide de fer est uni à l'acide phosphorique, surtout dans les marais, où ce dernier est produit par des corps organiques décomposés. Cette combinaison, à la vérité, est également insoluble; mais on
présume qu'elle est nuisible à la végétation.

Lorsque le fer est uni à l'acide sulfurique produit
dans le sol par des pyrites sulfureuses décomposées,
il forme le sel neutre qu'on appelle ordinairement
*vitriol.*

Uni à l'argile en quantité tant soit peu considérable,
le vitriol paraît avoir toujours une action nuisible sur
les végétaux, et lorsqu'on a trouvé l'acide sulfurique
favorable à la végétation, c'était sur des soles calcaires

où il se combinait avec la chaux et non avec le fer, et où ainsi il produisait du gypse.

C'est seulement en combinaison avec l'humus, ou avec d'autres matières fortement chargées de carbone, que le sulfate de fer (vitriol) a produit la fertilisation et l'amendement du sol, et lorsqu'on n'employait ce sel qu'en petite quantité. Nous développerons ce fait lorsque nous nous occuperons plus particulièrement des engrais.

§ 439.

L'argile a probablement aussi été produite par des pierres dures. Plusieurs minéraux compactes, composés d'alumine, de silice et d'oxide de fer, sont décomposés par l'action de l'atmosphère, et transformés en argile ; dans ce nombre sont principalement les schistes argileux, qu'on rencontre souvent, et qui composent des chaînes de montagnes tout entières, et le feldspath. Cette espèce de décomposition s'opère encore chaque jour sous nos yeux : des rochers d'ardoise argileuse nus se couvrent d'une couche d'argile, dans laquelle les végétaux ne tardent pas à prendre pied. L'on peut même facilement donner plus d'épaisseur à cette légère couche, en détachant avec la charrue des lames de ces schistes, et en les décomposant par le moyen de fumiers frais, qui paraissent avoir la propriété de contribuer à les déliter.

L'argile provenant de cette opération insensible de la nature, fut probablement entraînée par les eaux, et déposée en couches dans les plaines, comme nous l'y trouvons aujourd'hui. Outre cela, suivant toutes les apparences, elle s'est approprié des substances de l'atmosphère, surtout de l'oxigène.

## § 440.

Les trois principales substances dont l'argile est composée, l'alumine, la silice et l'oxide de fer, sont combinées en elle dans des proportions très-variées ; on trouve rarement deux espèces d'argile qui soient parfaitement de même nature. Dans le plus grand nombre de cas la silice y domine ; celle-ci peut s'élever jusqu'à 93 pour 100, sans que ce mélange cesse d'avoir les propriétés de l'argile : rarement l'alumine en fait la plus grande partie.

Mais de nouveaux essais faits dans notre laboratoire nous ont appris que, dans l'argile passée au lavage et ainsi privée de sable, la silice se trouve encore de deux manières : d'abord, lorsqu'on fait bouillir cette argile pendant un temps un peu long, dans une quantité d'eau suffisante, il se dépose une silice qu'on ne peut, à la vérité, pas appeler du sable, mais dont cependant les grains sont moins fins que ceux qui sont précipités de la liqueur des cailloux. La quantité de cette silice, qui peut être séparée par l'ébullition, varie dans les diverses espèces d'argile, et il est difficile de l'en séparer complètement ; mais lors même que cette séparation a été opérée avec tous les soins possibles, il reste cependant, dans l'argile, encore beaucoup de silice, qu'on ne peut en séparer qu'à l'aide d'agens chimiques. Nous continuons soigneusement ces recherches, surtout afin d'acquérir la certitude d'un fait qui, dans ce moment, nous paraît assez vraisemblable, que toutes les espèces d'argile, après avoir été privées de cette partie de leur silice, qui est combinée avec elle d'une manière moins intime et seule ment mécanique, contiennent alors une quantité égale ou à peu près, de silice et d'alumine.

L'oxide de fer y varie beaucoup en quantité, depuis 1 jusqu'à 10 ou 12 pour 100.

Quelquefois l'argile contient aussi de l'oxide de manganèse, mais cela n'a lieu que rarement et seulement en très-petite quantité, ce qui nous détermine à ne pas y faire attention.

## § 441.

On rencontre l'argile avec des couleurs très-différentes, blanche, grise, brune, rouge, noire, et avec les diverses nuances de ces couleurs ; quelquefois ces couleurs sont principalement dues à des corps combustibles, à l'humus et à une matière bitumineuse ; et ces corps rendent l'argile plus ordinairement grise, tirant sur le noir, ou tout-à-fait noire. Mais si ces argiles sont soumises à l'action du feu, elles deviennent alors tout-à-fait blanches, parce que, durant cette action, le carbone se combine avec l'oxigène et s'échappe sous la forme d'acide carbonique. Au reste, le plus souvent ces couleurs sont dues à l'oxide de fer, quelquefois aussi à l'oxide de manganèse, et leurs nuances ont pour cause, non-seulement la quantité dans laquelle ces substances sont mêlées à l'argile, mais encore le degré d'oxidation dans lequel elles se trouvent. La couleur tire d'autant plus sur le jaune clair, sur le jaune foncé et le rouge, que l'oxidation du fer est à un degré plus avancé. Ces espèces d'argiles ne deviennent point blanches au feu ; leur oxide de fer, au contraire, absorbe une plus grande quantité d'oxigène, dont il se sature enfin complètement ; il devient alors

d'un rouge couleur de tuile. Toutes les argiles qui
contiennent de 4 à 6 pour 100 d'oxide de fer prennent aussi cette couleur au feu, et la nuance en est
d'autant plus foncée que l'oxide de fer s'y trouve en
plus grande proportion.

Quelquefois la couleur de l'argile est due tout à la
fois à l'oxide de fer, à l'humus et à des substances bitumineuses : les argiles qui sont dans ce cas prennent, à la vérité, une couleur plus claire au feu, parce
que l'humus auquel elles doivent une partie de leur
couleur, est alors volatilisé; mais elles ne deviennent
jamais totalement blanches, parce que l'autre principe
colorant, l'oxide de fer, y est demeuré. Il tient donc à
la quantité proportionnelle des matières combustibles
et de l'oxide de fer, que, dans la combustion, l'argile
perde beaucoup de sa couleur ou qu'il la conserve. Si
elle perd une grande partie de l'intensité de sa couleur, cette couleur était due à des parties combustibles; si elle en perd peu, elle provenait surtout de
l'oxide de fer. On rencontre quelquefois des argiles
tout-à-fait blanches ; celles-là ne contiennent pas de
substances inflammables, mais elles ne sont pas entièrement exemptes d'oxide de fer, seulement ce métal y
est à son premier degré d'oxidation, à celui où il ne
peut encore communiquer aucune couleur à l'argile.
Si, cependant, ces espèces d'argiles sont soumises à
l'incandescence, le fer s'oxide davantage, et l'argile
devient jaune, quelquefois d'un rouge vif. Si des espèces d'argiles blanches ne changent pas de couleur
au feu, c'est une preuve qu'elles ne contiennent que
très-peu de fer.

## § 442.

L'argile possède au moins aussi éminemment que l'alumine la propriété de faire éprouver une sensation particulière aux organes du goût et de l'odorat, et elle peut ainsi facilement être distinguée des autres terres. Lorsque l'argile est introduite en poussière dans le nez, ou qu'elle est appliquée sur la langue, elle en absorbe l'humidité et s'y attache fortement. Outre cela, l'argile a encore une odeur particulière que l'alumine n'a point, et qu'on appelle odeur de terre. Cette odeur se fait sentir à un degré très-élevé, surtout lorsqu'on humecte de l'argile qui auparavant était sèche ; aussi la sent-on généralement dans l'atmosphère lorsqu'il tombe de la pluie après une sécheresse. *De Saussure* attribue cette odeur à l'oxide de fer ; mais on la trouve dans les argiles qui contiennent très-peu de cet oxide, tout aussi forte que dans ceux qui le contiennent en beaucoup plus grande quantité. Il n'est également pas décidé si cette odeur est due à des particules qui s'évaporent de l'argile, ou à un changement particulier dans l'atmosphère qui l'environne.

## § 443.

Parmi les propriétés de l'argile, ses rapports avec l'eau sont particulièrement remarquables ; lorsqu'elle est sèche, sans être absolument privée de toute humidité, elle absorbe facilement ce liquide ; et si elle contient une quantité d'eau assez grande, elle devient alors une masse plus ou moins tenace, adhérente et ductile, laquelle reçoit facilement et conserve les impressions

qu'on lui donne, et peut ainsi recevoir toutes sortes de
formes. Toutes les argiles n'ont pas au même degré la
propriété qui nous rend cette espèce de terre si utile ;
l'on distingue celle qui la possède le plus éminemment sous le nom d'argile grasse ou de glaise, et celle
qui ne l'a qu'en moindre proportion, sous le nom
d'argile maigre. La ductilité et la malléabilité de l'argile ne doivent pas être attribuées uniquement à l'a-
lumine ; car celle-ci, dans son état de pureté, ne les
possède point à un degré aussi élevé ; elles sont plutôt produites par la combinaison de l'alumine avec la
silice, et l'oxide de fer lui-même paraît y avoir quelque part. A la vérité, l'argile la plus ductile ou la plus
grasse contient une plus grande proportion d'alumine,
et la cassante ou maigre une moins grande ; mais la
ductilité n'est cependant point dans un rapport complet avec ces proportions.

## § 444.

L'argile étant saturée d'eau, elle ne se laisse plus
pénétrer par ce liquide. Si l'on verse de l'eau sur un
gâteau ou un bassin fait avec de la pâte d'argile, cette
eau y demeure sans suinter au travers. Cette propriété
rend très-remarquable la présence de l'argile dans la
couche supérieure du sol, et même dans celles qui
sont au-dessous ; c'est cette argile qui empêche l'eau
de pénétrer plus avant, sans cela nous ne trouverions
des sources qu'en creusant jusque sur la roche solide.
Ces lits d'argile, qui alternent avec des couches de
terre perméable, sont la cause la plus ordinaire des
sources, parce que l'eau retenue par eux ne peut se
frayer une issue que dans la direction qui leur est

parallèle. Ce sont également ces lits qui occasionent ces amas d'eau stagnante ou ces places humides qu'on rencontre dans quelques parties des champs ; l'eau ne pouvant pénétrer dans la terre, demeure au-dessus des couches d'argile, jusqu'à ce qu'elle soit évaporée, et ainsi elle se fait sentir jusqu'à la superficie du sol.

### § 445.

Lorsqu'on délaie de l'argile dans beaucoup d'eau, elle trouble cette eau et y reste en suspension, mais l'eau n'en dissout aucune partie : il se passe souvent un temps assez long avant que l'eau devienne complètement limpide. De là vient que l'eau des fleuves dont le lit est d'argile est toujours plus ou moins trouble ; les particules d'argile détachées et divisées ne peuvent se précipiter au fond de l'eau, à cause du mouvement continuel de celle-ci. C'est aussi par cette raison que les champs inondés par des eaux débordées sont le plus souvent argileux ; le sable que ces eaux ont entraîné étant plus pesant, s'abaisse bientôt, et se trouve ainsi en monceaux de place en place, tandis que l'argile, qui est extrêmement divisée, et comme délayée avec elles, est charriée plus loin, et n'est déposée que lorsque l'eau devient stagnante.

### § 446.

Si l'argile humectée est exposée à la gelée, il s'y fait des crevasses; quelquefois même elle se réduit en fragmens. Ce déchirement des masses d'argile et cette division de leurs parties sont occasionés par la dilatation que la gelée fait éprouver à l'eau. Les cristaux ou les aiguilles de glace séparent les parties de l'argile les unes des autres. Aussi lorsqu'on veut employer de l'argile à l'amélioration du sol, la soumet-on auparavant à l'action de la gelée, afin qu'étant ainsi complètement déliée et divisée dans toutes ses parties, elle puisse mieux s'amalgamer et se mêler avec le sol du champ auquel on la destine.

### § 447.

Même par la chaleur, l'argile humectée ne laisse que difficilement évaporer l'eau qu'elle contient, et d'autant moins qu'elle est plus grasse. Elle la retient plus fortement qu'aucune autre terre. Lorsque l'eau s'en évapore, elle devient plus ou moins dure ; l'argile grasse plus, la maigre moins. Si on expose l'argile humide à une forte chaleur, souvent elle éclate en morceaux. Les vapeurs élastiques s'ouvrent un passage, et déchirent la masse dans laquelle elles étaient renfermées. C'est pour cela que, dans la fabrication des tuiles, il faut d'abord faire sécher celles-ci à l'air, et ensuite les chauffer pendant quelque temps peu à peu dans le four.

Dans sa dessication, l'argile perd toujours une partie de son volume et se rétrécit. Cela provient de l'évaporation de l'eau, à la suite de laquelle les particules de l'argile se rapprochent. De là vient que lorsque la température est très-chaude et très-sèche, il se fait des crevasses à la surface des terrains très-argileux. C'est aussi pour cette raison que les vases de poterie et les tuiles sont ordinairement moulés plus grands qu'ils ne doivent être après avoir été cuits.

L'argile ne peut être privée complètement de l'eau qu'elle contient qu'à une chaleur rouge très-forte, et alors elle se resserre toujours davantage : elle subit une sorte de condensation qui rapproche toujours plus ses parties. On désigne sous le mot retraite ou contraction, ce rapprochement des parties de l'argile occasioné par la chaleur : les argiles grasses y sont plus exposées que les maigres.

Mais la contraction d'une même espèce d'argile est toujours égale lorsque cette terre est soumise à un degré de chaleur égal ; c'est-à-dire que, soumise à une chaleur toujours semblable, cette argile éprouve toujours une même diminution de volume. C'est ce qui fait qu'on a employé l'argile pour faire des pyromètres, destinés à mesurer l'intensité des plus hauts degrés de chaleur.

§ 448.

L'argile ne peut point être mise en fusion à un feu de charbon ordinaire ; mais lorsque ce feu est fortement animé par des soufflets, ou est allumé avec du gaz oxigène, cette fusion s'opère. Une addition de chaux augmente considérablement la fusibilité de l'argile ; cette fusibilité est également augmentée par l'oxide de fer. Ainsi une forte addition de chaux et de fer dans les briques et les vases de poterie est nuisible, parce qu'alors, comme cela se voit souvent, lorsque le degré d'incandescence dans les fours est très-élevé, ces briques et cette poterie entrent en fusion et tombent en morceaux. Mais une petite quantité de ces substances peut être utile, parce qu'alors elles occasionent un commencement de vitrification , une plus forte condensation des parties, et que par là elles augmentent la solidité de la masse.

### § 449.

Les propriétés de l'argile qui a été rougie au feu diffèrent beaucoup de celle de l'argile qui n'a pas été soumise à l'incandescence. Les fragmens de la première sont quelquefois assez durs pour donner des étincelles lorsqu'on les frappe avec un briquet, et ils ne peuvent point être amollis dans l'eau : si on les réduit en poudre fine, et qu'on les mêle avec de l'eau, ils ne produisent plus une pâte adhérente, onctueuse et malléable. Cette poussière laisse passer l'eau, et n'en retient qu'une petite quantité ; par conséquent elle ressemble alors à la silice et au sable. Aucun procédé de l'art ne peut rendre à l'argile cuite sa précédente ductilité. Cependant l'air, l'humidité et les engrais animaux semblent la ramener peu à peu à son état primitif.

### § 450.

L'air paraît exercer en général une puissante action sur l'argile, tant cuite que non cuite. Nous nous en apercevons surtout à l'effet avantageux que produit sur les champs une argile qui a long-temps été exposée à l'air. Il est généralement connu que la glaise des anciens murs et des anciens fours est un très-bon engrais et augmente la fertilité du sol. Très-probablement l'argile attire à elle des particules fertilisantes de l'atmosphère.

L'on croyait autrefois que l'argile absorbait du nitre contenu dans l'air, et l'on s'est en effet convaincu que la glaise favorisait toujours la formation du nitrate de potasse dans les salpêtrières ; mais l'air ne contient jamais du nitre tout formé. Cependant diverses observations et expériences donnent lieu de croire que l'argile, lorsqu'elle est mise en contact avec l'air, absorbe de l'azote, de l'hydrogène, et peut-être aussi les émanations animales que cet air contient. Lorsqu'on laisse long-temps dans un lieu humide de l'argile pétrie en grosses masses, cette argile prend tous les caractères de la putréfaction ; il s'y produit de l'ammoniaque qui prouve la présence de l'azote, et cet azote est la base de l'acide nitrique.

Si même il n'est pas encore démontré que l'alumine pure absorbe de l'oxigène contenu dans l'atmosphère, il n'y a aucun doute que l'argile n'ait cette propriété. Humboldt l'a vérifiée dans toutes les espèces d'argile dont il a fait l'examen, et jusque dans l'ardoise compacte.

L'absorption des diverses substances connues et inconnues de l'atmosphère rend l'argile plus meuble, moins tenace et plus maigre. Cette vérité est confirmée par plusieurs expériences et essais chimiques. Nous avons analysé de l'argile prise à la superficie du sol, et de l'autre prise à une plus grande profondeur. Toutes deux contenaient une égale proportion d'alumine, de silice et d'oxide de fer ; mais la première était évidemment plus maigre que la dernière. Comme l'air aussi ameublit l'argile, l'on comprend facilement l'avantage qu'un sol très-argileux retire à cet égard du travail qu'on lui consacre en le remuant, le bêchant, etc., puisque par là la couche supérieure du sol acquiert un plus grand nombre de points de contact avec l'air, qui ainsi pénètre plus profondément, et dépose dans la terre une plus grande partie des substances qu'il contient, ce qui produit la division des parties intégrantes du sol et leur ameublissement.

§ 451.

Les acides attaquent peu l'argile qui ne contient pas de la chaux; ils n'y occasionent pas d'effervescence, à moins que cette argile ne contienne beaucoup de carbonate de fer. L'alumine et l'oxide de fer sont, à la vérité, eux-mêmes assez solubles dans les acides; mais, dans l'argile, la silice les garantit de l'action de ces acides. Les acides que l'on verse sur l'argile dissolvent en effet une petite quantité de ces substances, mais non leur totalité. Ils en dissolvent d'autant plus que leur proportion domine et qu'il y a une moindre quantité de silice. Ainsi une argile grasse abandonnera aux acides une quantité d'alumine plus grande que celle qui leur serait cédée par une argile maigre. Les acides absorberont aussi plus d'oxide de fer d'une argile qui contiendra beaucoup de ce métal, qu'ils n'en retireraient d'une qui n'en contiendrait que peu. Cela explique pourquoi un terrain fortement chargé de fer doit à cette qualité d'être inférieur en fécondité à un autre qui, avec un mélange d'ailleurs semblable, contient une moindre quantité de ce métal : car, de sa nature, l'oxide de fer n'est pas nuisible à la végétation ; il ne le devient qu'en se combinant avec quelques acides. Cependant, comme les acides se forment facilement dans le sol, et qu'ils y attaquent plus une argile qui contient beaucoup de fer qu'une autre qui en contient moins, l'action nuisible qu'ils ont sur les plantes sera également plus sensible dans le premier de ces terrains que dans le dernier.

## § 452.

La plupart des acides n'ont donc pas la propriété de décomposer complètement l'argile, c'est-à-dire de séparer entièrement l'alumine et l'oxide de fer de la silice. On peut faire bouillir les acides nitrique et muriatique sur de l'argile, sans que l'alumine et l'oxide de fer se dissolvent entièrement. L'acide sulfurique concentré, seul, peut opérer cette solution complète, encore faut-il qu'il soit en grande quantité et qu'il bouille pendant long-temps sur l'argile.

Un moyen plus facile de séparer de l'argile l'alumine et l'oxide de fer, consiste à mêler auparavant cette première avec un alcali, surtout avec un alcali caustique, et de leur faire subir une chaleur rouge. Lorsque cela est opéré, l'on verse alors sur la masse autant d'acide qu'il en faut, non-seulement pour que l'acide soit saturé, mais encore pour qu'il en reste un excédant considérable; alors cet excédant ne tarde pas à dissoudre entièrement l'alumine et l'oxide de fer, et la silice peut en être complètement séparée. Ces alcalis semblent diminuer l'attraction de cohésion de la silice avec l'oxide de fer, et affaiblir la résistance que cet oxide, dans sa combinaison avec l'alumine, opposait à l'action des acides. Ce procédé nous offre la plus sûre et la plus facile des méthodes de décomposer l'argile.

## § 453.

Outre les corps qui appartiennent essentiellement à l'argile, la silice, l'alumine et l'oxide de fer, nous y trouvons aussi souvent d'autres substances en mélange ou en combinaison.

Le plus souvent elle contient du sable à grains fins,
dont l'ébullition ne peut pas la séparer entièrement.
Souvent elle est aussi mêlée en quantité plus ou moins
grande d'un sable plus grossier, qu'on sépare facilement au lavage. Nous appelons alors ce mélange terre
argileuse. Nous aurons occasion d'y revenir.

Il se trouve souvent dans l'argile de l'humus, qui
y paraît plutôt combiné que simplement mêlé. Toute
argile qui est à la surface du sol ou à une petite profondeur en contient plus ou moins. Nous avons
trouvé une quantité très-sensible de cette substance
dans de l'argile qui était à cinq toises au-dessous de
la surface du sol.

La chaux est souvent la compagne de l'argile ; dans
les contrées qui abondent en chaux, on trouve plus
souvent l'argile jointe à la chaux, que seule. Quelquefois la chaux y est mêlée en petits morceaux, et
alors, on la distingue facilement à la vue. D'autres
fois ces terres sont combinées ensemble, et l'on n'y
distingue la chaux que par l'analyse chimique. Quelquefois aussi la chaux y est combinée avec l'acide sulfurique en forme de gypse (sulfate de chaux). Lorsque
la quantité de chaux contenue dans l'argile s'élève
jusqu'à une certaine proportion, cette combinaison
est désignée sous le nom de *marne*, substance que
nous examinerons dans la suite d'une manière plus
particulière.

§ 454.

Les propriétés physiques de l'argile, la faculté qu'elle
a de retenir l'eau, et sa ductilité, peuvent être fortement modifiées par ces combinaisons, et d'autant plus

que les substances mêlées avec l'argile s'y trouvent en plus grande quantité. L'argile mêlée de silice grossière, de sable, d'humus et de chaux, se divise plus facilement dans l'eau, retient une moins grande quantité de ce liquide, sèche plus facilement, et ne se durcit pas autant. Lorsqu'elle a été humectée, elle est moins onctueuse et ductile que l'argile pure.

Les quantités dans lesquelles ces substances se combinent avec l'argile varient infiniment ; de là vient que les propriétés de l'argile elle-même doivent être également très-différentes. A cela il faut ajouter que, comme les parties essentielles et constituantes de l'argile, l'alumine, la silice et l'oxide de fer, ont de l'influence sur ses propriétés physiques, on doit rencontrer des variétés sans nombre d'argile, que, dans ce sens, on peut cependant envisager comme pures. Il est donc impossible de ranger les diverses espèces d'argile sous une classification positive, parce qu'il n'y a pas de limites distinctes entre l'une ou l'autre espèce, et que, de l'argile la plus maigre à la plus grasse, il y a des nuances sans nombre. Cependant nous désignerons quelques-unes des espèces d'argile qui sont les plus remarquables, et nous indiquerons leurs propriétés les plus essentielles, parce que leur connaissance peut être intéressante pour les cultivateurs, et que, dans diverses circonstances, elle peut leur être utile, pour tirer le parti le plus avantageux du sol dont ils disposent.

## § 455

Le *kaolin* (terre de porcelaine) est la plus pure et la plus fine des argiles ; c'est cette espèce qui est em-

ployée à la fabrication de la porcelaine fine. On le
trouve en différens pays : en Allemagne, près de Aue
dans l'Ertzgebirg, près de Giehren, près de Strahlow,
Teichenau et Tarnowits en Silésie, près de Grunne-
rits dans le cercle de Saal, près de Vienne en Autri-
che, Passau, Hôchst, etc.

Probablement le kaolin a été produit par la décomposition du feldspath. Il est blanc, gris-blanc, blanc
jaunâtre, ou tirant sur le rouge; il se réduit de lui-
même en poudre dans l'eau ; lorsqu'il est broyé à sec,
il produit une poudre sèche et cependant douce au
toucher, et qui happe peu à la langue; quelquefois il
est mêlé de particules de chaux et de mica : les proportions de ses parties constituantes varient. Le kaolin
de Cornouailles, en Angleterre, contient, suivant
Wedgvood, 60 pour 100 d'alumine et 20 pour 100 de
silice; d'autres beaucoup moins de celle-ci. Il ne contient pas une grande quantité de fer ni d'oxide de fer.

Mais on produit aussi de bonnes masses de porcelaine en faisant des mélanges déterminés de diverses
espèces d'argile.

§ 456.

*L'argile à pipes* est surtout employée pour la fabrication des pipes à fumer. Après le kaolin, c'est de
toutes les argiles celle dont la couleur est la plus
pure ; cependant ses nuances varient beaucoup; elle
est blanche, grise, tirant sur le bleu, ou même noire.
Souvent elle contient des matières combustibles qui lui
donnent une couleur foncée. Au feu elle devient blanche ; cependant quelquefois elle conserve une teinte
qui tire sur le rouge. Elle se divise dans l'eau, et, unie

à ce liquide, elle ne prend pas une grande ténacité.
On en voit de qualités très-différentes : dans le nombre des meilleures, on compte celle qu'on trouve près
de Cologne, et l'on range d'abord après celle des environs de Maestricht; mais on en trouve aussi de la
bonne près de Buntzlau et de Plauen, à Weissens-
prünck, dans la Marche-Electorale; dans la Hesse,
dans le Wurtemberg, etc.

§ 457.

Le *bol* est une des argiles les plus grasses. Dans les
pharmacies, on en fait de petites tablettes, qui, revê-
tues d'un timbre, sont vendues sous le nom de terre
à sceaux (*siegelerde*). Il est rouge de tuile, brun ou
tout-à-fait blanc. Le bol d'Arménie est un des plus
estimés.

Cette espèce d'argile est très-grasse au toucher; unie
et mêlée avec l'eau, elle donne une pâte très-tenace
et onctueuse. Elle se durcit fortement à l'air, et ensuite au feu. Le bol blanc acquiert au feu une couleur jaunâtre ou tirant sur le rouge.

La *sanguine* ou *argile ocreuse rouge* est une espèce de bol qui contient beaucoup d'oxide de fer. Ce
bol se trouve en différens lieux ; celui qu'on tire des
environs de Striegau, de Zittau et de Nuremberg, est
le meilleur de l'Allemagne.

§ 458.

L'*argile à pots* ou *à tuiles* tire son nom de l'emploi qu'on en fait pour la fabrication de la poterie
commune et des tuiles. On la trouve en abondance et

en grande couche dans les plaines. Elle est très-tenace
et onctueuse ; cependant souvent elle contient un peu
de sable et de chaux. Elle est grasse au toucher, et
elle happe fortement à la langue. Elle a éminemment
la faculté d'absorber l'eau, mais elle ne s'y résout pas
en poudre ; elle y devient très-tenace et ductile. En
séchant, elle se durcit fortement et a de la disposition
à se fendre. L'ignition lui donne la dureté de la pierre ;
alors elle ne peut plus être broyée entre les doigts, et
ce n'est plus sans peine qu'on la réduit en poudre.

§ 459.

La *terre à foulon* est une argile maigre, qu'on emploie pour fouler et dégraisser les draps. Autrefois
l'on croyait qu'il n'y avait de la terre à foulon qu'en
Angleterre seulement ; mais aujourd'hui l'on sait que
plusieurs d'entre les espèces d'argile que nous avons
sont propres au même usage. En Angleterre, l'expor-
tation de la terre à foulon du Hamshire était défendue,
même sous peine de mort. Maintenant personne ne
s'exposera plus à subir une peine à ce sujet.

La terre à foulon est friable ; l'eau la réduit facilement en poudre, sans cependant qu'elle se divise
beaucoup, ou qu'elle forme une bouillie. Celle d'Angleterre est brune, parsemée de veines jaunâtres ; lorsqu'on la rougit au feu, elle prend une couleur noire,
qu'elle perd ensuite dans une incandescence long-
temps continuée.

L'argile que, dans la classification des différens
sols, je désigne sous le nom de *terre limoneuse*, peut,
pour la maigreur et les autres propriétés, être assimilée à la terre à foulon. Elle contient peu d'alumine,

mais d'autant plus de silice ; quelquefois aussi un peu de chaux. Elle a peu de ténacité et de liaison ; lorsqu'elle est sèche, elle est assez dure ; cependant elle donne toujours de la poussière. Lorsqu'elle est humide, elle se divise sans peine ; de sorte que les raies d'irrigation n'y subsistent pas long-temps, mais au contraire se remplissent de limon : lorsqu'elle est sèche et réunie en mottes, ces mottes se brisent et se divisent facilement, après une légère pluie. Je la distingue de la terre glaiseuse, parce que cette dernière est un mélange d'argile grasse ou maigre avec de la silice à gros grains ou de la craie.

## § 460.

Le *fer limoneux* est, en grande partie, composé d'argile et d'une forte proportion de carbonate et de phosphate de fer, qui forment entre eux une masse dure. Non-seulement sa capacité, mais encore le phosphate de fer qu'il contient, le rendent très-nuisible à la végétation, lorsqu'il est disposé en couches immédiatement au-dessous de la surface du sol, où il se dissout en partie, et en contact immédiat avec les racines des plantes. Avec le temps, il se décompose à l'air : on ne peut ainsi l'employer que pour des constructions souterraines ; du moins est-ce le cas pour diverses espèces. Il se conserve aussi sous l'eau. Il est brun ou tient le milieu entre le brun foncé et le jaune foncé ; il a souvent des veines de noir bleuâtre.

On l'a quelquefois traité pour en retirer le fer ; c'est pour cela que le plus souvent les minéralogistes le rangent dans la classe des mines de fer.

Lorsque le fer limoneux se trouve sur la surface du

sol, il le rend impropre à toute espèce de produits ; les pins même ne peuvent y réussir. Le seul moyen de mettre un tel sol en valeur, c'est de le défoncer : on a employé ce moyen sur de petits espaces, et quelquefois à grands frais.

## LA CHAUX.

### § 461.

La *chaux* est une des substances que nous rencontrons le plus souvent dans la nature. Elle constitue des chaînes de montagnes formidables, et, unie à d'autres terres et à des oxides métalliques, elle forme un grand nombre de corps minéraux. Mais nous la trouvons aussi en grande quantité dans le corps des animaux ; les os et les coquilles de ceux-ci en sont composés pour la plus grande partie.

Elle fait également toujours partie constituante des végétaux ; du moins la rencontrons-nous dans la cendre de tous ; enfin on la trouve en dissolution dans la plupart des eaux naturelles.

### § 462.

Jusqu'à ce jour on a envisagé la chaux comme un corps simple, quoique diverses expériences et observations donnent des motifs de croire qu'elle est un corps composé, et qu'elle est reproduite chaque jour, surtout dans les corps organiques. Ce n'est pas sans fondement que l'on conjecture qu'elle est principalement composée d'azote, et qu'elle a de grands rapports avec les alcalis ; de sorte qu'ils se forment en elle, et qu'elle se forme en eux. Au reste, lors même que ce fait serait avéré, nous ne connaîtrions pas, pour cela, la substance et la manière par le moyen de laquelle sa base est métamorphosée. La fréquente apparition de la chaux dans le corps des animaux, les nombreuses empreintes et pétrifications que les montagnes calcaires recèlent, l'évidence avec laquelle il est démontré que cette chaux provient de testacés, et enfin les nombreux motifs qu'on a de croire que les corps organiques produisent de la chaux, toutes ces choses ont persuadé à plusieurs naturalistes que la chaux est un produit de la nature organisée. Mais cette opinion a contre elle l'existence de la chaux sur des montagnes primitives, à des hauteurs où l'on ne trouve plus ni pétrifications ni empreintes de corps organiques.

## § 463.

La chaux appartient aux terres alcalines. Ses propriétés paraissent avoir beaucoup de rapport avec celles des alcalis. Elle a une grande disposition à se combiner avec les acides, et comme elle en rencontre partout, nous la trouvons aussi toujours combinée avec l'un d'eux, excepté dans le cratère des volcans, où l'on a souvent rencontré de la chaux pure, dont le feu avait délogé l'acide carbonique. Les acides carbonique et sulfurique sont ceux que nous trouvons le plus souvent combinés avec la chaux. On rencontre plus rarement dans ces combinaisons les acides phosphorique, muriatique, boracique et nitrique.

## § 464.

Le *carbonate de chaux*, que l'on désigne sous le

nom de *chaux brute*, est la base de la chaux et de la craie ; il fait partie constituante de plusieurs autres minéraux. Il existe dans la marne uni à l'argile, et dans plusieurs terrains on le trouve en quantité plus ou moins grande, mêlé avec l'argile et le sable. On peut le séparer de tous les mélanges, et, au moyen de l'art, le produire parfaitement pur.

§ 465.

Dans cet état de pureté, le carbonate de chaux est une poudre meuble, blanche, inodore et insipide. D'après les analyses les plus précises , il est composé de 56 pour 100 de chaux pure, 40 pour 100 d'acide carbonique, et 4 pour 100 d'eau. Cette eau lui est essentielle; elle appartient à sa combinaison fondamentale. Elle ne s'évapore point à une chaleur modérée; le carbonate de chaux cesse d'exister comme tel avant de perdre son eau. Cette eau y est contenue, non dans un état liquide , mais dans un état concret, et cristallisée; elle a perdu son calorique, de la même manière que l'eau de cristallisation de certains sels.

§ 466.

Le carbonate de chaux peut facilement être mêlé avec l'eau pure, mais non être dissous par elle ; lorsqu'on le laisse reposer, il s'y abaisse facilement. Lorsqu'on le mêle avec de l'eau pour en faire une bouillie et qu'on le dépose sur un tamis de crin, il retient une quantité de cette eau égale à la moitié de son propre poids, mais il la laisse ensuite évaporer encore plus facilement que cela n'a lieu pour celle contenue dans le sable. Au contraire, le carbonate de chaux se dissout dans l'eau imprégnée d'acide carbonique ; pour opérer cette dissolution, il ne faut que remuer le carbonate dans cette eau. La quantité de carbonate de chaux qui est dissoute dépend de celle d'acide carbonique qui est contenue dans l'eau ; elle augmente et diminue avec elle. Nous appelons cette combinaison *dissolution de chaux carbonatée dans de l'eau imprégnée d'acide carbonique*. On la trouve fréquemment dans la nature ; nous devons envisager comme telles la plupart de nos eaux de source, mais surtout celles qui sortent des montagnes calcaires.

L'eau de chaux chargée d'acide carbonique, préparée par la nature ou par l'art, est à l'instant décomposée ; le carbonate de chaux s'en sépare sur-le-champ lorsque l'acide en est éloigné : cet effet est produit par la seule action de l'air libre, surtout lorsqu'on agite l'eau. Voilà sans doute pourquoi certaines eaux d'irrigation produisent beaucoup plus d'effet sur les prés lorsqu'elles leur sont appliquées immédiatement à leur sortie de la source, que lorsqu'elles sont conduites à une certaine distance, exposées au contact de l'air. Dans ce dernier cas, l'eau qui auparavant était limpide devient trouble et laisse tomber la chaux qu'elle tenait en dissolution.

Lorsque la terre calcaire est dissoute dans l'eau, elle s'attache aux vases et y forme une croûte, ou bien elle s'amasse, s'agglomère, et forme diverses figures. Lorsqu'on fait bouillir l'eau calcaire chargée d'acide carbonique, l'acide s'évapore plus vite encore ; c'est pour cela que lorsque nous faisons bouillir de l'eau de fontaine, nous remarquons qu'elle se trouble et laisse tomber un sédiment qui forme une croûte dans le vase, et cette croûte n'est autre chose que du carbonate de chaux précipité, quoique les personnes non instruites la prennent pour du salpêtre.

## § 467.

Les corps qui absorbent l'acide carbonique précipitent également la chaux de l'eau qui la contenait en dissolution. Les alcalis caustiques, la soude, la potasse, l'ammoniaque, opèrent à l'instant cet effet, en s'appropriant ce dissolvant de la chaux. Il n'y a pas jusqu'aux alcalis dans leur état ordinaire de carbonates, qui, en plus grand nombre, n'aient la même propriété, parce qu'ils ne sont pas entièrement saturés d'acide carbonique.

## § 468.

Lorsque le carbonate de chaux n'est soumis qu'à une chaleur modérée, il ne subit pas d'autre altération, si ce n'est qu'il perd l'eau qui lui était adhérente et qu'il se sèche. Mais si cette chaleur va jusqu'au degré d'ignition ou d'incandescence, il perd aussi complètement son eau de cristallisation et son acide carbonique; alors il devient caustique et acquiert des propriétés alcalines. C'est dans cet état seulement qu'il peut être envisagé comme chaux chimiquement pure, et on l'appelle alors chaux calcinée ou chaux vive : c'est la matière universellement et de tout temps employée aux constructions. Ce n'est pas ici le lieu de décrire sa préparation en grand; mais nous devons considérer ses propriétés physiques et chimiques, afin de pouvoir expliquer tant les phénomènes re-

marquables qu'elle produit, que ses effets comme
engrais et comme mortier.

§ 469.

La chaux calcinée a une saveur alcaline, caustique,
très-désagréable à l'organe du goût. Elle a comme l'alcali la propriété d'altérer les couleurs végétales. Si
des fragmens de cette chaux sont humectés avec de
l'eau, ils absorbent une quantité considérable de ce
liquide, et demeurent cependant secs ; alors on ne
tarde pas à observer un dévelopement de calorique,
qui augmente successivement ; enfin ces fragmens se
fendent, s'éclatent et tombent en poussière très blanche, très-meuble, douce au toucher et sèche. Le degré de chaleur qui se développe ici peut s'élever au
point de surpasser même celui de l'eau bouillante.
Lorsqu'on éteint la chaux dans l'obscurité, il se fait
quelquefois un dégagement de lumière.

Lors même qu'on incorpore à la chaux une quantité d'eau égale au quart de son poids, la poudre qui
en résulte n'est cependant pas mouillée. La chaux
absorbe toute l'eau et la concréfie ; mais son poids en
est augmenté. Ceci peut expliquer la forte élévation
de température qui a lieu lorsqu'on éteint la chaux ;
auparavant on donnait à ce phénomène toutes sortes
de causes hypothétiques. L'eau qui est absorbée par
la chaux, en se combinant avec elle, passe de l'état liquide à l'état solide. Le calorique auquel l'eau devait
son état de liquidité devient libre et s'échappe au-
dehors. L'eau qui est combinée avec la chaux n'en
peut alors plus être séparée que par une chaleur d'i-
gnition.

## § 470.

La chaux qui a été éteinte peut facilement être mélangée avec l'eau ; il ne s'y développe aucune nouvelle chaleur. Si on la délaie avec beaucoup d'eau, elle forme une bouillie liée ; si l'on y met plus d'eau encore, il en résulte un liquide laiteux qu'on désigne sous le nom de *lait de chaux*. La chaux éteinte est encore caustique, mais pas au même degré que la chaux vive. Comme celle-ci, elle a une saveur alcaline, et elle altère la couleur des papiers teints avec des sucs végétaux.

## § 471.

La chaux calcinée et non éteinte s'altère également à l'air ; ses fragmens se réduisent plus ou moins vite en poudre, suivant le degré d'humidité de l'atmosphère qui l'entoure ; alors la chaux absorbe cette humidité, et s'éteint d'elle-même, souvent en donnant une chaleur sensible. Mais, outre cela, elle éprouve encore une altération ; elle perd peu à peu sa causticité, sa saveur et ses qualités pour le mortier. Indépendamment de l'eau, la chaux absorbe encore l'acide carbonique contenu dans l'air, et de cette manière elle reprend peu à peu l'état de chaux douce ou de carbonate de chaux ; de sorte qu'on ne peut lui rendre ses anciennes propriétés qu'en la calcinant de nouveau.

Le temps qui est nécessaire pour que la chaux calcinée reprenne à l'air sa qualité de chaux douce, ou de carbonate de chaux, dépend de l'humidité de l'atmosphère qui l'environne, ou de la quantité d'acide

carbonique dont cette atmosphère est imprégnée. Plus
elle a d'humidité, plus elle contient d'acide carbonique, plus promptement cet effet a lieu : la chaux calcinée ne tire aucun acide carbonique de l'air qui est
absolument sec, lors même que cet acide y est contenu
en abondance. L'humidité doit servir d'intermédiaire
à l'acide carbonique et à la chaux. On peut ainsi conserver, souvent pendant long-temps, de la chaux calcinée dans un lieu sec, sans qu'elle perde ses propriétés ; cependant il ne faut pas s'y fier, lorsqu'on
veut avoir de la chaux parfaitement pure, pour s'en
servir, par exemple, contre le gonflement des animaux. Lorsqu'on la destine à cet usage, il faut la conserver dans des vases de verre goudronnés.

## § 472.

La chaux calcinée peut être entièrement dissoute
dans l'eau pure, sans intermédiaire, et elle ne perd
pas cette faculté, lors même qu'elle a été auparavant
éteinte. Mais il lui faut une grande quantité d'eau
pour pouvoir se dissoudre entièrement : pour une partie de chaux, six cent quatre-vingts d'eau. Pour opérer
cette solution, il ne faut que secouer dans cette eau
la chaux éteinte ou non éteinte. On appelle cette eau
*eau de chaux ;* elle est parfaitement claire et transparente, et a la saveur alcaline de la chaux. Elle se
comporte avec les couleurs végétales absolument
comme la solution d'un alcali.

Si on expose l'eau de chaux à l'air, il se forme à la
superficie une petite peau, qui à la fin devient si pesante qu'elle est entraîné eau fond du vase. On nomme
cette peau *crème de chaux.* Il s'en forme toujours

une nouvelle, jusqu'à ce que l'eau ait perdu toute sa
chaux et soit devenue insipide. Ce phénomène est
opéré par l'acide carbonique contenu dans l'air. Cet
acide se combine avec la chaux dissoute, qui, se trou-
vant par là en état de carbonate de chaux, ne peut
plus demeurer en dissolution. La conservation de l'eau
de chaux doit donc avoir lieu dans des vases bien
fermés.

§ 473.

La chaux qui est tout-à-fait dissoute dans l'eau, ou
qui n'y est que mécaniquement mêlée et suspendue,
comme cela a lieu dans le lait de chaux, s'approprie
promptement l'acide carbonique, et peut bientôt en
être saturée, si on l'agite fortement dans ce gaz. Toutes les eaux qui contiennent de l'acide carbonique en
sont privées par elle; ainsi elle décompose également
l'eau de chaux chargée d'acide carbonique. La chaux
est donc un des meilleurs réactifs qu'on puisse employer pour déterminer la présence et la quantité de
l'acide carbonique contenu dans les liquides sous l'é-
tat de gaz ou de dissolution. C'est par ce procédé qu'on
découvre la quantité d'acide carbonique contenu dans
l'atmosphère et dans l'eau.

§ 474.

La chaux calcinée se combine facilement avec le
*soufre*, et produit des phénomènes différens, suivant
la manière dont cette combinaison a été opérée. Lorsqu'on mêle de la chaux caustique (vive) en poudre,
avec du soufre pulvérisé, et qu'on les fait rougir, ce

mélange devient brun et entre en combinaison. On nomme ce produit *sulfure de chaux,* ou foie de soufre; il est inodore. C'est une simple combinaison de la chaux et du soufre. Lorsque cette combinaison est exposée à l'air ou humectée d'eau, il s'y développe une odeur fétide d'hydrogène sulfuré (acide hydronthionique). Une partie du soufre décompose l'eau; l'hydrogène de celle-ci dissout une partie du soufre, et produit un acide qui s'unit derechef avec la chaux; c'est ainsi que se forme l'*hydrosulfure de chaux.*

On obtient également ce composé en faisant cuire du soufre dans du lait de chaux ou dans de l'eau de chaux : la liqueur devient brune, et donne la même odeur. Cette combinaison de soufre, préparée par la voie sèche et humectée avec de l'eau, éprouve une décomposition à l'air, parce que le soufre absorbe l'oxigène; lorsqu'on la mêle avec des acides, elle est promptement décomposée, et produit beaucoup de gaz hydrogène sulfuré; de cette manière, l'art imite très-bien les bains d'eaux soufrées naturelles.

### §. 475.

Au moyen de la chaleur, on peut aussi combiner la chaux avec le phosphore, en les faisant fondre ensemble. Il résulte de cette combinaison une matière brune qu'on appelle *phosphure de chaux,* laquelle possède plus éminemment que le sulfure de chaux la faculté de décomposer l'eau. Dans cette combinaison, il se dégage beaucoup de gaz hydrogène phosphoré, dont une partie s'échappe et s'allume au contact de l'air, tandis que l'autre partie est retenue par la chaux, qui ne peut en être séparée que par les acides.

## § 476.

Autant que l'expérience nous l'indique, la chaux ne se combine point avec l'hydrogène pur, avec l'azote et le carbone ; mais il n'y a aucun doute qu'elle ne s'unisse avec eux lorsqu'ils sont réunis ensemble, et qu'elle ne puisse également se combiner avec le carbone hydrogéné, et avec les composés de carbone, d'azote et d'hydrogène. Ceci nous explique pourquoi tous les corps organisés sont attaqués par la chaux calcinée et détruits par elle. Lorsqu'ils sont mis en contact avec la chaux, ils perdent leur cohésion, leur couleur, et se réduisent en matière friable. Les cadavres couverts de chaux sont promptement décomposés, sans exhaler ces vapeurs malfaisantes qui, sous d'autres circonstances, accompagnent leur putréfaction ; c'est par cette raison qu'on ensevelit dans la chaux les corps morts de maladies contagieuses. Les corps organisés vivans eux-mêmes sont attaqués par la chaux calcinée ; les plantes et les semences faibles, les insectes et leurs larves sont détruits par elle.

Ces phénomènes que la chaux produit tout comme les alcalis prouvent suffisamment son affinité avec les substances élémentaires de la nature organique, avec l'hydrogène, le carbone et l'azote : car on ne peut croire qu'une substance qui agit d'une manière si frappante sur les corps organisés soit sans action sur leurs élémens ; on doit plutôt penser que la chaux tend à attirer quelques-uns d'entre eux, unis dans une certaine proportion ; qu'elle se combine avec eux, et qu'ainsi elle détruit l'équilibre de tout le mélange.

## § 477.

La chaux éteinte ne produit pas cet effet au même degré que la chaux vive, parce qu'elle n'est pas aidée par le développement de la chaleur qui a lieu dans l'action de la dernière. Cependant elle a encore assez de force pour accélérer la dissolution du corps des animaux et des plantes C'est sur cette faculté de décomposition que repose en partie le grand effet qu'elle produit comme engrais. Elle accélère la décomposition et la dissolution des engrais qui sont contenus dans le sol, et fait que les parties nutritives les plus avantageuses aux plantes se développent en plus grande quantité. De là vient aussi qu'elle accélère l'épuisement du sol, qui devient d'autant plutôt stérile, si on ne lui donne de nouveaux engrais ; c'est pour cela que, lorsqu'on amende avec de la chaux, il est si nécessaire de fumer aussi avec des engrais d'étable ou d'autres du même genre.

Mais on ne peut également pas contester au carbonate de chaux une action semblable sur les corps organiques, surtout lorsque la putréfaction et la décomposition ont déjà commencé. Le carbonate semble aussi, quoique à un moindre degré, avoir de l'action sur certaines combinaisons d'hydrogène, d'azote et de carbone, et s'en approprier quelque chose, au moyen de quoi leur composition primitive est ou détruite ou relâchée.

## § 478.

Une des propriétés les plus remarquables de la

chaux, propriété qui la rend si éminemment utile
pour les constructions, est qu'elle se durcit lorsqu'elle
est employée en bouillie claire avec certains solides
pierreux, et qu'elle forme avec eux une matière qui a
la dureté de la pierre. Le sable et la chaux éteinte
convertis en mortier se sèchent promptement à l'air;
non-seulement cette composition a une grande cohésion, mais encore elle s'attache fortement aux autres
pierres, et sert à les lier les unes aux autres. Cette
force de cohésion vient de celle qui existe à un si haut
degré entre la silice et la chaux. La bouillie de chaux
présente aux sables et aux autres espèces de pierre
dures qui sont composées principalement de silice,
beaucoup de points de contact, ce qui augmente sa
cohésion avec eux. L'eau dont elle humectée s'évapore, et cela donne plus d'intensité à cette cohésion.
Enfin la chaux absorbe de l'acide carbonique contenu
dans l'atmosphère, et éprouve par ce moyen une sorte
de cristallisation qui augmente encore sa propre cohésion et son adhérence aux corps siliceux.

## § 479.

La chaux ne peut être mise en fusion sans être alliée à d'autres substances, lors même qu'on lui fait
subir le feu le plus violent. Cependant un feu trop
vif peut produire sur elle un effet qui lui fait perdre
sa solubilité dans l'eau et ses propriétés pour le mortier. On connaît très-bien cette disposition dans les
lieux où il y a des fours à chaux, et l'on cherche à l'é-
viter. On désigne la chaux qui a subi cette altération
sous le nom de *chaux morte* ou de *chaux brûlée*.
L'état de la chaux ainsi brûlée est bien une sorte de

vitrification ou d'agglomération ; la cohésion des parties intégrantes de la chaux en est augmentée, et l'affinité de celle - ci avec l'eau considérablement diminuée. Mais la chaux peut être entièrement fondue lorsqu'elle est mêlée avec la silice.

## § 480.

La chaux a une grande affinité avec tous les acides ; et avec la plupart de ceux-ci cette affinité est encore plus grande que celle des alcalis proprement dits. La chaux attire l'acide carbonique plus fortement que ne l'attirent la potasse, la soude et l'ammoniaque ; elle peut même le leur enlever ; c'est par cette raison qu'on l'emploie comme le meilleur moyen de transformer les carbonates alcalins en alcalis caustiques. Elle a aussi avec les acides sulfurique, muriatique, nitrique et phosphorique, une affinité plus grande que celle des alcalis purs ; ces derniers ne peuvent donc pas décomposer les combinaisons de ces divers acides avec la chaux.

## § 481.

Si l'on réunit des acides avec de la chaux calcinée qui ait auparavant été éteinte, la combinaison s'en fait avec promptitude et sans occasioner aucune effervescence. Si l'acide qu'on aura employé, l'acide muriatique ou le nitrique, produit avec de la chaux un sel moyen soluble ; la chaux est absorbée par la liqueur, et cesse d'être visible ; la dissolution devient claire. Mais si la combinaison avec l'acide, que ce soit de l'acide sulfurique ou de l'acide phosphorique, pro-

duit un sel moyen insoluble, ou tout au moins difficile à dissoudre, alors la chaux demeure suspendue
dans le liquide, et se sépare de nouveau après s'être
réunie avec l'acide.

Si l'on verse des acides liquides mêlés avec de l'eau
sur de la chaux calcinée et non éteinte, il en résulte
un développement de calorique qui met la liqueur en
effervescence; cet effet est produit moins par l'action
des acides que par l'absorption et la cristallisation de
l'eau. Cette effervescence est ainsi très-différente de
celle que les acides produisent en se combinant avec
le carbonate de chaux.

### § 482.

Le carbonate de chaux se dissout dans les acides
aussi facilement que la chaux calcinée; pendant que
la dissolution s'opère, l'acide carbonique s'évapore
sous la forme de gaz. Le gaz acide carbonique s'élève
sous la forme de bulles, et produit dans le liquide
une violente effervescence. Comme ce phénomène
accompagne toujours la dissolution des carbonates de
chaux dans les acides, on l'envisage comme un signe
de la présence de ce carbonate dans une terre. Si celle-
ci est mise en effervescence par les acides, l'on en in-
fère qu'il y a de la chaux : cependant ce n'est point
une preuve complète et qui n'admette pas d'exceptions. S'il ne se fait pas d'effervescence sur une terre
où l'on verse de l'acide, on peut, à la vérité, considérer comme certain que cette terre ne contient pas
de carbonate de chaux en quantité sensible ; mais la
conséquence opposée n'est pas absolument certaine;
car le même phénomène se montre au dégagement de

l'acide carbonique contenu dans le carbonate de magnésie et dans le carbonate de fer, lorsqu'on verse sur ceux-ci d'autres acides; il se pourrait donc que ce fût cette circonstance qui eût occasioné l'effervescence attribuée à la présence de la chaux.

### § 483.

Lorsque la chaux calcinée se combine avec des acides, elle perd entièrement sa causticité et ses propriétés alcalines, tout comme les acides eux-mêmes perdent les caractères qui les distinguent. L'effet est le même, que ce soit du carbonate de chaux ou de la chaux calcinée qui ait été combinée avec l'acide. Dans l'un et l'autre cas, ce ne sont que de simples combinaisons de la chaux pure avec l'acide employé.

### § 484.

Les sels moyens que la chaux produit lorsqu'elle est combinée avec les acides varient avec les différens acides, et se distinguent à leur tour sensiblement de ceux que ces acides donnent lorsqu'ils sont unis à d'autres terres. Nous n'examinerons ici d'une manière particulière qu'un seul de ces sels, le sulfate de chaux (le gypse).

### § 485.

Entre les fossiles appartenant aux espèces de chaux, lesquels sont essentiellement composés de carbonate de chaux, nous distinguons les suivans :

1. Le *spath calcaire*. Il est composé tout entier de carbonate de chaux. On le trouve en masses ou

cristallisé dans l'intérieur des terres, où souvent il sert
de gangue aux minerais métalliques. Ses cristaux sont
variés en forme de prisme, de pyramide ou de rhom-
boïde, etc. Le spath calcaire a plus ou moins de transparence; il n'a pas de couleur, et il se brise en fragmens rhomboïdaux. Le spath calcaire rhomboïdal
transparent a la propriété de doubler les objets que
l'on voit au travers.

2. La *pierre à chaux*. L'on trouve quelquefois des
chaînes de montagnes tout entières composées de
cette pierre ; on l'en tire pour la calciner et en faire
de la chaux, emploi auquel elle est le plus propre.
Elle est dure, de couleur grise, jaunâtre, rougeâtre,
et quelquefois aussi de diverses couleurs : la meilleure est la grise. Outre cela, elle se distingue encore
par la forme de sa cassure. Il y a des pierres à chaux
à cassure terreuse, écailleuse et schisteuse. La pierre
à chaux a plus ou moins de dureté, mais elle n'en a
jamais assez pour donner des étincelles lorsqu'on la
frappe avec de l'acier. Elle n'a ni brillant ni transparence; mais lorsqu'elle est polie, elle peut quelquefois
acquérir le premier.

Très-fréquemment on trouve dans la pierre à chaux
des impressions et pétrifications de testacés; quelquefois elle est imprégnée de substances bitumineuses, et
alors, si l'on frotte ses fragmens les uns contre les autres, elle répand une odeur fétide d'ail. On appelle
cette variété *pierre puante* ou *pierre de porc*.

La pierre à chaux n'est ordinairement pas si pure
que le spath calcaire ; car souvent elle contient de
l'oxide de fer, de l'alumine et de la silice. D'après Si-
mon, 100 parties de pierre à chaux de Rüdersdorff
contiennent :

Chaux. . . . . 53
Acide carbonique . 42,50
Silice . . . . . 1,12
Alumine . . . . 1
Fer. . . . . 0,75
Eau. . . . . 1,63
___________
100

Selon le même auteur, les pierres à chaux de Suède contiennent un peu plus de silice, d'alumine et d'oxide de fer, et outre cela, encore un peu d'oxide de manganèse.

Le marbre est une espèce de pierre à chaux qui ne se distingue que par les petits mélanges de matière étrangère qu'elle contient, par une plus grande dureté, par une cassure plus fine, et par ses couleurs variées; celles-ci lui donnent quelquefois une très-belle apparence.

3. La *craie*. C'est une espèce de chaux concrète de dureté variée, maigre au toucher, légèrement *tachante* et qui se laisse facilement râcler. Sa couleur est le blanc ou le blanc jaunâtre. Elle tire son nom de l'île de Crète ou Candie, qui en fournit une grande quantité et d'une qualité excellente. On peut aussi s'en procurer dans d'autres pays, où des collines tout entières en sont formées, par exemple, en Angleterre, en Danemark, en France, etc. Le noyau de ce premier pays consiste probablement en un rocher calcaire. La craie peut être employée pour faire de la chaux, et sert à divers usages dans la vie commune. Il y a d'autres fossiles qui portent aussi le nom de craie, et qui cependant ne doivent point être confondus avec la craie proprement dite.

II.                                     10

La craie d'Espagne est une espèce de stéatite, qui appartient au genre des magnésies. La craie noire est du genre des schistes.

4. La *chaux pulvérulente*. Souvent dans les collines, dans les plaines et dans les bas-fonds, on trouve une espèce de terre blanche, friable, tirant plus ou moins sur le jaune ou sur le gris, et qui est composée, pour la plus grande partie, de carbonate de chaux. Elle est maigre au toucher, elle a peu de consistance, et, imprégnée d'eau, elle ne forme point une masse concrète. Nous l'appelons chaux pulvérulente, ou chaux terreuse ; mais dans plusieurs lieux on la qualifie du nom de *chaux marneuse,* quelquefois même de celui de *marne*. Elle contient une trop grande proportion de chaux (au moins 90 pour 100), pour qu'on puisse la classer parmi les marnes. On la moule en forme de tuiles pour la réduire en chaux vive par la calcination *, mais elle est très-susceptible d'être employée comme engrais, sans avoir passé au feu, d'autant qu'elle est réduite en poudre par la seule action de l'air. Elle est en conséquence d'une grande importance pour le cultivateur. Probablement elle a la même origine que l'espèce suivante.

5. La *chaux feuilletée* ou *coquillère*. On la trouve quelquefois dans les montagnes, mais plus souvent dans des bas-fonds, couverte d'une épaisse couche de terre noire marécageuse. A la superficie, on trouve une couche de coquilles non décomposées, qui, un peu plus bas, s'exfolie en lames; au-dessous de celle-

---

* Si elle n'était pas moulée, elle ne pourrait pas être calcinée comme la chaux carbonatée compacte, parce que, dans son état pulvérulent, la flamme du four à chaux ne pourrait pas circuler dans l'intérieur, comme cela doit avoir lieu pour cette opération. (*Trad.*)

ci, on trouve d'abord de la chaux meuble et friable, et ensuite, tout au fond, quelquefois de la chaux presque aussi dure que la pierre. Là on peut clairement apercevoir que cette chaux a été formée des débris des testacés, et que peu à peu elle a été changée en pierre.

6. Les *stalactites* et les *concrétions calcaires cristallisées*. Ces espèces de chaux ont été produites par des eaux qui avaient dissous beaucoup de carbonate de chaux, par le moyen de l'acide carbonique. A mesure que cet acide s'est évaporé, la chaux est descendue, et s'est durcie en couches successives, sur elle-même ou sur d'autres corps. On trouve des stalactites sous diverses formes remarquables, principalement dans les grottes et surtout dans celles appelées Baumans et Biells-Höhle, dans le Hartz, dans la grotte d'Antiparos, etc.

Le tuf calcaire est une concrétion calcaire qui se forme dans les eaux par dépôt, et non par suintement. On en trouve à Carlsbad, en Silésie, dans le Hartz et presque dans tous les lieux où il y a des montagnes calcaires. Quelquefois il est en forme de petites boules adhérentes les unes aux autres, qui sont vides en dedans, ou plus ordinairement qui ont un noyau de sable. On les désigne sous le nom de *pierres de pois* ou *pisolithes*.

LE GYPSE (SULFATE DE CHAUX).

§ 486.

Dans le nombre des concrétions que la chaux produit en se combinant avec les acides, nous n'examinerons ici que celle qui est due à la combinaison de la chaux avec l'acide sulfurique, celle qu'on appelle dans la langue vulgaire *gypse*, et dans la langue scientifique *sulfate de chaux*. Ce corps est absolument insipide, il se dissout difficilement dans l'eau, et lorsqu'il est purgé, tant de matière combustible que d'oxide métallique, il a toujours une couleur blanche. Pour dissoudre une de ses parties, il faut, suivant Buchholtz, $461\frac{1}{2}$ parties d'eau ; cependant les données sur ce sujet varient. Suivant Buchholtz, il s'en dissout une quantité presque égale dans l'eau chaude et dans l'eau froide ; suivant d'autres auteurs, il s'en dissout une plus grande quantité dans l'eau chaude. Cette difficulté qu'on a à dissoudre le gypse fait que l'art ne peut pas le présenter en cristaux. On ne l'obtient, par la dissolution, qu'en petits grains cristallins. C'est aussi par cette raison qu'on ne peut pas obtenir, sous l'état liquide, de grandes quantités de chaux en dissolution dans l'acide sulfurique, et qu'ainsi elle reste toujours en arrière dans le filtre. Si l'on verse sur de la chaux de l'acide sulfurique délayé avec de l'eau, il se fait à la vérité une combinaison, mais le gypse qui en résulte demeure dans l'état de poudre blanche, sans être dissous ; une très-petite portion seulement reste en dissolution dans le liquide.

§ 487.

La dissolution de cette petite quantité de gypse dans l'eau, est, en apparence, absolument semblable à l'eau pure ; cependant elle a un peu de goût, quoique le gypse sec soit absolument insipide. Au reste on ne peut pas bien décrire ce goût ; on le remarque dans quelques eaux qui contiennent du gypse en dissolution, qu'on qualifie du nom d'*eaux dures*. Si l'on fait évaporer cette dissolution, à mesure que l'évaporation se fait il se précipite du gypse : car le liquide restant ne conserve que la quantité de gypse qu'il peut dissoudre. L'eau qui contient de l'acide carbonique dissout beaucoup plus de gypse que l'eau pure ; mais, à mesure que l'acide s'évapore, cette eau laisse précipiter le gypse qu'elle tenait en dissolution ; ainsi, à l'air, elle en perd la plus grande partie, et en bouillant, la totalité. Les eaux chargées de gypse, autrement les eaux dures, sont impropres à plusieurs usages; mais pour l'irrigation des prairies, elles sont améliorantes et fertilisantes.

§ 488.

Suivant les recherches de Buchholtz, qui paraissent être les plus exactes, le gypse est composé de

Chaux. . . . . . . 33 pour 100.
Acide sulfurique . . 43
Eau de cristallisation . 24

Cependant il se peut qu'il existe des gypses de proportions différentes.

Le gypse, quoique exposé à l'air, ne perd point son eau de cristallisation. Les cristaux de gypse n'effleurissent donc point à l'air ; ils s'y altèrent d'autant moins qu'ils sont moins exposés à l'humidité de l'atmosphère. Mais lorsque le gypse est soumis à l'action de la chaleur, il perd son eau de cristallisation sans pour cela s'éclater. Il perd en poids toute l'eau qu'il contenait. Pour produire cet effet, il n'est pas nécessaire que la chaleur soit très-forte ; cette chaleur peut être très-inférieure à celle que la calcination de la chaux exige. Lorsque le gypse brisé en morceaux d'une grosseur moyenne est passé au feu, en se calcinant il devient tout-à-fait tendre, et l'on peut alors facilement l'écraser entre les doigts.

### § 489.

Le gypse qui a ainsi perdu dans le feu son eau de cristallisation est désigné sous le nom de gypse calciné (ou plâtre). Dans cet état, il peut être employé comme mortier et pour mouler. Lorsque le plâtre est réduit en poudre fine et mélangé avec de l'eau, il absorbe promptement ce liquide, le solidifie et se combine avec lui comme avec son eau de cristallisation. Dans ce changement, il se fait un dégagement de chaleur, comme cela a lieu pour la chaux, mais cette chaleur n'est pas aussi sensible, parce que la combinaison n'est pas aussi prompte. Si l'on y ajoute plus d'eau que le plâtre n'en demande pour se cristalliser, la matière demeure quelques momens en bouillie, puis elle se réunit en cristaux et forme une masse dure. C'est sur cette propriété que repose son utilité comme mortier.

### § 490.

Le gypse calciné exposé à l'air absorbe aussi peu à peu l'humidité, et se l'approprie en état d'eau de cristallisation. Par cette exposition, il augmente en poids ; en revanche, il perd la faculté de s'échauffer avec l'eau, et son utilité comme mortier. Il ne peut être rendu à son état primitif que par une nouvelle calcination ; après celle-ci, il peut de nouveau être employé comme mortier.

## § 491.

Si le gypse est calciné à une trop forte chaleur, il éprouve une altération semblable à celle que la chaux subit en pareil cas. Alors il est brûlé; il ne s'éteint plus avec l'eau, il ne peut plus produire un mortier, et il perd ses qualités comme engrais.

Le gypse ne peut être mis en fusion qu'au moyen d'une chaleur très-forte et très-prolongée. Souvent celui qui a ainsi été fondu présente le phénomène de dégager de la lumière dans l'obscurité. La chaleur n'opère point la décomposition et la séparation de l'acide sulfurique de la chaux; elle n'ôte au gypse que son eau; le gypse n'est décomposé que lorsque, réuni à des substances combustibles, à du charbon ou à des corps végétaux, il est porté au degré d'ignition; alors seulement son acide sulfurique perd son oxigène, et une partie du soufre qui s'en sépare est évaporée, tandis qu'une autre demeure combinée avec la chaux et produit ainsi du sulfure de chaux ou du foie de soufre. C'est par cette raison que dans tous les fours à gypse l'on remarque une odeur sulfureuse.

Il est vraisemblable qu'il se fait une décomposition semblable, mais beaucoup plus lente, à une température moins élevée, lorsque le gypse se trouve réuni à des corps chargés de carbone et qui sont en putréfaction, et que c'est de là que provient en partie la faculté que le gypse a d'amender les terres. Les eaux imprégnées de gypse, lorsqu'elles sont salies, répandent une odeur fétide de soufre; c'est à cela que Fourcroi attribue la mauvaise odeur répandue dans quelques contrées des environs de Paris.

### § 492.

La chaux a plus d'affinité avec l'acide sulfurique que les alcalis, par conséquent le gypse ne peut point être décomposé par ceux-ci ; mais les carbonates alcalins peuvent facilement produire une complète décomposition du gypse : cette décomposition s'opère au moyen d'une double combinaison. Si, par exemple, on fait bouillir du gypse en poudre dans une dissolution de carbonate de potasse, la potasse se combine avec l'acide sulfurique, et la chaux avec l'acide carbonique. Alors la chaux passe, sous la forme d'une poudre blanche, à l'état de carbonate de chaux ; en revanche le sulfate alcalin est dissous dans le liquide. Nous nous arrêtons ici à ces propriétés chimiques du gypse, parce qu'elles ont quelque rapport avec la théorie de l'emploi du gypse comme engrais, théorie qui jusqu'à présent était encore dans l'obscurité, quoique l'expérience eût suffisamment démontré les faits qui s'y rapportent.

### § 493.

Le gypse qu'on rencontre dans le règne minéral forme souvent des montagnes tout entières. On le trouve sous diverses formes ; tantôt sous celle d'un corps pulvérulent, tantôt en grandes masses, d'autres fois cristallisé. Les espèces suivantes sont celles qu'on rencontre le plus souvent.

1. Le *gypse en poudre, lait de montagne, farine céleste*. Ce gypse est pulvérulent ; il se trouve dans le voisinage des roches de gypse, d'où il a été séparé et réduit en poudre par le moyen de l'eau. Dans

quelques endroits on le voit sortir de terre. Dans un temps de disette, l'on crut que c'était une farine envoyée du ciel ; on la mêla avec de la véritable farine, et l'on en fit du pain qui, comme on le pense, ne put pas servir à la nourriture de l'homme, mais qui cependant n'était pas aussi malfaisant que plusieurs personnes seraient disposées à le croire.

2. Le *gypse compacte commun ordinaire*. On le trouve en grandes masses dans les montagnes secondaires. Il n'est pas très-dur, il se divise avec craquement sous la dent, il ne prend pas de poli ; il est assez tenace, de sorte qu'on a de la peine à le réduire en poudre. On en trouve de différentes couleurs ; le plus souvent il est blanc ou gris. L'albâtre appartient à ce genre ; il est au gypse ce que le marbre est à la chaux, une pierre à moitié cristallisée, qui prend le poli, et est employée à toutes sortes d'ouvrages de sculpture, pour faire des vases, des statues, etc. Quelquefois il est de toutes sortes de très-belles couleurs ; ces couleurs proviennent d'oxides métalliques ; elles changent souvent dans un même morceau, et sont quelquefois très-variées. L'albâtre ne prend cependant pas un poli aussi beau que celui du marbre, parce qu'il n'est pas aussi dur ; exposé à l'air, il est aussi plus sujet à se déliter.

3. Le *spath gypseux* ou *gypse cristallisé*. Celui-ci se trouve souvent dans les lieux où il y a de la pierre gypseuse compacte, et il est mêlé avec elle. Il est plus ou moins transparent et diversement coloré ; il peut être fendu avec le couteau en lames minces, molles et transparentes.

A ce genre appartient le *verre de Marie*, qu'on trouve en assez grosses pièces rhomboïdales et qui

peut facilement être coupé. Quelquefois le spath gypseux se présente en cristaux considérables, sous la
forme de tables ou de pyramides. Au reste, le spath
gypseux est également tenace et difficile à pulvériser.

4. Les *stalactites gypseuses* ont eu la même origine que les calcaires, c'est-à-dire qu'elles ont été
formées par le dépôt d'eaux carbonatées qui tenaient
beaucoup de gypse en dissolution. Quelquefois aussi
on trouve le gypse et le carbonate de chaux mêlés
ensemble. Ces gypses calcaires font alors effervescence avec les acides.

Il est beaucoup d'eaux qui contiennent du gypse en
dissolution. C'est souvent le cas des eaux de fontaine, auxquelles alors on donne la qualification d'eaux
dures ou crues, et qui sont impropres à plusieurs
usages, en particulier à la distillation d'eau-de-vie.
Quelquefois, quoique rarement, on rencontre aussi
du gypse à la superficie du sol, et mêlé avec de la
marne ou de l'argile. On en trouve également dans
la cendre de quelques végétaux ; mais probablement
il n'existait pas dans les plantes; il a été produit, dans
la combustion, par la combinaison de l'acide sulfurique avec la chaux.

## LA MARNE.

### § 494.

Cette substance si importante pour l'agriculture a
été connue de beaucoup de cultivateurs comme un
moyen d'augmenter la fécondité d'un champ et de
l'améliorer. Dans plusieurs contrées il est des districts
entiers qui déjà anciennement ont été améliorés par

l'usage de la marne. Les Romains la connaissaient également. Cependant c'est depuis peu seulement que le marnage des terres a attiré l'attention générale, et il y a encore beaucoup de cultivateurs qui n'ont pas une idée distincte de cette substance, quoiqu'il ne faille que peu de connaissances chimiques pour la distinguer des autres terres. C'est cette totale ignorance de la nature de la marne qui fait que souvent on en nie les effets, que même on la décrie, et que l'on veut avoir vu de mauvaises suites résulter de son emploi. Alors ce n'était pas de la marne que l'on avait conduit sur le sol, mais peut-être une argile tenace et ferrugineuse, ou quelque autre espèce de terre qui ne convenait point à ce sol. Nous parlerons dans la suite de la marne comme engrais ; ici nous ne nous occupons que de sa nature et de son existence naturelle dans le sol.

§ 495.

La marne est une combinaison du carbonate de chaux avec l'argile. Ces deux substances se trouvent le plus souvent amalgamées d'une manière si complète, que l'on ne peut, ni avec l'œil ni même avec le microscope, distinguer les particules de chaux de celles de l'argile. Nous n'avons point encore découvert comment la nature fait cette préparation ; car lorsqu'on a fait des mélanges de chaux et d'argile, ces mélanges se sont trouvés très-différens de la marne naturelle ; par exemple, ils n'ont point eu la faculté de perdre leur agrégation à l'air, et de tomber en poussière, comme la marne naturelle.

## § 496.

Les proportions dans lesquelles l'argile et la chaux
sont combinées dans la marne varient de manières
très-différentes. Quelquefois ces deux substances sont
en quantités égales, d'autres fois c'est l'une ou l'autre
qui prédomine. La nature ne s'est prescrit aucune
mesure sur la proportion de ce mélange. On a classé
la marne suivant les diverses proportions de l'argile
ou de la chaux dont elle est composée, et l'on a donné
à ses diverses espèces des noms différens. La classification qu'*Andrea* a suivie dans son ouvrage sur
les diverses espèces de terrain du Hanovre, est réellement la meilleure, aussi est-elle adoptée dans presque toute l'Allemagne. Suivant Andrea, la marne est,
tout simplement, une combinaison de parties à peu
près égales d'argile et de chaux. Si l'argile prédomine,
de sorte qu'elle aille depuis bien au-delà de la moitié
jusqu'aux deux tiers, cette combinaison s'appelle
*marne argileuse ;* si la proportion d'argile est encore plus forte, de sorte que la chaux n'en fasse pas
un quart, et qu'il y ait au contraire plus des trois
quarts d'argile, on l'appelle alors *argile calcaire* ou
*marneuse.* Si en revanche la chaux prédomine et s'é-
lève depuis sensiblement au-dessus de la moitié jusqu'aux deux tiers, on l'appelle alors *marne calcaire ;*
si la quantité de chaux est encore plus grande et dépasse les trois quarts, on désigne ce mélange sous le
nom de *chaux argileuse.*

## § 497.

Nous trouvons la marne et ses variétés dans un

grand nombre de lieux. Maintenant qu'on la cherche avec plus de soin, on en découvre dans la plupart des pays ; il se vérifie qu'il y en a presque partout dans quelques couches inférieures du sol. Il est peu de contrées où l'on n'en trouve pas, ou dans lesquelles la marne se trouve à une profondeur trop grande pour qu'il puisse être profitable de l'en extraire. On ne la rencontre nulle part en plus grande abondance que dans les contrées couvertes de collines, dans le voisinage des montagnes stratiformes ou secondaires, dans lesquelles souvent elle constitue la principale partie de la couche inférieure du sol, et où elle est disposée en bancs d'une grande étendue. On a plus de peine à la trouver dans les pays plats ; elle y est disposée en nids, d'une manière plus inégale, à une plus ou moins grande profondeur, sur les hauteurs et dans les bas-fonds, dans des contrées sèches et dans des marécageuses. L'on peut avec quelque vraisemblance croire à l'existence d'une couche de marne sous le sol, lorsqu'on trouve certaines plantes à sa surface : le *tussilage* ou *pas-d'âne* (*tussilago farfara*), le *tussilage des Alpes* (*tussilago alpina*), la *sauge glutineuse* (*salvio glutinosa*) et la *sauge des prés* (*salvia pratensis*), végètent avec beaucoup de force sur les terrains qui contiennent de la marne. Ce ne sont pas des plantes seules et isolées qui forment un indice ; mais là où elles se multiplient et déploient une grande richesse de végétation, elles peuvent dans tous les cas servir de guides pour découvrir la marne.

Si le *trèfle jaune*, la *minette dorée* (*medicago lupulina*) abondent sur un terrain lors même qu'il n'a pas été fumé, je pense que c'est aussi un indice. Sous la ronce on trouvera fréquemment de la marne ou

tout au moins de l'argile marneuse. D'ailleurs la
marne qui repose ainsi en rognons et à une certaine
profondeur, se montre le plus souvent dans des ra-
vins et dans des chemins creux, où la couche de terre
qui la recouvrait s'est éboulée. Fréquemment ces amas
de marne sont recouverts d'argile : là où l'on rencontre celle-ci entremêlée de grains de chaux, on peut
conclure presque avec certitude qu'à une plus grande
profondeur on trouvera de la marne. Ces couches de
marne ne sont le plus souvent pas homogènes dans
toute leur épaisseur, surtout dans la marne argileuse.
Dans la partie supérieure il y a ordinairement moins
de chaux que dans celle qui est au-dessous, et communément à mesure qu'on descend on la trouve plus
calcaire.

<h2 style="text-align:center">§ 498.</h2>

L'argile et la chaux à la fois contribuent aux propriétés de la marne; ces deux espèces de terre font,
dans ce mélange, un échange de leurs qualités récipro-
ques. La ténacité et l'onctuosité de l'argile sont tem-
pérées par la chaux, tandis que la rudesse et l'âpreté
de la chaux sont à leur tour adoucies par l'argile. Plus
la quantité de l'une ou de l'autre de ces substances domine, plus les caractères qui la distinguent dominent
dans la marne.

La marne proprement dite, composée de parties
égales d'argile et de chaux, ne peut être assimilée ni
à l'une, ni à l'autre de ces substances ; les propriétés
de l'argile et de la chaux se sont amalgamées en proportions égales. La marne argileuse et l'argile calcaire
se rapprochent plus de l'argile ; ainsi lorsqu'elles ont

été imprégnées d'eau, elles deviennent onctueuses et plus malléables, elles répandent autour d'elles une odeur d'argile, et en se séchant elles se réunissent en mottes dures et cependant plus malléables. L'argile marneuse étant humide est souvent encore plus difficile à travailler que l'argile dépourvue de marne, mais elle sèche beaucoup plus facilement. La marne calcaire et la chaux argileuse se rapprochent plus de la chaux; sèches, elles sont plus rudes au toucher; humides, elles ont moins d'adhérence, et leurs fragmens, lorsqu'ils sont secs, peuvent facilement être broyés entre les doigts. Cependant il tient beaucoup à la nature de l'argile qui entre dans la composition de ces marnes qu'elles soient maigres ou grasses. Une argile grasse a besoin d'une plus grande addition de chaux pour corriger ces défauts. Une argile maigre n'en demande qu'une petite quantité pour éprouver le même effet. Souvent on rencontre des espèces de marnes dont, dans leur apparence extérieure, l'une est plus semblable à la marne argileuse, et l'autre à la marne calcaire, et qui cependant contiennent une égale quantité de chaux; mais cel e-là a été formée d'une argile grasse et tenace, tandis que celle-ci, au contraire, l'a été d'une argile maigre. La nature de l'argile a aussi une très-grande influence sur les propriétés de la marne.

## § 499.

La marne est de différentes couleurs. Elle est blanche, jaune, jaunâtre, brune, grisâtre, violette, rougeâtre, rouge, grise, bleuâtre, noire, etc. Ces couleurs sont produites en partie par les oxides de fer ou de manganèse qui sont contenus dans la marne, en par-

lie par des matières combustibles, des bitumes ou de
l'humus. Les espèces de marnes qui ne sont mêlées
que de celui-ci seulement, sont ordinairement grises,
bleuâtres ou noires, et la combustion les rend blanches; celle qui est imprégnée de bitume, surtout
lorsqu'on la chauffe, ou qu'on frotte ses morceaux les
uns contre les autres, répand une odeur qui lui est
propre. Au reste la couleur de la marne est un indice
très-équivoque; tout au plus peut-elle servir pour évaluer la quantité d'oxide métallique ou de substances
combustibles que cette marne contient : elle ne peut
en aucune manière servir à distinguer la nature de
la marne et les proportions d'argile et de chaux dont
elle est composée. Des marnes d'une même couleur
diffèrent souvent d'une manière essentielle dans les
proportions de leurs élémens, tandis que d'autres qui
ont une apparence extérieure absolument dissembla-
ble n'offrent aucune différence dans leur composition.

## § 500.

Quant à la consistance et à la contexture de leurs
parties, les marnes diffèrent essentiellement entre elles.
Quelquefois elles sont aussi molles et aussi douces que
la poussière, ou du moins elles ont assez peu de consistance pour qu'on puisse facilement les broyer entre les doigts; d'autres fois elles ont la dureté de la
pierre. On appelle les premières *marnes terreuses,* les
dernières *marnes concrètes.* Cette dernière espèce se
distingue encore par sa contexture : ou elle a une cassure schisteuse, et est composée de lames superposées
les unes aux autres, lesquelles peuvent être séparées
avec un couteau; ou bien elle n'a point de couches

uniformes, lorsqu'on la brise elle saute en morceaux irréguliers. On nomme la première *marne schisteuse,* et cette dernière *marne pierreuse.* On ne peut pas tirer des conclusions plus certaines sur la nature de la marne et sur sa composition, des différences qu'elle présente sous ce rapport. Quelquefois la marne concrète a une surabondance d'argile; quelquefois c'est de chaux, et alors elle se rapproche davantage de la pierre à chaux. De ce qu'une marne est de l'espèce de celles que nous désignons sous le nom de marne calcaire, on ne peut également point en inférer qu'elle contienne une surabondance de chaux; car il se peut que l'argile fût naturellement maigre, de sorte que la marne n'eût pas beaucoup de consistance. Lorsqu'on verse de l'eau sur la marne, cette eau pénètre plus ou moins facilement dans ses pores, détruit la cohésion des parties, les sépare les unes des autres, et les réduit en une poudre fine. C'est là une des propriétés essentielles, qui sert préliminairement à distinguer la marne, et par laquelle cette substance améliore le sol, en se mêlant complètement avec sa couche supérieure. L'air se développe en bulles qui s'élèvent dans l'eau, quelquefois en faisant un léger bruit et en occasionant une sorte d'effervescence. On ne peut, à la vérité, pas admettre en principe qu'une espèce de terre qui perd son agrégation dans l'eau soit toujours et nécessairement de la marne, puisque les argiles très-maigres s'y délaient également; mais on peut être sûr que si une espèce de terre ne se réduit pas spontanément en poudre dans l'eau, ce n'est pas une marne. Toute marne, même la pierreuse, devient molle dans l'eau et s'y pulvérise. La marne exposée à l'air perd également sa cohésion et s'y réduit en poudre, tout comme dans l'eau;

seulement elle y emploie plus de temps. C'est cette propriété qui rend la marne si commode pour améliorer les terres. Il n'est point nécessaire de pulvériser la marne avant de la mêler dans le sol qu'on veut bonifier; on peut abandonner entièrement ce soin à l'air; l'humidité de l'atmosphère pénètre dans la marne déposée sur la terre, et la réduit en poudre. La gelée contribue beaucoup à la division totale des particules, et, pour les marnes tenaces, quelquefois pour la marne concrète, il faut son concours pour opérer une division complète; c'est pour cela que, le plus ordinairement, on charrie ces marnes avant l'hiver. L'humidité que la marne a absorbée est dilatée par la gelée, et sépare les parties les unes des autres, ainsi que nous l'avons observé en parlant de l'argile.

§ 501.

Le temps nécessaire pour que la marne se réduise spontanément en poudre, à l'air et dans l'eau, dépend en partie de la proportion d'argile que cette marne contient et de sa composition, et en partie de son plus ou moins de dureté, de la plus ou moins grande cohésion de ses parties. La pierre à chaux compacte et pure ne se résout point en poudre; il en est de même de l'argile pure et solide. Si donc la chaux prédomine sensiblement dans la marne, cela empêche que celle-ci ne perde son agrégation; si c'est l'argile, il en est de même, ou tout au moins cette espèce de division est très-lente. Pour que cette cessation de cohésion ait lieu promptement, il faut qu'il y ait une certaine proportion de ces deux substances, et cette bonne proportion est déterminée par la nature plus ou moins grasse de l'argile.

Dans les marnes composées d'une argile de même
nature, mais qui contiennent des quantités de chaux
proportionnément différentes, la marne proprement
dite est celle qui perd le plus facilement son agrégation ; et, au contraire, les marnes calcaire et argileuse
sont celles qui résistent le plus à l'action de l'eau et de
l'air. Vient ensuite la cohésion particulière des parties entre elles ; la division n'est jamais plus lente que
lorsque ces parties ont contracté la dureté de la pierre,
ainsi que cela a lieu dans les marnes pierreuses ; en
revanche, dans le nombre des marnes concrètes, celles
qui sont schisteuses perdent plus vite leur agrégation
que ne le font celles qui sont en masses homogènes.

## § 502.

Des causes connues font que la marne produit une
effervescence très-forte avec les liqueurs acides. Si
l'on répand de celles-ci sur cette substance, elles se
combinent avec la chaux, tandis que l'alumine demeure intacte aussi long-temps que les acides ont encore de la chaux à dissoudre. C'est seulement lorsque
la chaux a été absorbée par l'acide, et que celui-ci
n'est pas entièrement saturé, qu'il dissout un peu de
l'alumine et de l'oxide de fer.

## § 503.

Nous savons que le carbonate de chaux ne peut, à
la vérité, pas être fondu sans le secours de quelque
autre substance, et que l'argile a de la peine à se vi-
trifier, même dans le feu le plus ardent, mais que si
ces deux terres sont réunies, elles sont facilement

mises en fusion : la marne est donc une substance fusible et vitrifiable. Il ne faut pas une très-grande chaleur pour la faire entrer en fusion; c'est par cette raison qu'on se sert aussi de la marne pour séparer les métaux et pour fondre facilement les gangues métalliques. Quelquefois on l'emploie pour se procurer le fer.

## § 504.

Souvent la marne est encore mêlée d'autres substances qui n'appartiennent proprement pas à sa composition. Les plus ordinaires sont la magnésie, le sable et le gypse (sulfate de chaux). On rencontre souvent de la magnésie dans la marne, et surtout dans celle dont les excellens effets sont les plus sensibles. Elle y est également en état de carbonate, elle y fait effervescence avec les acides, et elle se dissout dans ceux-ci; cette circonstance fait que, dans un examen superficiel de la marne, la magnésie est souvent confondue avec la chaux. Mais comme on ignore encore l'effet qu'elle produit, il s'agira de la distinguer et de l'examiner d'une manière plus particulière. On appelle marne magnésienne celle qui contient de la magnésie, et suivant que la chaux ou l'argile y dominent, on la qualifie de marne argileuse magnésienne, ou marne calcaire magnésienne. Il y a toujours un peu de sable dans la marne; si la quantité de ce sable est considérable, on désigne la marne qui la contient sous le nom de marne argileuse sablonneuse, ou calcaire sablonneuse. Si la proportion du sable s'élève à 60, 70 ou 80 pour 100, on l'appelle sable marneux. Il est très-bon qu'il y ait un peu de sable dans la marne,

parce que celle-ci perd plus promptement son agrégation. Il y a aussi du gypse dans la marne, et il s'y
montre quelquefois en petites veines cristallines. On
l'aperçoit lorsqu'on place de la marne entre des char-
bons, et qu'on la fait chauffer. Le gypse répand alors
une odeur de soufre. Probablement il améliore la
marne et la rend plus friable. Au reste, nous manquons encore d'observations précises à ce sujet. Si
le gypse est contenu dans la marne en quantité considérable, celle-ci est distinguée sous le nom de marne
argileuse gypseuse, ou calcaire gypseuse.

§ 505.

Les formes extérieures sous lesquelles la marne se
trouve sont ainsi très-variées. Les espèces suivantes
sont les principales ; elles sont classées ici non d'a-
près leur composition, mais d'après leur apparence
extérieure.

*a) Marne pierreuse* et le plus souvent *schisteuse.*

Dans la terre elle est ordinairement assez friable ;
c'est seulement lorsqu'elle est mise en contact avec
l'air qu'elle se durcit et change de couleur ; et ce n'est
guère qu'au bout de deux ou de trois ans qu'elle perd
son agrégation. Cette marne est souvent très-calcaire
et se rapproche de la pierre à chaux, de sorte que
quelquefois on peut la calciner pour en faire de la
chaux, ou l'employer brute comme marne. Au reste,
la chaux qui en provient est impure et de mauvaise
qualité. Souvent elle a la même dureté et la même
apparence que la chaux ordinaire ; cependant l'alumine et la silice y sont en plus grande proportion que
la chaux.

*b) Marne argileuse* ou *glaiseuse.* Au moyen des

caractères que nous avons indiqués, on peut cependant encore la distinguer de l'argile et de la terre glaise.

*c) Marne feuilletée.* On ne la trouve qu'en couches minces.

*d) Marne coquillère*, à la surface de laquelle surtout on rencontre souvent des débris de coquilles de limaçons. A une plus grande profondeur, elle ressemble à de la craie sale, et au-dessous elle est quelquefois cristallisée et pierreuse. Cette marne ne se trouve guère que dans les bas-fonds, sous la tourbe ou sous la terre noire des marais, dans des places où il y avait autrefois de l'eau. Elle est composée en plus grande partie de chaux ; on l'appelle en conséquence chaux marneuse, et souvent on la calcine et on l'emploie en guise de chaux. Elle se divise à l'air et dans l'eau, et, mêlée en proportion convenable avec ce liquide, quoique sans être calcinée, elle est employée à blanchir. Cette marne appliquée au terrain n'y agit tout au moins pas aussi promptement qu'on devrait s'y attendre ; elle contient souvent de l'acide phosphorique.

On ne trouve guère la première espèce que dans les pays de montagnes ; la seconde, plus souvent dans des collines couvertes d'une glaise brune, dans laquelle la ronce a pris racine. Quelquefois ces collines ne sont rien moins que fertiles, lors même que la terre glaise qui est à la surface contient des parties calcaires. Ici la marne paraît avoir promptement consumé l'humus, ou peut-être celui-ci, rendu plus soluble par la marne, a été entraîné par les eaux. Mais si l'on fume abondamment ces collines, elles redeviennent fertiles. J'indique ceci, afin qu'on ne se laisse pas arrêter par la stérilité apparente de ces terrains, d'y faire des fouilles pour trouver de la marne. Les deux

dernières espèces ne se trouvent que dans les bas-
fonds.

## LA MAGNÉSIE.

### § 506.

Cette terre est moins répandue dans la nature que
les précédentes ; on ne l'y rencontre jamais pure ; elle
est toujours mêlée d'autres terres, et combinée avec
des acides ; plusieurs minéraux en contiennent : on la
trouve souvent dans l'eau de la mer et dans les eaux
salées, combinée principalement avec les acides muriatique et sulfurique, et dans les corps des animaux,
le plus souvent combinée avec l'acide phosphorique.
Les cendres de la plupart des végétaux en contiennent
une plus ou moins grande quantité ; quelquefois elle
forme une partie constituante très-considérable de la
couche de terre végétale et de la marne propre à fumer les terres.

Cette terre, qui n'a été découverte et distinguée que
depuis peu de temps, a dernièrement éveillé l'attention sur ses rapports avec l'agriculture. *Bergmann*
et d'autres auteurs l'ont présentée comme très-féconde ;
mais un Anglais, *Tennant*, observant que de la
chaux calcinée et qui avait été employée pour amender des terres, avait au contraire produit un très-
mauvais effet, l'analysa et trouva qu'elle contenait
beaucoup de magnésie : il conclut de cela que la magnésie produisait toujours des effets nuisibles. Ce fait
prouve tout au plus qu'elle peut être nuisible lorsqu'elle est dégagée d'acide carbonique ; et on ne la
rencontre jamais telle dans la nature. Dans son état

naturel, elle est plutôt en tous points semblable au carbonate de chaux. *Lampadius* l'a trouvée très-favorable à la végétation du seigle, et *Einoff* a fait l'analyse d'une marne très-améliorante, qui contenait 20 pour 100 de magnésie.

### § 507.

Le carbonate de magnésie est absolument insipide et inodore. Lorsqu'il est mouillé et mêlée avec de l'eau, il produit une matière peu liée qui sèche bientôt. A l'égard de sa disposition à retenir l'eau, il peut être assimilé au carbonate de chaux, et en général il est avec lui dans les mêmes rapports à l'égard de l'eau. Le carbonate de magnésie est insoluble dans l'eau pure ; il ne peut être dissous par l'eau que lorsqu'elle est imprégnée de gaz acide carbonique.

### § 508.

La magnésie pure et dégagée d'acide carbonique se distingue de la chaux d'une manière très-sensible. Elle n'est pas, comme celle-ci, caustique et alcaline. Il ne s'y manifeste point de chaleur lorsqu'on la mêle avec l'eau ; la bouillie qui en résulte ne se durcit pas en séchant, elle ne prend pas de la cohérence, et lorsqu'on y ajoute du sable, elle ne produit pas un mortier. A la vérité elle paraît absorber l'eau et se l'approprier, mais sans lui ôter sa fluidité. Elle n'altère qu'infiniment peu les couleurs bleues végétales.

### § 509.

Les fossiles qui contiennent de la magnésie, et qui

sont gras et savonneux au toucher, sont les suivans :

1. La *serpentine;* c'est une pierre dure à grains fins, de couleur vert foncé on gris foncé, et qui quelquefois a de belles taches rouges. On la trouve en couches qui forment souvent des montagnes tout entières. En Allemagne la meilleure carrière de serpentine est à Zopplitz en Saxe, où on la travaille en quantité à peine croyable. On l'emploie sur le tour, et l'on en fait des tabatières, des boîtes, des vases, des chandeliers, des mortiers et toutes sortes de vaisseaux qui sont ensuite polis avec un grès fin. Ses parties constituantes sont la magnésie, la silice et l'oxide de fer.

2. Le *talc* a une cassure lamelleuse; il est très-gras au toucher; on le trouve quelquefois sous la forme de terre, quelquefois sous celle de pierre. Le premier est composé de parties onctueuses, un peu luisantes, et, pour l'ordinaire, d'une couleur passablement blanche : le dernier, au contraire, a de la consistance; il peut être divisé en lames minces, et a souvent le brillant de l'argent ou de l'or, ce qui fait qu'on le nomme talc argentin ou doré.

On l'emploie comme un des meilleurs moyens de diminuer le frottement des machines. Il est préférable pour cet usage au savon et à l'huile, parce qu'il n'occasione aucune dilatation dans le bois, et qu'il préserve aussi le métal de la dégradation insensible occasionée par le frottement.

Le talc est composé de 44 pour 100 magnésie.

56 pour 100 silice et alumine.

La *pierre ollaire* est une variété du talc; elle a une couleur grisâtre, grise, ou vert foncé; on peut très-bien la travailler au tour pour en faire toute sortes de vases. Elle se sépare en grandes masses, et on la trouve surtout en Suisse.

3. La *pierre savonneuse;* c'est une espèce de pierre opaque, lisse, onctueuse comme le savon, qu'on peut entamer avec l'ongle, et qui tache les objets qu'elle touche. Il en existe plusieurs espèces, de la terreuse, de la molle et de la compacte; celle-ci est aussi appelée *craie d'Espagne*, parce qu'autrefois on l'apportait de ce pays-là. On l'emploie surtout pour dessiner les ouvrages de broderie. On écrit par son moyen sur du verre, et quoiqu'on ait enlevé les traits en les lavant, ils paraissent de nouveau lorsque la température est humide. On en trouve dans plusieurs contrées d'Allemagne, surtout dans le pays de Bareuth.

4. L'*asbeste;* cette espèce de pierre est composée d'un tissu filamenteux; les filamens en sont disposés parallèlement les uns aux autres, ou bien ils se croisent; dans le premier cas, et lorsque ces fils sont flexibles, on l'appelle aussi *amiante*. Sa couleur est le plus souvent blanche, tirant sur le vert, ou gris verdâtre. On en trouve encore plusieurs espèces qu'on appelle *blanc de plume, chair de montagne, cuir fossile, liége fossile,* etc., à cause de leur ressemblance avec les substances dont on lui a donné le nom. Il y en a beaucoup en Saxe, en Silésie, en Bohême, en Hongrie, en Suède, etc.

C'est avec l'amiante qu'on prépare la toile, le papier et les mèches incombustibles, qui, dans un temps, ont souvent fourni matière au doute. Pour faire la toile, on file les filamens flexibles et déliés de l'amiante, avec de la filasse de lin; ensuite on tisse et l'on passe la toile au feu; pour le papier, on pile les filamens, on les réduit en bouillie, et l'on procède avec cette bouillie d'après les procédés employés pour faire le papier ordinaire.

5. *L'écume de mer*. C'est de cette matière que sont faites des têtes de pipes qui sont très-recherchées. Autrefois on était dans le doute sur son origine; l'on croyait que c'était un produit de la mer; et c'est de là que vient le nom qu'on lui a donné. Maintenant l'on sait avec certitude qu'on la tire des environs du village de Klitschik, non loin de la ville de Conie, autrefois *Iconium*, en Natolie. Elle s'y trouve en veines, dans une cavité de schiste calcaire gris, un peu au-dessous de la surface du sol. Lorsqu'on la tire de là, elle est en pâte molle, mais elle se durcit bientôt à l'air; on en fait des têtes de pipes, qu'on vend à Constantinople, et qui là sont passées en couleur, ou cuites dans de l'huile et de la cire; alors elles nous sont apportées et travaillées de nouveau : de leur débris on fait des pipes de seconde qualité. Malgré sa mollesse, cette matière a beaucoup de consistance, et elle est moins que d'autres fossiles sujette à sauter en éclats; outre cela, sa disposition à happer à la langue et sa légèreté spécifique la caractérisent d'une manière particulière. Suivant Wiegleb elle est composée de parties égales de magnésie et de silice. On assure qu'il y a aussi de *l'écume de mer* en Espagne, à peu de distance de Madrid; en Hongrie, et dans l'Amérique septentrionale.

LE FER.

## § 510.

Ainsi que nous l'avons dit en parlant de l'argile, le sol contient fréquemment du *fer*, qui s'y présente sous

diverses formes. On l'y rencontre d'abord en oxide dé-
gagé d'acide, à divers degrés d'oxidation, de couleurs
blanche, verte, noire et rouge, mêlé avec l'alumine et
combiné intimement avec elle; c'est lui qui donne à
l'argile les diverses couleurs sous lesquelles elle se
présente. Nous ne savons pas encore positivement si
et à quel point il a de l'influence sur la végétation et
sur la bonté du sol. D'après ce qu'on a observé généralement, le degré d'oxidation semble n'apporter aucune différence à ses propriétés; ainsi donc la couleur
du sol est indifférente en tant qu'elle dépend de ce
degré.

Outre cela nous trouvons dans diverses espèces de
glaise, de l'oxide de fer en état de carbonate; il paraît
que, dans cet état, l'oxide de fer est indifférent, ou
tout au moins qu'il n'est pas nuisible à la végétation.
Lorsqu'on y verse des acides plus forts, l'acide carbonique se dégage avec effervescence, tout comme s'il
y avait de la chaux; aussi cette effervescence est-elle
un signe trompeur, quoique beaucoup de gens l'envisagent comme une preuve certaine de la présence de
la chaux ou de la marne.

Enfin nous trouvons, mais moins fréquemment, le
fer combiné dans le sol avec les acides sulfurique et phosphorique; avec le premier il produit cette substance
qu'on appelle communément vitriol (sulfate de fer);
on a coutume de désigner le sol qui contient cette
combinaison sous le nom de terrain vitriolique. Cette
matière ne se trouve que dans les lieux où il y a des
pyrites sulfureuses, dont la composition produit l'a-
cide qui se combine avec le fer. Quelquefois elle se
montre dans l'argile située dans des lieux humides;
mais le plus souvent c'est dans des marais tourbeux,

desquels on pourrait, quelquefois avec avantage, extraire le vitriol. Là où le vitriol se trouve en plus grande quantité, il est nuisible à la végétation, et fait périr les plantes, tandis que lorsqu'il est en plus petite proportion, surtout s'il est combiné avec des matières qui contiennent du carbone, avec du charbon de terre ou de pierre, il a une propriété fertilisante, ainsi que diverses expériences tant anciennes que récentes l'ont démontré.

Nous traiterons ultérieurement ce sujet dans la partie de cet ouvrage qui aura plus particulièrement rapport aux engrais.

On trouve ordinairement le fer combiné avec l'acide phosphorique dans la matière qu'on nomme *fer limoneux*, et dont nous avons déjà fait mention en parlant des argiles. Cette matière se délite et se mêle quelquefois avec la couche supérieure du sol, où, exposée à l'action de l'air, elle paraît perdre peu à peu ses propriétés nuisibles à la végétation. Un terrain dont la couche de terre végétale repose sur du fer limoneux est toujours du nombre des plus mauvais et des plus stériles.

## § 511.

Nous devons encore parler ici de l'*oxide de manganèse*, qui entre souvent, quoiqu'en petite quantité, dans la composition de la couche supérieure du sol, et qu'on trouve aussi ordinairement dans les plantes et les animaux. On n'a point encore aperçu qu'il eût de l'influence sur la végétation.

## § 512.

Ce sont là les parties constituantes fixes, immuables, inépuisables et incombustibles du sol, lesquelles, suivant les proportions de leurs mélanges, forment ces innombrables variétés de terrains sur lesquelles nous aurons à revenir, lorsque nous aurons examiné une autre partie constituante de tous les sols propres à la végétation, à laquelle ces sols doivent leur fécondité, et qui, à proprement parler, n'est autre chose que cette partie de l'aliment des plantes qu'elles tirent du sol : cette matière c'est l'*humus*.

### L'HUMUS.

## § 513.

Le nom qu'on donne ordinairement à cette substance est *terreau*. Cette expression a été mal comprise par beaucoup de gens, lorsque par là ils ont entendu la couche de terre végétale et non cette partie particulière des substances qui la constituent. Cette méprise a été faite même par quelques écrivains savans agronomes, et cela a augmenté d'autant l'obscurité qui planait déjà sur cette partie de la science. C'est pour cela que j'ai adopté la dénomination d'*humus*, sur la quelle il ne peut pas y avoir d'équivoque. En général, dans la science, la dénomination *terre* ne lui convient pas ; ce n'est, à proprement parler, point une terre ; elle n'a été désignée sous ce nom qu'à cause de sa forme pulvérulente.

## § 514.

L'humus est une partie constituante plus ou moins considérable du sol. La fécondité du terrain dépend, à proprement parler, entièrement de lui ; car, si l'on en excepte l'eau, c'est la seule substance qui, dans le sol, fournisse un aliment aux plantes. L'humus est le résidu de la putréfaction végétale et animale, c'est un corps noir : lorsqu'il est sec, pulvérulent ; lorsqu'il est humide, mou et gras au toucher. A la vérité il varie suivant la nature des corps qui l'ont produit, et suivant les circonstances sous lesquelles la putréfaction et la décomposition se sont opérées ; cependant il est certaines propriétés qui sont inhérentes à sa nature, et en général il est assez semblable à lui-même. C'est un produit de la force organique, une combinaison de carbone, d'hydrogène, d'azote et d'oxigène, telle qu'elle ne peut pas être produite par les forces de la nature non organisée ; parce que, dans la nature morte, ces substances ne s'allient que par la combinaison simple de deux d'entre elles, et non toutes ensemble, comme cela a lieu ici. A ces substances essentielles de l'humus il s'en joint encore quelques autres en plus petite quantité, du phosphore, du soufre, un peu de terre proprement dite, et quelquefois différens sels.

Comme l'humus est une production de la vie, de même aussi il en est la condition. Il donne la nourriture aux corps organisés ; sans lui il ne saurait y avoir une vie individuelle, tout au moins pour les animaux et les plantes les plus parfaits : ainsi la mort et la destruction étaient nécessaires à l'alimentation et à la reproduction d'une nouvelle vie. Plus il y a de vie, plus la quantité d'humus produite devient considérable, plus il y a d'élémens de nutrition pour les organes de la vie. Chaque être organisé s'approprie durant sa vie une quantité toujours croissante d'élémens naturels bruts, et en les travaillant au dedans de lui, produit enfin l'humus; de sorte que cette matière s'augmente d'autant plus, que les hommes et les animaux se multiplient dans une contrée, et que l'on cherche à multiplier les produits du sol; bien entendu cependant qu'on ne les laisse pas volontairement entraîner dans la mer par les eaux, ou consumer par le feu. Nous n'avons qu'à observer les progrès de la végétation sur les rochers nus, pour étudier l'histoire de l'humus dès le commencement du monde. D'abord il s'y forme des lichens et des mousses, dans la décomposition desquels des plantes plus parfaites trouvent leur nourriture; celles-ci, à leur tour, augmentent la masse du terreau par leur putréfaction ; ainsi, à la fin, il s'y forme une couche d'humus qui peut alimenter les arbres les plus vigoureux.

Le terreau végétal, dit très-bien Voigt dans son supplément aux Recherches de Saussure sur la végétation, est le végétal en partie décomposé, mais pas entièrement désorganisé. C'est une plante vaste et générale sans organisation, qui porte elle-même les autres plantes et les nourrit, comme un rameau est alimenté par l'arbre dont il fait partie, ou comme une nouvelle pousse se nourrit aux dépens du pédoncule de la feuille qui l'a précédé. Le terreau végétal est composé de substances végétales, et il peut être derechef transformé en substances de la même nature; souvent on le prépare soigneusement dans ce but.

### § 515.

L'humus a de l'analogie avec les corps dont il est le produit, quant à la qualité de ses parties constituantes; mais ces parties y éprouvent un changement dans leurs quantités respectives. Les substances élémentaires entrent dans une nouvelle combinaison, il s'en évapore une partie. Suivant de Saussure l'humus contient moins d'oxigène, mais plus de carbone et d'azote que les végétaux dont il a été tiré. Mais les circonstances sous lesquelles l'humus se forme, ont sans doute une grande influence sur les proportions de ses élémens, et sur les divers genres de combinaison de ses parties élémentaires. Ainsi donc, lorsqu'il s'est formé sous la libre influence de l'air atmosphérique, il n'est pas entièrement semblable à ce qu'il est lorsqu'il a été formé dans un lieu clos, et hors du contact de cet air; il n'est pas le même lorsqu'il a reçu beaucoup d'eau, ou lorsqu'il a eu moins d'humidité. Cela est démontré, quoique ni les circonstances qui ont de l'influence sur la formation de l'humus, ni les déviations auxquelles elles sont soumises n'aient encore été suffisamment analysées.

### § 516.

Alors même que l'humus est déjà formé, il n'est cependant point à l'abri de l'altération et de la destruction. Il est, en particulier, dans une action et une réaction constante avec l'air atmosphérique. Lorsqu'il est placé sous un récipient fermé avec du mercure, il attire fortement le gaze oxigène, lui communique du carbone, et le change en gaz acide carbonique. Si le récipient est fermé avec de l'eau, il se fait un vide dans lequel l'eau s'introduit, en absorbant le gaz acide carbonique : il se fait ainsi une consommation insensible d'humus. Il n'en est point de même du charbon de bois parfait ; il faut donc que ce phénomène provienne de la combinaison particulière du carbone avec l'hydrogène et l'azote. C'est vraisemblablement en produisant ainsi du gaz acide carbonique, que l'humus agit sur la végétation, soit directement, soit par le moyen du sol, surtout lorsque la fane des plantes couvre fortement ce sol, et par là empêche la trop prompte évaporation de la colonne d'air enveloppée de gaz acide carbonique. De Saussure trouva que des plantes chargées de sucs et à moitié sèches, lorsqu'il les plaçait sur de l'humus ou sur une terre qui en était abondamment pourvue, se rétablissaient d'une manière évidemment plus prompte, que lorsqu'elles étaient déposées sur un terrain maigre et humide. D'après les expériences faites sous le récipient, on peut calculer quelle énorme quantité de gaz acide carbonique doit se dégager d'un journal de terre riche en humus.

§ 517.

Dans le même temps l'humus éprouve encore un autre changement, que de Saussure nous a également appris à connaître d'une manière plus particulière. Il s'y forme une certaine matière qui est soluble dans l'eau, et qu'on nomme *matière extractive*. L'on sépare cette substance, en faisant bouillir à différentes reprises, avec de l'eau, l'humus qui a été exposé à l'air ; en évaporant cette décoction, on obtient alors pour résidu un extrait d'un brun noirâtre. Lorsque, à la suite de coctions réitérées, l'humus semble être entièrement privé de cette matière soluble, et qu'on le met pendant quelque temps en contact avec l'atmosphère, on peut derechef en obtenir de la matière extractive; si au contraire on conserve l'humus dans des vases fermés, il ne fournit plus de cette matière. Suivant de Saussure, l'humus qui est ainsi privé de sa matière extractive soluble, est moins fécond, il contient proportionnément moins de carbone que celui qui n'a pas été soumis à la coction. De Saussure vit la matière extractive détrempée dans l'eau, passer immédiatement dans les racines des plantes; il paraît donc que cette substance est, après l'acide carbonique, une des matières les plus propres à introduire des alimens, et en particulier du carbone, dans les suçoirs des plantes. On n'obtient que peu de matière extractive du vieux humus par la simple pression, et à moins de lui faire subir une coction; en revanche on en obtient davantage de l'humus récent ou mêlé d'engrais animaux. Cette matière extractive s'altère lorsqu'elle est exposée à l'air. Alors il se forme sur sa dissolution une pellicule qui, lorsqu'on secoue le vase, se précipite en flocons, et est bientôt remplacée par une nouvelle. Ce précipité est devenu insoluble dans l'eau, mais il redevient soluble lorsqu'on y joint un alcali. Une grande partie de l'humus que nous rencontrons dans la nature, paraît consister dans la substance qui en a été ainsi séparée, et qui est devenue insoluble.

## § 518.

Les alcalis fixes dissolvent presqu'entièrement, tant l'humus, que cette partie de la matière extractive qui était ainsi devenue insoluble; pendant leur action,

il se dégage de l'ammoniaque. Cette dissolution est décomposée par les acides, qui en précipitent une poudre
inflammable, mais dont la quantité est petite, en proportion de celle de l'humus. L'alcool ne dissout pas
l'humus; il n'en sépare qu'un peu de matière extractive et de résine.

§ 549.

L'humus n'est pas susceptible de putréfaction proprement dite, il paraît au contraire être en opposition
avec elle, car la matière extractive peut entrer en fermentation putride lorsqu'elle est séparée, tandis qu'elle
n'en est pas susceptible, aussi long-temps qu'elle est
combinée avec les autres parties de l'humus. Cependant la végétation des plantes, et la formation tant
de l'acide carbonique que de la matière extractive,
qui a lieu lorsque l'humus est exposé à l'air, consu-
ment à la longue entièrement l'humus, si l'on ne
remplace par de nouveaux engrais les sucs que la
végétation absorbe. S'il en était autrement, l'humus
devrait s'être amassé à la surface du sol en quantité
beaucoup plus grande qu'on ne l'y trouve effectivement. « La destructibilité de cette terre végétale, »
dit de Saussure le père, « est un fait au-dessus de
» toute exception, et les agricoles qui ont voulu
» suppléer aux engrais par des labours trop fréquem-
» ment répétés, en ont fait la triste expérience, ils
» ont vu leur terre s'appauvrir graduellement, et
» leurs champs devenus stériles par la destruction de
» la terre végétale. » Probablement il fait ici allusion
aux expériences que son compatriote de Châteauvieux
faisait près de Genève, sur la méthode de semer en

lignes sans fumier, recommandée par Tull, et décrite fort au long par Duhamel, dans son traité sur la culture des terres, et tous les jours encore nous avons de tels exemples devant les yeux. Pour empêcher l'épuisement de l'humus, il suffit de rendre au sol, en engrais, une partie de ce que la végétation lui enlève, parce que celle-ci produit plus qu'elle n'absorbe, de sorte que si tout ce qui croît sur le sol y était décomposé par la putréfaction, l'accumulation de l'humus devrait être très-considérable, ainsi que cela a lieu en effet dans les forêts anciennes et dans les plaines inhabitées qui ont une position favorable à la végétation.

## § 520.

Suivant les espèces de terrain auxquelles l'humus est incorporé, il se comporte d'une manière différente et il produit des effets variés. Au moyen de sa ténacité, l'argile retient les particules d'humus qui sont mélangées avec elle et divisées, elle les protége davantage contre l'influence de l'air atmosphérique, par conséquent contre la décomposition. C'est par cette raison que, pour se montrer fertile, il faut que cette espèce de terre soit imprégnée de beaucoup d'humus, parce que les plantes ne peuvent pas étendre leurs racines dans l'argile avec autant de liberté et dans tous les sens. Ainsi elle a besoin d'être abondamment fumée, lorsque pour la première fois elle doit être mise en culture, sans avoir reçu de la nature beaucoup d'humus; mais si elle est imprégnée de cette substance, elle demeure d'autant plus long-temps féconde, sans avoir besoin de nouveaux engrais. Au

reste, l'argile paraît aussi se combiner avec l'humus,
d'une manière intime et chimique, de sorte que
celui-ci perd en quelque façon ses propriétés, surtout sa couleur noire. Nous avons analysé des espèces
d'argile tout-à-fait blanches ou à peu près, et chez
lesquelles on ne remarquait d'ailleurs aucun indice
d'humus ; soumises au feu d'ignition, ces argiles
devenaient noires et annonçaient par plusieurs indices qu'elles contenaient du carbone hydrogéné : à
une plus grande chaleur, la couleur noire disparais-
sait, et ces argiles perdaient considérablement en
poids. Il arrive fréquemment que le sol arrosé dans
les bas-fonds paraît tout-à-fait blanc ; cependant sa
grande fécondité fait supposer qu'il contient une
forte proportion d'humus ou des substances dont cet
humus est composé. Dans les terrains ainsi arrosés,
on trouve l'humus presque toujours combiné intimement avec l'argile ; ce mélange est opéré par l'eau que
charrie l'humus et le dépose sous la forme de limon.

### § 521.

On ne peut attribuer au sable, sur l'humus, qu'une
action purement mécanique ; l'absence de cohésion
dans ses parties, qui distingue le sable, facilite à l'air
atmosphérique la libre entrée dans toutes les parties
de l'humus, il favorise la séparation du carbone, sous
la forme d'acide carbonique, et celle de la matière
extractive ; il décompose plus promptement l'humus.

Lorsque l'humus est suffisamment mêlé de sable,
sans que pourtant il lui manque d'humidité, le terrain
est extraordinairement fertile, mais aussi sa fécondité
est d'autant plus vite épuisée, parce qu'alors l'humus

est plus promptement absorbé. Il y a dans les marais
de l'Oder, des places où, sur le sable amassé par le
cours de l'eau, on trouvait, il y a dix ou douze ans,
encore une forte couche d'humus; cet humus s'est
épuisé d'une manière frappante, de sorte qu'on n'y
voit plus, aujourd'hui, que le sable mouvant. Au
printemps, cependant, ces places stériles même se
couvrent d'un beau gazon vert, ce qui est fort
étonnant et ne peut être expliqué que par la quantité
de gaz acide carbonique qui se développe dans ces
marais. En revanche, le terrain mêlé de trop d'humus
y est amélioré par une plus longue culture. Si l'on
mêle du sable avec de l'humus spongieux et pulvérulent, qui s'est accumulé sans addition de terres élémentaires, ce mélange améliore beaucoup cet humus;
le sable lui donne une sorte de cohésion, il n'est
alors point aussi spongieux, il n'absorbe pas trop
d'humidité, et il donne aux racines des plantes plus
de consistance et de solidité. Cela se vérifie dans les
lieux où l'on peut amender avec du sable, et où cette
opération produit des effets tellement grands, qu'ils
dépassent même ceux qu'on pourrait attendre du
fumier. Le sable décompose aussi l'humus acide et la
tourbe, ou plutôt ces substances sont débarrassées par
lui de leur humidité surabondante, et ensuite elles
sont décomposées par l'atmosphère.

## § 522.

L'humus qui a été long-temps soustrait à l'action
de l'air, donne des résultats tout différens de ceux
qu'on obtient de l'humus qui a été exposé aux influences de l'atmosphère, et cela, soit que ce premier

étant en couches épaisses, sa partie inférieure ait été préservée parce qu'elle était au-dessous, soit qu'il ait été recouvert par de la terre ou de l'eau. Cet état n'a point encore été assez approfondi, nous n'avons encore acquis que des probabilités sur la nature des changemens qu'éprouve l'humus, lorsqu'il est ainsi soustrait, pendant long-temps, à l'action de l'air, mais il possède des propriétés particulières, lors même qu'il ne contient pas d'acide.

Nous en trouvons souvent de cette espèce, amassé dans des bas-fonds, surtout près des forêts. L'eau qui s'y jetait dès les hauteurs environnantes, y a entraîné toutes sortes de végétaux et même de l'humus déjà formé; elle les y a déposés quelquefois en lits trés-épais; à la vérité cet humus est presque toujours mêlé d'une terre semblable à celle des environs. Cet humus, du moins celui qui est à une plus grande profondeur, a été mis hors du contact de l'air, il s'est décomposé d'une manière particulière, et, comme de lui-même, il a produit en lui des matières d'une espèce différente. Il est très-vraisemblable que la formation de l'acide carbonique et de la matière extractive, ne peut avoir lieu sans le concours de l'air. Probablement une partie de l'hydrogène et de l'oxigène est transformée en eau, une autre partie de l'hydrogène dis out du carbone, et s'évapore en gaz hydrogène carboné. Sans aucun doute le carbone est enlevé à cet humus, en plus petite quantité que les autres élémens; il lui arrive ainsi précisément l'opposé de ce qui a lieu pour l'humus exposé à l'air libre.

Ainsi plus long-temps l'humus demeure couvert, plus le carbone doit s'y multiplier. Il éprouve une sorte de carbonisation lente; les couches les plus

profondes de cet humus qui se sont formées plus tôt et
qui sont plus anciennes que les couches rapprochées
de la surface, ont ainsi une apparence plus carbo-
neuse, elles sont plus noires et plus compactes ; dans
la combustion elles donnent plus de charbon que
celles qui sont plus rapprochées de la superficie du
sol. Mais si le carbone ne demeure soluble que dans
sa combinaison avec l'hydrogène, cet humus doit
être d'une décomposition difficile, et par conséquent
moins efficace, jusqu'à ce qu'un plus long contact
avec l'air ait derechef changé sa nature. L'expérience
nous apprend en effet que, mêlé avec du fumier
récent et qui laisse évaporer beaucoup d'ammoniaque,
cet humus devient plus promptement efficace, et souvent on n'aperçoit ses effets sur le sol, que lorsque
le terrain a été amendé avec du fumier.

Mais la chaux aussi accélère sa décomposition, et
comme souvent on trouve, sous ce terreau, une couche de chaux terreuse produite par des coquillages,
ce mélange peut quelquefois se faire avec une grande
facilité : il en est presque de même de l'humus ou du
terreau qui a séjourné sous l'eau. Si cette eau ne le recouvre que superficiellement, de manière à le laisser
de temps en temps à sec, et par conséquent en contact avec l'air, il produit son effet beaucoup plus
promptement.

## § 523.

Lorsque l'humus demeure toujours dans l'humidité,
sans cependant qu'il soit entièrement couvert d'eau,
il s'y développe un acide qui est très-sensible à l'odorat, et qui est plus particulièrement caractérisé par la

propriété de rougir le papier bleu. Ces circonstances
sont connues depuis long-temps ; ce sont elles qui ont
fait donner la qualification *d'acides* aux prairies et
aux terrains qui présentaient ce phénomène, et cela
avec raison, quoique souvent on ait abusé de cette expression. Nous avons examiné ces faits de plus près,
et recherché la constitution particulière de cet acide ;
au premier abord nous avons dû envisager celui-ci
comme étant d'une nature distincte, et ayant le carbone pour base ; mais nous nous sommes ensuite
convaincus que cet acide est composé en plus grande
partie d'acide acétique, quelquefois aussi d'acide phosphorique. L'acide phosphorique adhère fortement à
l'humus, de sorte qu'on ne peut l'en séparer, ni au lavage ni par la coction. Le liquide dans lequel l'humus
est mis en ébullition, prend à la vérité une saveur
acide, mais la plus grande partie de l'acide demeure
attaché à l'humus. Ce que l'eau a pu dissoudre consiste
dans une petite quantité de matière brune, cassante
lorsqu'elle est sèche, qui diffère beaucoup de la matière
extractive de l'humus ordinaire, et n'a pas la propriété de se précipiter de l'eau, lorsqu'elle est exposée à
l'air. En revanche cet humus acide contient une grande
quantité de matière extractive insoluble, qui, fréquemment, constitue la plus grande partie de son poids.
Lorsqu'il est digéré dans une lessive alcaline, la lessive devient d'un brun foncé, et elle est épaissie par
la dissolution de plusieurs substances. Si l'on verse
un acide dans cette lessive, la matière extractive se
précipite en flocons bruns, et, ce qui est remarquable,
si l'on y joint un peu plus d'acide que cela n'est nécessaire pour neutraliser l'alcali, elle absorbe derechef
l'acide acéteux et phosphorique, de sorte qu'elle re-

devient tout aussi acide qu'elle l'était auparavant. Mais s'il y a précisément autant d'acide qu'il en faut pour saturer l'alcali, les acides demeurent combinés avec l'alcali dans le liquide, et alors la matière extractive cesse d'être acide. Cet humus acide contient de l'ammoniaque qui, auparavant combiné avec l'acide, devient très-remarquable par une odeur piquante, lorsqu'on traite la solution par les alcalis.

## § 524.

Cet humus acide n'est point fertile, au contraire il est nuisible à la végétation. Si l'acide est fort, et s'il a pénétré la totalité de l'humus, on ne voit plus végéter dans celui-ci qu'un petit nombre de plantes d'un cutilité secondaire, les *joncs*, les *carex*, les *linaigrettes*, etc. Ces plantes, surtout les joncs, sont ses habitans les plus ordinaires, et là où on les trouve, on peut avec certitude conclure que le sol contient beaucoup d'humus acide.

Lorsqu'on a laissé sécher le terreau, et qu'on l'a débarrassé de l'excès d'humidité qui favorisait la reproduction des acides, on a des moyens de lui enlever cette propriété nuisible, et de le changer en humus fertile. On trouve alors en lui un trésor de substances nutritives végétales, recélé par la nature et qu'on peut employer avec le plus grand avantage, soit sur la place même, soit en le transportant, comme engrais, sur les champs. On sait en effet que, par le moyen de l'alcali, des cendres, de la chaux et de la marne, il peut être débarrassé de son acide et rendu facilement soluble ; et si même on n'a pas ces matières à sa disposition, on trouve, dans l'humus lui-même, un remède très-efficace ; il suffit de lui faire subir le brûlement. Par ce moyen on tire de l'humus cet alcali et cette chaux qui produisent de si bons effets; outre cela le feu a la propriété de détruire en plus grande partie l'acide, et c'est par cette raison que l'écobuage est si avantageux aux terrains de ce genre.

§ 525.

Cet humus acide est produit par des végétaux qui contiennent beaucoup de tannin, ou du moins quelque chose de pareil, et en particulier par la bruyère, lors même qu'elle végète dans les lieux secs. Dans les places où cette famille de plantes vivaces a pris possession du sol, on trouve souvent une terre dont la couleur tout-à-fait noire est essentiellement due à l'humus, quoique, suivant toutes les apparences, le fer y ait aussi quelque part. A la vérité cet humus est absolument insoluble, il ne favorise la végétation que des seuls végétaux dont il est provenu, et ces végétaux ne prospèrent que là seulement où ils le trouvent. La bruyère ne réussit que difficilement dans les lieux où il n'existe pas de cet humus; et là où elle est établie, elle ne souffre que peu d'autres plantes. Cet humus peut être métamorphosé par un amendement composé de marne, de chaux et d'ammoniaque, et, dans ce cas, la bruyère ne tarde pas à être détruite ; l'écobuage produit aussi quelque effet, seulement on peut difficilement entretenir un feu assez vif pour produire une combustion complète.

La feuille de quelques arbres, surtout celle du chêne, produit également un humus de cette nature, si, lors de sa putréfaction, elle n'est pas décomposée par un fumier animal très-chaud, ou par de la chaux

et des alcalis. Cependant peu à peu cet humus, lorsqu'il est exposé à l'air, perd ses propriétés nuisibles,
et il est enfin transformé en humus doux ; mais c'est
plus tard seulement qu'il produit de l'effet.

$$\S\ 526.$$

Il paraît aussi qu'il y a une différence sensible dans
l'humus nouvellement formé, entre celui qui est le
résidu d'une putréfaction complète, et celui dont les
élémens n'ont été décomposés qu'en partie, et parce
qu'il leur manquait les conditions de la putréfaction,
la chaleur et l'humidité, tandis que l'air y avait plus
facilement accès. Cette différence n'a pas encore été
suffisamment approfondie ; cependant celui-là paraît
contenir évidemment moins de charbon ; il ne donne
que de la fumée lorsqu'on y met le feu, tandis que le
second est plus noir, a plus de charbon, brûle par conséquent plus librement, et dégage plus de calorique.
Le plus grand nombre des expériences que de Saussure en particulier a faites sur l'humus ont eu lieu sur
la première espèce, parce qu'on pouvait la recueillir
plus facilement pure dans la tige des saules et d'autres
arbres pourris. L'on trouve souvent, dans d'anciens
marais qui ont été desséchés, un humus très-sem-
blable au bois pourri, qui forme, à lui seul, la principale partie constituante du sol, jusqu'à une profondeur d'un et demi jusqu'à deux pieds. Un terrain de
cette nature, quoique très-riche en sucs nutritifs,
n'est cependant point favorable à l'agriculture et aux
céréales en particulier. Je demeure encore dans le
doute si cela provient uniquement de ce que le sol n'a
pas assez de consistance, ou s'il est dû à quelque pro-

priété particulière de cet humus : nous faisons actuellement des expériences à ce sujet. L'analogie qui
existe entre cet humus et le terreau des saules nous
confirme dans l'observation que *l'oreille de souris,
ceraiste (cerastium vulgatum)*, est, de toutes les
plantes, celle qui couvre le plus souvent les places où
il se trouve.

### § 527.

Enfin l'humus, surtout celui qui s'est formé récemment, est essentiellement différent, suivant que c'est
la putréfaction des corps végétaux ou celle des animaux qui a eu le plus de part à sa composition. Dans
ce dernier cas, il contient plus d'azote, de soufre et
de phosphore, ce qui, lorsqu'on le brûle, est indiqué
d'une manière sensible par l'odeur qu'il répand, laquelle est semblable à celle des corps animaux brûlés.

Nous avons besoin de recherches pneumatiques sur
l'humus, plus précises que celles qui nous sont connues, pour pouvoir fixer les proportions des diverses
parties intégrantes qui entrent dans ses diverses espèces.

### LA TOURBE.

### § 528.

La *tourbe* est aussi une espèce d'humus. On a eu
des opinions très-diverses sur l'origine et sur la nature
de cette substance ; autrefois on lui attribuait une
origine minérale, ou tout au moins sémi-minérale ; on
croyait que c'était une masse réunie et mêlée de parties bitumineuses ; mais cette opinion a été abandon-

née il y a long-temps. A la vérité, l'on rencontre des espèces de tourbe qui sont imprégnées de bitume ; mais il en est aussi qui n'en contiennent pas du tout ; et si même il y avait du bitume, il est bien démontré aujourd'hui que cette substance elle-même tire son origine du règne végétal. La tourbe n'est autre chose qu'une substance produite par l'accumulation des débris de plantes plus ou moins décomposées ; elle se forme dans les lieux bas et humides, où il croît des mousses et des plantes herbacées d'une décomposition difficile, et qui ainsi s'entassent et se réunissent au limon et aux diverses matières que les eaux y amènent ; le tout s'amoncèle, les végétaux se putréfient et perdent toujours plus leur tissu organique à mesure qu'ils y séjournent plus long-temps, et ils sont enfin réunis en une masse compacte et spongieuse. Si la putréfaction est tellement avancée que le tissu organique soit tout-à-fait détruit, la tourbe n'est plus qu'un humus, c'est-à-dire un humus acide ; car, lorsqu'il a un peu de consistance et qu'il n'est pas trop mêlé de terre, il peut très-bien être employé comme tourbe à brûler. Les plantes dont la tourbe est formée, et au moyen desquelles elle augmente d'épaisseur, sont uniquement celles qui séjournent dans les lieux humides ; les *carex* (*carices*), la *linaigrette* (*eriophorum*), le *lédon des marais* (*ledum palustre*), et surtout la *sphaigne des marais* (*sphagnum palustre*), composent son tissu. Cependant l'on a jusqu'ici attribué à la sphaigne des marais une part principale à la formation de la tourbe, et il est vrai en effet qu'elle y contribue pour beaucoup. *Van Marum*, cet estimable naturaliste hollandais, envisage une autre plante, la *conferve des ruisseaux*, comme principal élément de la tourbe, de sorte qu'il est même de l'opinion qu'on peut se procurer la tourbe, qu'on peut l'introduire sur un terrain, seulement en naturalisant cette plante dans quelque lieu humide.

Les circonstances sous lesquelles la tourbe se forme peuvent varier beaucoup; la position du sol relativement à la contrée qui l'entoure, surtout relativement aux bassins d'eau voisins, et au degré d'humidité qui en résulte, puis aussi la nature des plantes qui servent d'élémens à la tourbe, et enfin celle de la couche inférieure du sol, peuvent beaucoup varier d'un lieu à l'autre, et c'est là sans doute ce qui produit toutes ces différences que nous remarquons dans les tourbes.

Dans un lieu où tout favorisait une prompte décomposition, on trouve la tourbe en masse homogène, pesante et noire. Dans d'autres où la décomposition ne s'opérait que lentement, on la rencontre en masse légère et meuble; on y voit une grande quantité de filamens de plantes, qui n'ont pas encore pu être totalement décomposés; quelquefois même elle en est presque entièrement formée; d'autre fois aussi, par un procédé de la nature qui n'est pas encore suffisamment connu, il s'y est réellement formé du bitume. La tourbe présente encore plusieurs autres irrégularités, qui tombent plus ou moins sous les sens, et dont quelques-unes ne peuvent être aperçues que dans une analyse plus précise. Souvent dans un même lieu, la tourbe offre de grandes différences. Au-dessus on trouve ordinairement une tourbe molle et filamenteuse; plus bas cette tourbe perd en partie cet état, et plus on pénètre, plus on la trouve compacte, solide, dure et noire. Cela peut au reste facilement être expliqué; la tourbe ne se forme pas toute à la fois, mais peu à peu

et par couches successives : lorsqu'une génération de
plantes est périe, il s'en forme une nouvelle sur ses
débris, et ainsi la masse s'augmente peu à peu. Les
couches inférieures sont donc plus anciennes que les
supérieures, la décomposition est plus avancée chez
elles; et comme plus cette décomposition avance, plus
les débris des plantes sont mis dans un état de carbonisation, les couches inférieures doivent nécessairement
être plus putréfiées, plus noires et plus carboneuses.

La tourbe se rapproche d'autant plus de l'humus,
que les fibres végétales y sont plus décomposées. Seulement elle diffère de l'humus qui existe dans les champs,
dans les forêts et dans d'autres places, parce qu'elle
doit son existence à d'autres causes. D'ailleurs l'humus
qui est formé par la putréfaction de corps végétaux
n'est pas exposé à une humidité aussi continue que
la tourbe; la terre du sol avec lequel il est mêlé agit
sur lui, tandis qu'elle n'existe point dans la tourbe
proprement dite. Dans le plus grand nombre de cas,
la tourbe a beaucoup de rapports avec l'humus acide,
et quelquefois elle en a les propriétés à tel point, qu'on
doit nécessairement confondre ces deux substances.

Comme l'humus acide, la tourbe contient, en effet,
de l'acide acéteux, de l'acide phosphorique et de l'ammoniaque. Mais lors même qu'elle ne contient pas d'a-
cide, elle possède néanmoins une grande quantité de
matière extractive insoluble, et cette matière peut
être rendue soluble par la potasse et les cendres.
Quelquefois on trouve dans la tourbe des pyrites; sans
doute elles y ont été apportées du dehors, mais on ne
sait pas comment. Dans la combustion, cette tourbe
répand alors une odeur de soufre, et elle produit aussi
quelquefois à sa surface un sel qui a une odeur d'en-

cre et qui n'est autre chose que du sulfate de fer (vitriol).

Tout comme l'humus est un composé de carbone, d'hydrogène, d'azote et d'oxigène, de même ces substances sont aussi les parties constituantes de la tourbe. Lorsqu'on soumet la tourbe à une distillation à sec, l'on en obtient les mêmes substances que l'humus donne dans cette opération, mais en proportions différentes, parce que le carbone existe en quantité plus grande dans la tourbe. Au reste les tourbes ne contiennent pas toutes une égale proportion de carbone. Plus la tourbe est vieille, plus elle en possède, et comme, pour brûler, sa bonté dépend de la quantité de carbone qu'elle contient, il s'ensuit que la plus vieille est la meilleure. Son exposition dans un lieu sec et son mélange avec de la potasse ou de la chaux peuvent lui faire subir une décomposition qui la délivre de son acide, et qui la change en un humus doux et fertile. Nous traiterons plus au long ce sujet, lorsque nous nous occuperons de l'amendement des terres.

§ 520.

Une autre substance combustible qu'on trouve quelquefois peu au-dessous de la surface du sol, et quelquefois sous les marais tourbeux, c'est le *charbon de terre* ou de *pierre, bois bitumineux*. Non-seulement, ce charbon sert à l'agriculteur comme combustible, surtout pour calciner la chaux; mais encore il paraît donner une sorte d'engrais, qui n'est jamais plus active, que lorsqu'elle est mêlée de pyrites sulfureuses et de fer, parce que la décomposition des premières y forme du vitriol de fer, lequel, dans cette combinaison et épandu en petite quantité sur les terres, semble être favorable à la végétation.

# LES DIVERSES ESPÈCES DE TERRAINS, LEUR VALEUR, LEUR EMPLOI ET LEURS PROPRIÉTÉS, DANS LEURS RAPPORTS AVEC LES PROPORTIONS DES PARTIES CONSTITUANTES DU SOL.

## § 530.

Chacune des substances dont nous venons de parler, lorsqu'elle demeure seule et isolée, constituerait un terrain stérile ou du moins impropre à l'agriculture. Le meilleur de tous les sols ne peut être le résultat que des plus heureuses proportions de leurs mélanges, et l'infinie variété de ces proportions produit cette innombrable variété de terrains qu'on rencontre dans la nature et qui ne sont séparées les unes des autres par aucune limite, par aucune détermination précise, mais seulement par des nuances imperceptibles.

Jusqu'à présent on a classé les diverses espèces de terrains d'une manière pratique, selon le degré de fécondité qu'on observait en elles, et suivant les genres de produits, plus ou moins précieux, qu'elles pouvaient rapporter en abondance; mais cette classification a paru vicieuse, et ne pouvait en effet que l'être, aussi long-temps qu'elle n'avait pas pour base la connaissance des parties constituantes dont le sol est composé. En revanche lorsqu'on a essayé de classer les différens terrains d'après la nature des parties constituantes dont ils étaient composés, on a fait trop peu d'attention à leur fertilité et aux effets qu'ils produisaient dans leur culture; et il ne paraît pas qu'on ait fait là-dessus des expériences positives,

13.

du moins ne les a-t-on pas communiquées. Nous avons d'abord analysé chimiquement plusieurs centaines d'espèces de sols, et en même temps nous avons cherché à nous procurer les renseignemens les plus précis sur les résultats que chacun d'eux produisait en agriculture et dans la végétation. Les lumières que nous en avons tirées nous ont, à la vérité, mis en état de pouvoir traiter ce sujet d'une manière plus précise qu'on ne l'a fait précédemment; cependant, jusqu'à ce jour, elles ne suffisent point encore pour éclairer ce sujet au point de lever tous les doutes, comme il semble que cela pourrait avoir lieu, et comme, vraisemblablement, cela sera dans la suite. Ainsi donc, lors même qu'on ne doit envisager ce qui va suivre, que comme un premier et par conséquent toujours imparfait essai d'une détermination et classification des diverses espèces de sol, je l'envisage cependant comme utile, parce que, le premier, il ouvre la route par laquelle nous devons arriver à des résultats plus précis.

Dans l'estimation, d'après leurs parties constituantes, que je vais faire des diverses espèces de sol, je supposerai avant tout que ces terrains sont dans une égalité parfaite, quant à leurs autres circonstances, leur position, leur degré d'humidité, leur profondeur, la couche qu'ils recouvrent, etc., et que, d'ailleurs, ils sont exempts de défauts à cet égard. Dans la suite nous reviendrons sur ces propriétés, et nous apprécierons l'influence qu'elles exercent sur les différens sols.

### § 531.

L'humus, ainsi que nous l'avons dit plus haut, est

cette substance qui, dans le sol, donne aux plantes
leur nourriture. La *richesse du sol*, ou la qualité
qu'il possède lorsqu'on dit qu'il est *gras* ( quoique
souvent on entende par là sa qualité plus ou moins
argileuse), dépend donc essentiellement de l'humus
et de ses proportions. Mais cette matière exerce aussi,
physiquement, et en tant qu'elle ne peut pas être
décomposée, une influence sensible sur le sol ; elle
rend poreux le terrain argileux, elle favorise l'action
de l'air sur lui, son ameublissement et sa pulvérisation ; elle donne de la consistance au sable, et, mêlée
avec lui, elle lui donne plus de disposition à retenir
l'humidité. Pour les uns et les autres, elle produit ces
effets d'une manière plus sensible qu'elle ne le ferait
pour elle-même, étant isolée ; de sorte que le terrain
mêlé de sable et d'humus dans de bonnes proportions
a plus de consistance et retient mieux l'humidité, que
si l'une de ses parties constituantes prédominait.
L'humus rafraîchit le terrain qui a une trop grande
proportion de chaux : comme on le dit vulgairement,
il le rend plus doux, moins irritant, il lui donne plus
de consistance, et il empêche que l'humidité ne s'en
évapore trop facilement.

Cependant cette substance fécondante peut exister
dans le sol en trop grande quantité ; celui-ci devient
alors trop meuble et trop spongieux, il n'a plus la consistance nécessaire pour servir d'appui aux racines des
plantes. Dans cet excès, le sol absorbe l'eau comme une
éponge ; lorsque la température est humide, il se remplit d'eau et devient presque marécageux, de sorte que les
plantes qui y végètent souffrent tous les maux qu'une
humidité excessive leur communique ordinairement,
qu'elles prennent des maladies et périssent. Dans la

sécheresse, au contraire, il laisse trop facilement évaporer l'eau, et devient alors sec et pulvérulent à sa superficie; les semences qui y sont déposées ne peuvent pas germer, ou, ce qui est aussi fâcheux, elles sèchent et périssent après avoir germé. A quelques pouces de plus en profondeur, où il n'est pas en contact avec l'atmosphère, il peut, en revanche, être encore tellement humide, qu'en le serrant dans la main, l'on puisse en faire dégoutter l'eau. Outre cela, à chaque changement sensible de température, un sol ainsi surchargé d'humus se contracte, ou s'enfle, ce qui fait que les racines des plantes sont détachées et soulevées, et que souvent elles ne tiennent plus à la terre que par l'extrémité de leurs racines, ou que même elles sont arrachées. Aussi les terrains de ce genre conviennent-ils beaucoup moins aux grains d'automne qu'à ceux de printemps, et, parmi ces derniers, moins à l'orge qu'à l'avoine, qui est beaucoup plus ferme. Enfin, plus que les céréales, ils favorisent les diverses sortes de mauvaises herbes, qui y font des progrès si rapides qu'elles étouffent les premières.

Ainsi le sol qui contient une trop grande proportion d'humus, même d'humus bon et doux, n'est en aucune manière le plus profitable, quoiqu'on puisse l'employer comme engrais pour amender un autre terrain.

S'il est humide, il est plus propre à être transformé en prairies; et s'il n'est pas marécageux lorsqu'il a été ensemencé avec des graminées convenables, avec le *vulpin des prés* (*alopecurus pratensis*), les plus grandes variétés de *poa* et de *fétuque* (*festusca*), il forme alors les prairies les plus riches; s'il est sec, on

peut quelquefois l'améliorer en y transportant des espèces de terres plus maigres, ou, plus facilement et
d'une manière plus convenable, par l'opération de l'é-
cobuage, qui consume et transforme en cendres une
partie de l'excès d'humus contenu dans le sol ; mais
après cette dernière opération, il faut veiller à ce que
les grains n'y versent.

§ 532.

De tous les terrains, c'est l'argile qui peut supporter la plus grande proportion d'humus, parce que les
propriétés de celui-ci corrigent les défauts de celle-là.
Je ne me permettrai point encore de décider jusqu'à
quel degré l'addition d'humus augmente la valeur et la
fécondité du terrain argileux. Le terrain le plus riche
que nous ayons analysé, et qui avait été pris dans les
marais de l'Oder, contenait 19 pour 100 d'humus,
70 pour 100 d'argile, un peu de sable fin, et de la
chaux en quantité à peine sensible ; mais ce terrain
était placé trop bas, il était trop humide pour qu'on
pût apprécier convenablement sa fécondité. A cause
de cet inconvénient, on ne pouvait pas y cultiver des
grains d'automne, et les grains de printemps n'y
étaient pas d'une réussite assurée. Au reste, il avait
assez de consistance, et un degré très-convenable
d'adhésion avec l'eau. D'ailleurs 11 et 12 pour 100 sont
la plus grande proportion d'humus que nous ayons
trouvée dans la terre argileuse, dans ce que nous appelons *terre grasse*. Mais nous n'avons pas eu l'occasion d'analyser de ces terrains inépuisables qui, sans
recevoir des engrais, peuvent rapporter tous les ans
des produits récoltés à leur maturité, et chez lesquels

on assure ne remarquer aucune diminution de fécondité, pourvu que d'ailleurs ils reçoivent une culture suffisante, de ces terrains qui sont plutôt détériorés qu'améliorés par l'addition du fumier.

On assure qu'on en trouve de tels dans l'Ukraine, en Hongrie, dans les bas-fonds de la Theis et, dans plusieurs autres lieux, sur des espaces d'une petite étendue, même en Allemagne. Plusieurs des terrains que nous avons analysés passaient pour être inépuisables ; cependant, après qu'on les eut enlevés à la mer, ou que, pour la première fois, on en eut rompu le gazon et qu'on les eut mis en culture, on s'aperçut que, après avoir rapporté une série de récoltes amenées à leur maturité, ils finissaient par avoir besoin d'engrais, si on ne les remettait pas en herbages ou en pâturages, pour leur faire regagner des sucs, ou si, en les défonçant, en les labourant avec la bêche, etc., on ne ramenait à leur surface de la terre, non épuisée, des couches inférieures. Il n'y a plus qu'un petit nombre de contrées où l'on croie pouvoir se passer entièrement de fumier, et ce sont celles où le sol est consacré plutôt aux herbages et à l'entretien du bétail qu'à la culture des grains.

Le sol argileux le plus riche que nous ayons analysé, et dont la fécondité était envisagée comme le *non plus ultra,* était tiré de la rive droite de l'Elbe, à quelques milles de son embouchure, et était composé, ainsi que je l'ai dit, de 11 ½ pour 100 d'humus, avec 4 ½ pour 100 de chaux, et d'ailleurs en plus grande partie d'argile, avec un peu de silice grossière, et une assez grande proportion de silice fine, qui ne pouvait en être séparée que par l'ébullition. Il avait, à la vérité, beaucoup de cohésion : mais lorsqu'il était modérément humide, il n'était pas très-tenace. On lui faisait produire les récoltes les plus riches, du colza, du froment, de l'orge d'automne, des fèves ; mais tous les six ans il avait besoin d'être fortement amendé avec du fumier, et de recevoir une jachère.

Nous avons trouvé de l'humus mêlé en différentes proportions avec de l'argile, dans de ces terrains bas qui, surtout lorsqu'ils sont soumis à un bon assolement, sont d'une fécondité extrême. Un terrain du pays de Budjading, qui, dans tous les environs, était envisagé comme le plus fertile, contenait 8 ½ pour 100 d'humus et 3 à 4 pour 100 de chaux ; le surplus était de l'argile presque pure. Un terrain du bailliage de Wollup, qui contenait 6 ½ pour 100 d'humus, était encore un excellent terrain à froment, puisque la troisième récolte de cette espèce de grain, qu'il produisait depuis qu'il avait été fumé, était encore très-vigoureuse.

La couleur foncée du sol n'est pas toujours en rapport avec la quantité d'humus que ce sol contient. Quelquefois le sol est blanchâtre, comme je l'ai dit plus haut, et il contient cependant une plus grande proportion d'humus qu'un autre qui a une couleur plus foncée ; mais cette dernière couleur se développe lorsqu'on fait subir à ce terrain l'incandescence dans un creuset fermé.

On ne rencontre ces riches terrains argileux et glaiseux que dans des bas-fonds sur lesquels les eaux ont déposé une couche plus ou moins épaisse de limon ; ainsi, au bord des rivières dont le cours s'est étendu d'une manière douce et insensible, et s'est retiré de même, ou dans des vallées qui formaient des lacs avant que les eaux se fussent frayé une autre route. On range les terrains de cette espèce dans la première classe, et on les caractérise ordinairement sous la dénomination de *riche terre à froment*, parce que, dans le système de culture avec assolement triennal et jachère, ils peuvent rapporter trois récoltes de froment avant d'être fumés de nouveau.

Cependant les terrains compris dans cette classe ont des nuances dans leur fertilité et leur valeur. Je ne me permettrai pas de décider si l'on peut fixer celle-ci uniquement d'après la proportion d'humus que le sol contient, parce que des comparaisons de fertilité, à des distances éloignées, sont trop difficiles, et que d'ailleurs cette fertilité dépend beaucoup du climat. On ne peut également point encore décider si la plus ou moins grande proportion de chaux et de matière animale, qui vraisemblablement lui est souvent mêlée, influe sur la fécondité.

D'après les résultats de nos recherches, je crois cependant pouvoir établir en principe, que la terre végétale doit contenir au moins 5 à 6 pour 100 d'humus pour pouvoir être comprise dans cette classe. Pour désigner les proportions de valeur des différens terrains, nous fixons à 100 celle du terrain le plus fertile ; au reste cette valeur est augmentée ou diminuée par l'influence que la position et les autres circonstances de ces terrains ont sur leur utilité.

§ 533.

On ne doit point comprendre dans la classe des terrains que je viens de désigner, celui où l'humus est mêlé avec une moindre proportion d'argile et

une plus grande de sable ; le composé qui en résulte
n'a point de liaison ; il se laisse à la vérité facilement
imbiber d'eau, mais, en revanche, il se sèche très-
promptement. Ici la proportion d'humus peut facilement être trop forte. Nous avons analysé un sol qui
contenait 26 pour 100 d'humus, et qui, d'ailleurs, était
composé de parties à peu près égales d'argile et de
sable, et nous l'avons trouvé déjà trop meuble, et
moins favorable à la culture des grains ; lorsqu'il
fut débarrassé d'eau et qu'on eut rompu le gazon, les
premières récoltes qu'il rapporta furent très-riches,
mais sa fécondité diminua bientôt, et quoique, par
d'abondans amendemens, on eût cherché à lui rendre
ce qu'il avait perdu, il ne put pas récupérer son ancienne fécondité.

En revanche, un autre terrain plus sablonneux,
qui contenait environ 10 pour 100 d'humus, nous a
paru très-fertile et propre à toutes sortes de céréales,
excepté au froment ; surtout lorsqu'il avait été laissé
pendant quelques années en pâturage. Cependant ce
terrain demandait beaucoup d'engrais et n'en profi-
tait jamais plus que lorsqu'on les lui donnait pour
la dernière récolte qu'il rapportait avant d'être ainsi
laissé en herbages. Privé d'engrais et de repos,
un terrain de ce genre peut facilement être épuisé,
ainsi que l'expérience le confirme.

Le terrain de cette espèce se lie naturellement avec
celui du § 532, par une transition insensible, et suivant la quantité d'argile qu'il contient. Cependant nous
manquons, jusqu'à ce jour, de données positives sur la
proportion d'argile qu'il doit avoir pour procurer des
récoltes de froment plus sûres et plus répétées.

S'il contient environ 20 pour 100 d'argile pure *, 10 pour 100 d'humus, et le reste de sable, il produit encore de l'excellente orge; s'il contient beaucoup moins d'argile, dans une position ou des années humides, les récoltes d'avoine y sont moins casuelles, et celles de seigle y sont toujours abondantes, pourvu que, en faisant les semailles de bonne heure, on leur assure les forces nécessaires pour résister à l'hiver.

C'est principalement d'après sa consistance qu'on peut l'évaluer; plus il en a, plus il se rapproche de la valeur assignée à la première classe, 100; mais moins il contient d'argile, plus le sable entre dans sa composition, plus facilement aussi il tombe à une valeur de 80 seulement, lors même qu'il contiendrait 10 à 15 pour 100 d'humus. Alors il demeure à ce point, si du moins il n'est pas trop plat et s'il ne repose pas sur du sable pur; d'autant surtout qu'il est extrêmement propre à produire de l'herbe.

L'on ne trouve des terrains de cette espèce que dans des bas-fonds, lesquels manquent rarement d'humidité. Là l'humus a été formé par la décomposition des plantes aquatiques qui s'étaient reproduites, depuis des siècles, dans les eaux qui autrefois couvraient ces places basses ; à la disparition de celles-ci, ces plantes subirent une putréfaction plus ou moins longue : c'est la durée et l'inégalité de cette putréfaction qui fait que cet humus paraît contenir une quantité plus ou moins grande d'acide carbonique.

---

* *Abschwemmbaren Thon*. J'entends ici et j'entendrai toujours dans la suite par *argile pure*, celle qui est débarrassée de la totalité du sable qui peut lui être enlevé par le lavage. (*Trad.*)

## § 534.

Pour les deux espèces de sol dont nous venons de parler, nous supposons toujours que l'humus soit doux, c'est-à-dire qu'il soit exempt d'acide. L'humus acide détruit la fécondité du sol, comme nous le verrons dans la suite ; mais souvent ce sol n'a qu'une très-petite proportion d'acide, de sorte que sa fécondité n'est qu'un peu altérée, encore pas à l'égard de toutes les plantes. A mesure qu'il devient plus acide, ses produits en orge s'appauvrissent ; cependant il rapporte toujours de l'avoine. Le seigle y est exposé à la rouille et y verse facilement. Les grains des céréales y deviennent plus gros et contiennent moins de farine. Les herbes qui y croissent sont, tant pour les espèces que pour leurs sucs, moins agréables au bétail et lui conviennent moins, lors même qu'elles donnent un produit en foin très-considérable. Ainsi, à mesure que l'acidité de l'humus augmente, la valeur du sol diminue et elle baisse successivement jusqu'à celle de l'espèce de terrain que nous nommons terre de marais.

## § 535.

La couleur noire du sol doit faire supposer qu'il contient une abondance d'humus ; cet indice ne peut induire en erreur que dans un petit nombre de cas, lorsque cette couleur du sol provient de l'oxide de fer ou de celui de manganèse, et la fécondité remarquable du terrain coloré par l'humus ne permet pas qu'on s'y méprenne. D'ailleurs tous les doutes sont bientôt levés, si l'on fait subir l'incandescence à une boule de ce terrain placée dans un creuset avec le contact de l'air; dans ce cas, si la couleur foncée provient de l'humus, elle ne tarde pas à disparaître et la terre devient blanche, ce qui n'arrive pas si la couleur était due à l'oxide de fer.

Le moyen le plus simple de déterminer la quantité d'humus, c'est de brûler celui-ci. L'on entretient pendant environ dix minutes en pleine incandescence, un poids déterminé de l'espèce de terrain qu'on veut analyser, débarrassé de filamens et de pierres, et parfaitement sec; on le remue soigneusement avec un tube de verre, et on l'entretient dans cet état jusqu'à ce que la couleur noire en ait tout-à-fait disparu. Pour accélérer la combustion totale de l'humus et abréger l'opération, on joint à la terre un peu de nitrate d'ammoniaque, lequel se volatilise complètement. La diminution du poids indique la quantité d'humus que le sol contenait. Sans doute le terrain, surtout l'argileux, a perdu dans cette opération quelque peu d'eau qui avait avec lui une adhésion telle, qu'elle ne pouvait être détruite que par l'incandescence; mais cela ne peut faire qu'une différence insignifiante, et si la terre a été auparavant bien séchée, l'erreur ne peut s'élever au-dessus de demi pour cent. Si cependant le sol contenait beaucoup de chaux, la volatilisation de son acide carbonique et de son eau de cristallisation serait d'une grande conséquence, et ainsi il faudrait, avant tout, séparer la chaux.

On découvre l'acidité de l'humus en plongeant une bande de papier teinte en bleu avec du tournesol, dans une pâte liquide faite avec la terre qu'on analyse et de l'eau. Si ce papier devient rouge, c'est un signe qu'il y a de l'acide. Du reste, l'humus acide se fait reconnaître déjà par l'odeur qu'il répandlors qu'il est mis en ignition, odeur qui est semblable à celle de la tourbe qu'on brûle. Si, dans sa combustion, l'humus donne une odeur de plumes brûlées, c'est un indice qu'il a une origine animale, et par conséquent qu'il est plus riche et qu'il peut mieux être décomposé.

Au moyen de l'appareil pneu matique et par la distillation à sec, on ferait sans doute une analyse bien plus précise de l'humus; mais une telle opération n'est pas du ressort de l'agriculteur. Cependant Arthur Young l'a fréquemment exécutée, et il a trouvé la quantité de gaz hydrogène obtenue, en rapport avec la fertilité du sol, de sorte qu'il a proposé cette opération comme un procédé propre à mesurer le degré de fertilité; Priestley s'est joint à lui, et l'a appuyé de ses observations.

§ 536.

L'argile augmente la fertilité.

1. Par l'adhérence qu'elle contracte avec l'eau; cette adhérence est telle que, même pendant une longue sécheresse, l'argile conserve toujours l'humidité indispensable à la nourriture des plantes, et que, quoiqu'elle paraisse absolument dépourvue d'eau, elle leur en communique pourtant ce qui leur est indipensable.

2. En conservant l'humus, non-seulement elle l'enveloppe et le protége, mais encore elle se combine en quelque façon chimiquement avec cette substance composée.

3. Par l'appui solide qu'elle offre aux racines des plantes, et même par la résistance qu'elle présente à leur trop grande extension, ce qui les oblige à pous-

ser plusieurs touffes de racines chevelues, au moyen desquelles chaque plante cherche sa nourriture, autour d'elle, et, par conséquent, l'enlève moins à ses voisines ;

4. En empêchant l'air atmosphérique de parvenir jusqu'aux racines des plantes, auxquelles il est toujours nuisible, et en leur communiquant la chaleur d'une manière plus modérée; en conservant ainsi aux végétaux une température plus égale, malgré les changemens continuels qui s'opèrent dans celle de l'atmosphère. Lorsque le terrain argileux n'est pas trop humide, les effets du passage subit du chaud au froid et *vice versa,* sont par conséquent moins nuisibles aux récoltes qui y croissent qu'ils ne le sont dans les terrains sablonneux;

5. En ce qu'elle attire l'oxigène, cette substance nécessaire à la formation de l'acide carbonique. Elle attire très-vraisemblablement aussi l'azote, et elle favorise ainsi l'action réciproque de ces substances entre elles.

## § 537.

En revanche, l'excès d'argile est nuisible :

1. Parce que, en temps humide, elle conserve trop long-temps l'eau dont elle est imprégnée, qu'elle ne la laisse ni égoutter, ni évaporer, et qu'elle forme au contraire avec ce liquide une bouillie liée ;

2. Parce que, à une température sèche, elle se durcit trop; qu'elle présente alors une trop grande résistance à la pénétration des racines des plantes, qu'elle se contracte et devient presque semblable à une masse de brique;

3. Parce que, tant en été pendant la sécheresse, qu'en hiver pendant la gelée, il s'y fait des crevasses et des fentes, par lesquelles les racines sont ou déchirées, ou mises dans un contact immédiat avec l'air atmosphérique, ce qui peut leur être très-nuisible;

4. Parce qu'elle attire fortement et s'incorpore les sucs nourriciers des engrais, et qu'elle ne s'en sépare point avec la même facilité que la terre meuble. A la vérité, si elle est une fois richement pourvue et en quelque façon saturée, elle demeure d'autant plus long-temps féconde; mais si elle est une fois appauvrie et épuisée, les premiers engrais qu'on lui donne font beaucoup moins d'effet sur les plantes. Ainsi donc pour que, dans des terrains de ce genre, les premières récoltes se ressentent des engrais, il faut que ceux-ci soient très-abondans;

5. Parce qu'elle rend beaucoup plus difficile la culture du sol; qu'en temps humide elle ne permet guère d'y entrer avec la charrue, la herse et les chariots; qu'elle s'attache comme une pâte à ces premiers instrumens, qu'elle empêche ainsi leur action, et ne peut être divisée qu'avec difficulté; qu'en temps sec, au contraire, elle se contracte et se durcit à tel point, que la charrue peut à peine la séparer en grandes mottes, lesquelles, jusqu'à ce qu'elles aient reçu la pluie, ne peuvent être brisées ni par la herse ni même par le rouleau; en sorte qu'on est réduit à les casser avec des maillets, sans même pouvoir remplir complètement le but qu'on se propose.

§ 538.

Les effets nuisibles de l'excès d'argile peuvent être

en partie prévenus par le mélange de l'humus ; cependant pas entièrement, comme nous l'avons dit au § 532. Une addition de chaux y porte aussi quelque remède, ainsi que nous le verrons dans la suite. Mais rien n'est plus efficace que le sable, et c'est aussi le moyen qu'on emploie le plus ordinairement. La couche supérieure du sol contient presque toujours quelque peu de sable ; sans ce mélange, le sol pourrait à peine être attaqué par les instrumens aratoires. En conséquence, l'estimation de la plupart des terrains doit avoir pour base surtout la proportion dans laquelle l'argile et le sable y sont mêlés.

## § 539.

Avant d'indiquer ces proportions, je dois m'expliquer d'une manière précise sur ce que j'entends par sable. Je n'entends par là que cette silice à grains grossiers qui, dans un lavage soigné, se précipite au fond du vase, et que l'on peut ainsi rassembler. Au reste, ainsi que de nouvelles expériences nous l'ont appris, et comme je l'ai dit dans une note ajoutée au plan de chimie d'Einhoff*, lorsqu'on met l'argile en ébullition dans l'eau, il s'en sépare encore une quantité considérable de silice à grains fins, à tel point même que lorsque cette opération est prolongée et faite avec soin, l'alumine ne conserve plus qu'une petite quantité de silice. Il paraît que la quantité de cette silice à grains fins constitue la différence qu'il y a entre l'argile grasse et l'argile maigre ; que l'argile proprement dite est toujours composée des mêmes proportions, et qu'elle n'est combinée chimiquement, ou tout au

* Einhoffs Grundriss der Chemie seite 708 Lib. 210. A.

moins d'une manière intime, quoique mécanique,
qu'avec une certaine quantité de silice. Je dis il pa-
rait, car je ne pourrais point encore affirmer cela
d'une manière positive.

Mais comme il ne s'agit ici que de fixer la valeur et
l'utilité du terrain d'après la proportion de ses parties
constituantes, et d'opérer cela d'une manière qui soit
non-seulement moins difficile, mais encore d'un emploi universel, nous ne faisons aucune attention à
cette silice à grains fins qui ne peut pas être séparée
par un simple lavage, et nous envisageons comme argile pure celle qui a subi un lavage soigné. Dans le
plus grand nombre de cas, de 100 parties d'argile puri-
fiées au lavage, on peut encore extraire par l'ébullition
15 parties de silice fine. Dans quelques espèces de terrain particulières seulement elle s'est élevée plus haut;
ainsi, par exemple, le sol d'une nouvelle alluvion dans
l'île de Nogad, près de Dantzig, contenait une beaucoup plus grande quantité de silice fine. Il faudra des
recherches plus étendues pour pouvoir déterminer
jusqu'à quel point l'argile qui contient une plus
grande proportion de cette silice fine a besoin d'une
moindre addition de sable pour atteindre la porosité
nécessaire.

§ 540.

Lorsque le sol est composé de parties à peu près
égales d'argile pure et de ce sable qui peut être séparé
au lavage, nous qualifions ce terrain de glaise *, et

---

* Je ne sais comment traduire autrement dans notre langue le mot
*Lehm*. En général nous entendons par glaise une argile moins pure que
celle de potier; ainsi cette dénomination rend assez bien l'idée de l'auteur; mais peut-être lui ai-je donné trop d'extension, lorsque je l'ai appliquée même à des terrains où le sable domine. (*Trad.*)

nous conservons cette dénomination au sol aussi long-temps que le sable ne contribue à sa composition que pour 40 jusqu'à 60 pour 100 : du reste, suivant que ce terrain contient plus ou moins de sable, on l'appelle *terrain glaiseux meuble* ou *glaise tenace*.

Si le sol contient moins de 40 pour 100 de sable, on l'appelle terrain argileux ; il devient d'autant plus tenace, il réunit d'autant plus les défauts de l'argile que la proportion de sable qu'il contient est plus petite. S'il contient au plus 20 pour 100 de sable, c'est un sol très-tenace, difficile à travailler, et dans lequel les récoltes sont très-casuelles, si d'ailleurs ses défauts ne sont corrigés par un fort mélange d'humus ou de chaux. Cependant sa qualité dépend beaucoup de la nature de l'argile et de la quantité de silice qui entre dans sa composition ; ce terrain est moins imparfait si, en contenant peu de sable, il a une grande proportion de silice.

### § 541.

Lorsque ce terrain argileux ne contient pas assez d'humus pour rapporter du froment sans être fumé de nouveau, et que par conséquent il ne peut pas être rangé dans la première classe, on le désigne alors sous le nom de terre à froment de seconde qualité ; encore, pour cela, ne faut-il pas qu'il soit dépourvu d'humus. Rarement nous trouvons sur les hauteurs des terrains soumis à la culture ordinaire et qui contiennent plus de 3 pour 100 de cette substance composée ; cependant ces terrains sont encore très-propres à rapporter du froment, et cette espèce de céréales y réussit plus

facilement et plus complètement que le seigle. Il suffit pour cela qu'ils contiennent des parties nutritives ;
et comme ils n'en ont pas en suffisance dans la quantité d'humus qui leur est naturellement propre, ils ne
peuvent rapporter avec avantage qu'une ou deux récoltes de froment avant de recevoir un nouvel amendement. Après le froment, c'est l'orge qui y réussit le
mieux, si le sol contient 30 à 40 pour 100 de sable ;
mais s'il n'en contient qu'une moindre proportion, et
si ce défaut n'est pas corrigé par un fort mélange de
chaux, ce sol convient mieux à l'avoine. Ce terrain
d'ailleurs est propre à rapporter des légumes, pourvu
qu'il ait été suffisamment amendé ; celui qui contient
une plus grande proportion de sable est surtout favorable aux pois ; mais celui qui est plus tenace l'est plutôt aux fèves.

Sa valeur diminue avec la proportion de sable, s'il
ne peut pas être compté parmi les terrains fortement
imprégnés d'humus, marneux ou calcaires ; de sorte
que celui qui contient 40 pour 100 de sable a le plus
de valeur, tandis que celui qui en contient 5 pour 100
seulement est le moins estimé. A la vérité, lorsqu'on
fume beaucoup, et qu'une température alternativement chaude et humide favorise non-seulement les
labeurs de jachère, mais encore la végétation, le terrain tenace et argileux a quelquefois la supériorité,
surtout pour le froment ; mais si l'on considère à quel
point, en revanche, sa culture est difficile et combien
les récoltes sont plus casuelles que dans les sols plus
légers, on ne peut pas mettre en doute l'infériorité de
sa valeur. J'évalue à 70 le terrain qui, avec 2 pour 100
d'humus naturel, contient 40 pour 100 de sable et environ 60 pour 100 d'argile pure, à 60 celui qui ne

contient que 30 pour 100 de sable ; à 50 celui qui n'en contient que 20, et à 40 celui qui n'en contient que 10. S'il ne possède pas au-delà de 1 pour 100 d'humus, sa valeur diminue d'au moins 20 pour 100, et d'autant plus qu'il est plus argileux ; de sorte que le terrain tenace, qui n'a que peu ou point d'humus doux et soluble, terrain qu'on qualifie ordinairement de froid et humide, est véritablement un des plus stériles, et peut, pour la valeur, être assimilé au terrain sablonneux. En revanche, sa valeur augmente avec la quantité d'humus qu'il contient, et dans une proportion d'autant plus forte qu'il est plus argileux ; il peut même atteindre la première classe, lorsqu'on lui consacre des engrais en abondance et qu'on lui donne une culture co venable.

## § 542.

Le terrain qui contient plus de 40, et jusqu'à 60 pour 100 de sable, est désigné sous le nom de glaise ; moins il contient de sable en sus des 40 pour 100, plus il a de valeur, en le supposant cependant toujours imprégné d'une même quantité d'humus. Jusqu'à 50 pour 100, il est également propre à produire du froment et de l'orge ; mais si la proportion de sable va de 50 à 60 pour 100, il peut bien, à la vérité, rapporter avec avantage du froment, pourvu qu'il soit bien cultivé, mais toujours avec moins de succès ; encore en est-il plus appauvri que s'il eût rapporté du seigle : en revanche, alors, il convient particulièrement à l'orge, et il peut être classé parmi les meilleures d'entre les terres qu'on destine à cette espèce de grain.

L'avantage inhérent à cette espèce de sol, de présenter peu de casualité, d'être d'un travail facile, et de conserver une température et une humidité moyennes, lui donne tant de supériorité sur le terrain argileux, que, malgré qu'il soit moins propre à rapporter du froment, on peut cependant l'assimiler à ce dernier terrain dans ses diverses gradations. Au reste, dans ce cas-ci, ces gradations suivent un ordre tout opposé; 40 pour 100 de sable se présentent à nous comme la meilleure proportion. Là la valeur du sol baissait lorsque la proportion du sable diminuait; ici, au contraire, elle diminue lorsque cette proportion augmente; cependant, suivant les remarques que nous avons faites jusqu'à ce jour, pas dans la même proportion. La valeur du sol paraît être à peu près égale, dans les proportions opposées ci-après :

| Sable. | Argile pure. | Sable. | Argile pure. |
|---|---|---|---|
| 50 p. 100 | 50 p. 100 | = 35 p. 100 | 65 p. 100 |
| 60 | 40 | = 30 | 70 |

C'est-à-dire qu'il manque de la perfection possible, autant aux premiers, en raison de leur défaut de consistance, qu'aux derniers à cause de leur trop grande ténacité.

Cette espèce de terrain peut être fortement travaillée sans tomber en poussière, et elle ne se durcit point en mottes et en tranches; elle ne souffre guère de l'excès d'eau ; cependant elle conserve assez d'humidité pour pouvoir résister à une assez longue sécheresse, et même les jeunes plantes y souffrent beaucoup moins que dans une terre tenace, parce que leurs racines peuvent mieux s'y étendre et y pénétrer : c'est par cette raison que l'orge en particulier y réussit mieux. Sans doute ce terrain ne rapporte de belles récoltes de froment que lorsqu'il est bien amendé ; mais alors même qu'il est dans un état moins prospère, il produit cependant de meilleures récoltes de seigle que la terre plus argileuse. Il est très-favorable aux légumes, au trèfle et aux autres plantes à fourrages, aux pommes de terre et aux raves, et enfin aux plantes de commerce, telles que le colza, le lin, le tabac, etc., qui y sont d'une culture facile. Rarement il se refuse à l'action de la charrue et de la herse ; c'est pourquoi, lors même que, dans des années très-favorables, ce terrain ne donne pas d'aussi fortes récoltes en froment, il doit, dans les gradations indiquées, être assimilé au *terrain à froment* proprement dit.

§ 543.

Le sable est nuisible lorsqu'il entre en trop grande proportion dans la composition du sol, 1º parce qu'il ne retient pas l'humidité, et qu'il laisse, au contraire, écouler et évaporer l'eau, et avec elle les sucs fertilisans ;

2º Parce qu'il ne se combine pas avec l'humus, et que, loin de là, il s'y unit à peine physiquement, et qu'il n'absorbe pas les sucs fertilisans de l'atmosphère ;

3º Parce que le terrain sablonneux ne peut pas supporter des cultures fréquentes ; que, cependant, ces cultures sont nécessaires pour détruire les mauvaises herbes qui pullulent dans les sols de ce genre, surtout lorsqu'ils contiennent de l'humus en quantité suffisante ; que ces cultures répétées ôtent au sol toute consistance, et, au lieu de l'améliorer, l'appauvrissent au contraire, en ramenant à sa surface l'humus qui est amassé dans ces interstices sans être combiné avec lui, et en exposant ainsi cet humus à l'air et aux vents, qui se l'approprient et le transportent ailleurs;

4º Parce que le terrain sablonneux étant un bon conducteur de calorique, il rend les influences de la gelée et des fortes chaleurs très-sensibles aux plantes, à chaque changement subit de température que l'atmosphère éprouve.

§ 544.

Si le sol contient plus de 60 à 80 pour 100 de sable, on le caractérise sous le nom de *glaise sablonneuse*. La valeur de ce terrain diminue lorsque la proportion de sable augmente; si celui qui en contenait 60 pour 100 valait 60, celui qui en contient 65 pour 100 tombe à 50; celui qui en contient 70, à 40; celui qui en contient 75, à 30; et enfin celui qui en contient 80, à 20. Les récoltes de froment n'y sont point d'une réussite assurée, et si ce terrain contient 70 pour 100 de sable, il n'est pas propre à produire cette espèce de céréale, à moins d'être soumis à une culture remarquablement bonne; mais il peut parfaitement rapporter de l'orge, surtout s'il est favorisé par sa position (circonstance dont nous parlerons dans la suite), et si l'été n'est pas trop sec. C'est pour cette raison qu'il est désigné sous le nom de *faible* ou *pauvre terre à orge;* au reste, c'est de tous les terrains celui où les récoltes de seigle sont le plus assurées. Il est toujours facile à travailler; cependant il est plus sujet à être infecté de mauvaises herbes que les terrains argileux. Il n'a pas beaucoup d'adhésion avec le fumier; au contraire, il le décompose plus promptement et le laisse passer dans les plantes qui y végètent. De là vient qu'il demande à recevoir plus fréquemment des engrais, qui, par là même, peuvent lui être donnés en moindre quantité. Si on lui consacre des amendemens riches et fréquens, en le ménageant pour les produits, il peut s'enrichir fortement d'humus, et parvenir ainsi à une grande fécondité; mais cette fécondité va bientôt en déclinant, si ce sol est soumis à une culture épuisante.

S'il contient 75 pour 100 et plus de sable, on le qualifie ordinairement du nom de *terre à avoine;* cependant si l'on prend la moyenne de plusieurs années, on verra qu'il est encore plus propre à l'orge qu'à l'avoine, pourvu qu'il ait été suffisamment amendé.

§ 545.

Si le sol contient au-delà de 80 pour 100 de sable, on l'appelle alors *terrain sablonneux;* et si cette proportion de sable ne va pas au-delà de 90, on le distingue sous la dénomination de *sable glaiseux.* Ordinairement, aussi long-temps qu'il n'a pas au-delà de 85 pour 100 de sable, il est rangé dans la catégorie des terrains à avoine; cependant cette espèce de grain n'y est point d'une réussite assurée, elle n'y donne que peu de produit. Le seigle et le blé noir sont les seuls grains qu'il rapporte avec certitude de réussite, et, s'il est suffisamment amendé, il vaut toujours mieux y semer du seigle après du seigle que de l'avoine après cette première espèce de grain, parce que la sécheresse à laquelle ce terrain est exposé pendant l'été est moins funeste au seigle qu'à l'avoine. De toutes les plantes destinées à la nourriture des animaux, la pomme de terre est celle qui peut y être cultivée avec le plus de succès.

Mais les fréquens labours qui, lorsque ce terrain est en bon état, sont nécessaires pour le nettoyer de mauvaises herbes, lui donnent facilement une incohérence telle, que les grains y réussissent mal. C'est pourquoi il a besoin d'être laissé en repos ou d'être mis en herbages, et réellement cette dernière manière d'en tirer parti est la plus avantageuse, puisque, lorsqu'on y a semé de la *fétuque de mouton* (*festuca ovina*), du *ray-grass* (*lolium perenne*), du *trèfle blanc* (*trifolium repens*) et de la *pimprenelle* (*poterium sanguisorba, pimpina vulgaris*), il fournit un pâturage très-profitable pour les bêtes à laine, quoique le plus souvent ce pâturage ne soit pas assez riche pour le bétail à cornes : après cette espèce de repos, lorsqu'on le remet en culture et qu'on l'ensemence en seigle, ce terrain donne alors toujours de très-belles récoltes.

Sa valeur baisse de 20 à 10, à raison d'un par chaque centième dont la proportion de sable augmente, et cette baisse a lieu lors même que le terrain contient encore de 1 à 1 ½ pour 100 d'humus ; si, comme cela arrive souvent, il en contient une proportion moindre, sa valeur baisse encore.

## § 546.

Mais si le terrain contient 90 pour 100 de sable, il appartient alors aux terrains de la plus basse classe, à moins qu'on ne lui donne une abondance d'engrais qu'il ne peut jamais retirer de son propre fonds ; ce n'est qu'après un long repos qu'il produit avec avantage une récolte de grain par laquelle il est bientôt épuisé. Au reste, si l'on traite avec ménagement les terrains dont la proportion de sable ne dépasse pas 94 pour 100, ils pourront encore nourrir les *petites fétuques* et la *flouve* (*anthoxanthum*), et ils donneront encore, pendant les années de repos, la quantité d'herbages qui peut fournir au pâturage d'une bête à laine, par journal. Mais si le sol contient une proportion de sable encore plus grande, il ne rapporte plus que la *canche blanchâtre* (*aira canescens*), la *barbe de bouc* ou *sersifi sauvage* (*fragopogon pratense*), et quelques autres plantes qui ne contiennent presque pas de sucs nourriciers ; il tombe alors dans la catégorie des sables mouvans, dont il est très-dangereux d'entamer la superficie, parce qu'alors les vents s'en emparent et l'enlèvent dans leurs tourbillons.

On peut admettre en principe qu'un terrain sablonneux perd au moins 1 pour 100 de sa valeur, par l'augmentation d'un centième dans la proportion du sable : et lorsque ce sol devient un sable mouvant, dans le plus grand nombre de cas il n'a qu'une valeur négative.

§ 547.

Il est beaucoup de sables qui ne sont pas uniquement composés de silice, et qui contiennent aussi des grains de carbonate de chaux, si toutefois l'on n'en a pas séparé cette terre par le moyen du lavage. Ce sable calcaire n'est pas insoluble comme le sable siliceux, et il est beaucoup plus favorable à la végétation. Cependant nous n'avons pas des observations suffisantes sur ce qui a rapport à ce sujet.

## § 548.

La présence de la chaux, surtout lorsqu'elle est in
timement mêlée avec l'argile, élève la fécondité du
sol jusqu'à un certain point,

1º Parce qu'elle rend l'argile plus friable et plus
meuble lorsqu'elle est mêlée avec elle d'une manière
intime et uniforme. Ce mélange se réduit facilement
en poudre fine lorsqu'il est exposé à un air humide.

2º Parce qu'elle facilite le dessèchement de l'argile,
et qu'elle empêche que l'eau ne s'y amasse en trop
grande quantité. Elle semble au contraire donner
plus de consistance au sable; elle augmente son adhésion avec l'eau, et elle s'unit intimement avec lui
par le moyen de l'humus.

3º Parce qu'elle favorise la décomposition et l'action réciproque des sucs nourriciers contenus dans le
sol, et qu'elle sépare les substances végétales ou animales qui adhèrent trop fortement à l'argile. Il est encore douteux si elle transmet son acide carbonique à
l'humus, ou peut-être aux plantes elles-mêmes, si, en
revanche, elle en retire de l'air, et si par conséquent
elle agit immédiatement comme corps nutritif ; cependant on a plusieurs motifs de le croire. Nous reviendrons sur cette matière lorsque nous parlerons de
la chaux comme engrais.

4º Parce qu'elle empêche la formation des acides
qui se reproduisent si facilement dans le sol, et que
lorsque ces acides existent, elle les neutralise et empêche bientôt leurs mauvais effets.

5º Parce que les grains qu'elle produit ont l'enveloppe plus mince, et qu'ils donnent par conséquent

une plus grande proportion de farine ; parce que, de plus, elle est singulièrement favorable à toutes les plantes appartenant à la diadelphie, et qu'ainsi toutes les plantes à gousses et toutes les espèces de trèfle y réussissent à merveille.

Lorsque la chaux existe dans le sol en trop grande proportion, elle peut aussi être nuisible, ainsi que nous le remarquons, surtout dans les terrains crayeux :

1o Parce qu'elle ne conserve pas l'humidité, et qu'en particulier elle a, plus que le sable, de la disposition à la laisser évaporer, ce qui fait que, dans les temps chauds, elle se dessèche entièrement et se réduit en poussière ;

2o Parce qu'elle consume promptement le fumier et l'humus, qu'elle accélère souvent trop leur passage dans les plantes, et qu'ainsi elle précipite la végétation de celles-ci, et ne leur réserve aucune addition de sucs pour le dernier période de leur développement, en sorte qu'elles ne tardent pas à décliner.

Comme je ne connais pas d'espèce de terrain qui contienne de la chaux en surabondance, je crois devoir transcrire ici ce que Chaptal en dit : « Les terres où la chaux prédomine sont poreuses, légères, très-perméables à l'eau, d'un labour aisé, formant une pâte qui n'a presque pas de consistance, ne recevant pas de retraite sensible par le feu. L'air pénètre aisément la terre calcaire, et peut y vivifier les germes à une certaine profondeur ; mais l'eau, qui s'y infiltre sans résistance, s'en échappe avec une égale facilité. Une terre de cette nature est alternativement inondée et desséchée, et la plante qui ne saurait résister à toutes ces variations languit et s'éteint dans un sol de cette nature, pour peu que la sécheresse ou l'humidité se prolongent. »

Suivant Reissert et Seitz *, le terrain calcaire composé de 4o pour 100 de chaux, de 36 pour 100 de sable, et d'ailleurs en plus grande partie d'argile, est plus difficile à travailler que la glaise, après une forte pluie et lorsqu'il est humide ; mais lorsqu'il est sec, cette difficulté est considérablement diminuée.

La proportion la plus avantageuse de la chaux dans le sol est une quantité égale à celle de l'argile pure. De tous les terrains produits par des mélanges artificiels, au nombre de 54, dans lesquels Tillet fit des expériences sur la végétation des grains, celui qui parut le plus avantageux fut celui qui était composé de $\frac{3}{8}$ d'argile de potier, de $\frac{4}{8}$ de marne coquillère et de $\frac{3}{8}$ de sable.

A mesure que la chaux augmente dans le sol, il a besoin de moins de sable pour corriger les propriétés nuisibles de l'argile. Cependant il ne faut pas qu'il en soit totalement dépourvu, parce que la marne sans sable est trop tenace, et lorsqu'elle est mouillée, trop bourbeuse. L'expérience en grand confirme que la proportion indiquée par Tillet est effectivement la meilleure.

Mais si la chaux est mêlée à la couche supérieure du sol en plus petite quantité, de sorte qu'elle paraisse avoir peu d'influence sur la consistance de celui-ci, la fécondité du sol en est cependant augmentée, probablement à cause de la réaction chimique qu'elle exerce sur l'humus et le fumier. D'après des remarques générales, et qui peuvent cependant n'être pas assez précises, un mélange de 10 pour 100 de chaux élève la valeur de tout terrain argileux ou glaiseux de 5 à 10 pour 100, et d'autant plus que ce terrain contient une plus grande quantité d'humus.

* Annales d'Agriculture, IX, 226.

En revanche la chaux est nuisible, lorsque la proportion de celle qui est contenue dans le sol surpasse celle de l'argile, et d'autant plus que cette proportion augmente. Lorsque la chaux est mêlée avec beaucoup de sable, elle forme un sol trop sec et trop chaud, sur lequel on ne peut espérer de bonnes récoltes, même avec beaucoup d'engrais, que des seuls végétaux qui, tels que le maïs, supportent très-bien la sécheresse. Le terrain crayeux, composé en plus grande partie de chaux, a de l'analogie avec lui, et il souffre non-seulement de l'excès de sécheresse, mais encore de celui d'humidité, parce que, dans ce dernier cas, il devient boueux.

Au reste, comme je n'ai point eu occasion d'éprouver des sols qui continssent de la chaux en trop grande proportion, je ne me permettrai pas de déterminer leur valeur proportionnelle.

§ 549.

Lorsque nous avons parlé des espèces de sol dans la composition desquelles l'humus entre pour une partie sensible, et dans lesquelles cette substance ne peut pas facilement être épuisée, nous entendions par là ceux qui en contiennent au-delà de 5 pour 100, ce qui n'est le cas que des terrains d'alluvion et des bas-fonds en général. Les terrains élevés, tant ceux qui contiennent une plus grande proportion d'argile, que ceux chez lesquels le sable domine, ont rarement jusqu'à 5 pour 100 d'humus; ordinairement ils ne possèdent pas au-delà de 3 pour 100 d'humus doux et soluble, surtout à la fin de la rotation, lorsque, pour donner des récoltes avantageuses, ils demandent à être fumés de nouveau. La quantité d'humus diminue dans la proportion des récoltes qu'on en retire, sous déduction cependant des engrais qu'on leur a appliqués. Au reste, cette diminution n'est pas aussi considérable qu'elle semblerait devoir l'être : un amendement de 200 quintaux fumier laisse, après sa décomposition, à peine 30 quintaux d'humus sec, et cette quantité est répartie sur un journal parmi 12,000 quintaux de terrain environ, dont la couche cultivée du sol est ordinairement composée. De cette manière, 400 quintaux reçoivent un quintal, c'est-à-dire un quart pour 100.

La proportion dans laquelle le sol contient *naturellement* cet aliment des végétaux est donc d'une grande importance ; il est d'autant plus essentiel qu'elle soit considérable, que moins le sol contient d'humus, plus il est difficile de lui en donner.

§ 550.

La valeur du sol s'élève aussi avec la proportion d'humus qu'il contient. Dans du bon terrain glaiseux, nous avons ordinairement trouvé 2 pour 100 d'humus, lors même qu'il était à la fin de la rotation; ou, pour m'expliquer d'une manière plus précise, ce terrain perdait ce poids dans l'incandescence, lorsqu'il avait auparavant été privé de sa partie fibreuse, qu'on en avait également séparé la chaux, s'il y en avait, et qu'il avait été complètement séché à une chaleur un peu plus élevée que celle de l'eau bouillante. L'évaporation de l'eau ne paraît du reste avoir eu aucune part à cette diminution de poids, puisqu'il est vraisemblable que l'argile avait déjà réabsorbé cette eau de l'atmosphère lorsqu'on pesa la terre soumise à l'incandescence.

Ainsi nous prendrons 2 pour 100 pour la quantité moyenne d'humus contenue dans la terre végétale glaiseuse, 1 et $\frac{1}{2}$ pour 100 pour celle contenue dans la terre végétale appartenant à la classe des glaises sablonneuses, et 1 pour 100 pour celle de la terre sablonneuse ; et nous admettrons cette quantité comme condition préalable à l'évaluation que nous avons donnée plus haut au terrain argileux et au terrain sablonneux. Une augmentation d'un demi-centième en humus doux augmente donc de 5 pour 100 la valeur du sol dont cet humus fait partie ; de sorte qu'un terrain qui, possédant 2 pour 100 d'humus, valait 50, s'élève à 52 et $\frac{1}{2}$ s'il en possède 2 et $\frac{1}{2}$ pour 100, et à 55 si la proportion d'humus va jusqu'à 3 pour 100. Sa valeur baisse dans le même rapport, en sorte que la diminution d'un demi-centième en humus en opère également une de 5 pour 100 sur la valeur du sol.

Dans la classification ordinaire des terrains, la quantité d'humus est de même prise en considération. Il est connu que le même sol est employé tantôt à produire de l'orge, tantôt à produire de l'avoine, suivant qu'il a été plus abondamment et plus fréquemment fumé et qu'il a été plus ménagé ; ainsi, suivant que la proportion d'humus en a été augmentée ou qu'elle a été diminuée par des procédés opposés, un terrain glaiseux qui est classé, par des estimateurs habiles, parmi les terres à avoine, ne contient ordinairement pas au-delà de 1 pour 100 d'humus. Si le même terrain contient 3 pour 100 d'humus et plus, et qu'il soit d'ailleurs exempt de défauts, il devient une terre à froment de seconde classe ; il peut recevoir cette addition d'humus par la culture, mais cela n'est pas aussi facile qu'on le pense.

Je suppose ici, avant tout, que l'humus soit doux, exempt d'acide et de substances astringentes, et qu'il soit par conséquent soluble. Le terrain peut être très-riche en humus acide, et pourtant n'être guère fertile. Nous avons trouvé 5 pour 100 d'humus dans un terrain sablonneux de la Poméranie, sur lequel on envisageait 4 pour 1 en seigle comme une bonne récolte. Au reste, dans l'incandescence, il trahissait déjà sa nature par une odeur tourbeuse, et lorsque nous l'analysâmes d'une manière plus précise, nous trouvâmes qu'il avait une acidité très-sensible. Cet humus était dû à la manière usitée dans le pays d'amender avec du fumier composé en partie de bruyère. On pourrait cependant encore attendre des résultats avantageux de ce terrain si l'on y conduisait de la marne.

§ 551.

Le terrain imprégné d'un humus qui est complètement acide, et qui rougit fortement le papier bleu (terrain de marais qui se rapproche plus ou moins de la tourbe), est impropre presque à toutes les sortes de végétaux utiles ; il l'est même au plus haut degré aux aulnes, et dans cet état il n'a qu'une très-petite valeur, mais il est très-susceptible d'amélioration, s'il n'a pas d'autres défauts qui y mettent obstacle. On ne trouve ordinairement cette espèce de terrain que dans les marais et dans des bas-fonds, où, le plus souvent, elle recouvre une couche d'argile tenace ou de glaise. Il s'agit seulement de savoir si elle peut être égouttée. Si

15.

le desséchement a pu être effectué, le meilleur moyen
d'opérer l'amélioration consiste à écobuer ce terrain.
L'action du feu en chasse une partie de l'acide, et le
surplus de celui-ci est neutralisé par la potasse contenue dans la cendre ; ainsi, souvent ce terrain peut être
converti en une riche terre à froment.

§ 552.

Le terrain imprégné d'humus de bruyère, appelé
terrain de marais, ne produit que de la bruyère et des
plantes de ce genre, aussi long-temps qu'il est dans
son état naturel ; mais il peut être rendu fertile par
l'écobuage de la bruyère, par les fumiers, par la chaux
et la marne, et par les irrigations continues ; alors sa
valeur dépend de la nature des terres dont il est composé. Quelquefois ces terres sont naturellement très-
bonnes : leur infécondité était entièrement due à cette
plante, qui ne vit qu'en famille, et qui prépare elle-
même les sucs qui lui servent d'alimens. Si l'on détruit la bruyère, et que l'on corrige les défauts de
l'humus qui le rendent impropre à la nutrition des autres plantes, le terrain devient alors très-fertile. La
chaux et la marne, que le plus souvent on trouve sous
le terrain de bruyères, sont aussi d'une grande efficacité. Suivant que cette amélioration des terrains à
bruyère est plus ou moins facile à exécuter, on peut
leur attribuer une plus grande valeur ; sans cela cette
valeur ne peut pas être portée au-dessus de 1.

Dans ce cas, cependant, et dans tous les autres où
il s'agit de faire une estimation pour établir l'intérêt
de diverses personnes, il faut, à mon avis, admettre
en principe de n'estimer le sol que d'après son état

actuel, parce que les améliorations possibles ne peuvent être effectuées que par l'industrie, les connaissances et l'emploi d'un capital, et que l'on rencontrerait des difficultés infinies, si l'on voulait calculer d'avance les frais de ces améliorations et la probabilité du succès.

## § 553.

Il serait superflu d'insérer ici une introduction à l'analyse de la terre végétale, notre méthode ayant été décrite par Einhoff dans le troisième volume des *Archives d'Hermbstadt* *, et d'une manière encore plus précise dans son *Plan de chimie à l'usage des agriculteurs* **, ouvrage dont j'ai été l'éditeur en 1808.

Comme, dans les diverses analyses de ce genre, nous faisons toujours quelques découvertes qui nous conduisent à des procédés jusque là inconnus, le professeur Crôme les publiera, dans la suite, avec plus de détail. Aujourd'hui, dans l'analyse du sol, nous ne nous bornons pas à déterminer la faculté plus ou moins grande qu'il a de retenir l'eau ; nous donnons, au contraire, beaucoup de soins à connaître sa pesanteur spécifique dans l'état d'humidité et dans celui de siccité ; nous nous promettons des résultats utiles de la détermination de cette pesanteur.

## § 554.

Autant que je puis connaître par ma propre expé-

---

* Im dritten Bande des Hermbstädtschen Archiv.
** Grundriss der chemie für Landwirthe. 1808.

rience ou d'après des renseignemens sûrs, la fécondité et la bonté des sols que nous avons analysés, leur valeur peut, en effet, être parfaitement calculée d'après les principes que nous avons émis, en supposant, avant tout, cependant, qu'ils soient dans une position également bonne et appropriée à leur nature, le terrain meuble et riche en humus, par exemple, dans une plaine basse, comme, au reste, cela a toujours lieu.

Le tableau n° 28 (*voir l'Atlas*) indique les parties constituantes des terrains dont nous avons eu connaissance, et qui peuvent servir au développement de ces principes; on y trouvera également l'estimation de leur valeur telle que nous la leur attribuons; elle y est indiquée en nombre proportionnel de 100 à 1.

Le tableau n° 29 (*voir l'Atlas*) classe les terrains d'après les *principes d'estimation pour les domaines du Brandenbourg**, et les évalue d'après des résumés de produits fondés sur l'expérience dans l'assolement triennal avec jachère, lesquels sont transcrits dans le même ouvrage, et sont encore les plus exacts dont nous ayons connaissance jusqu'à ce jour. Les seules modifications qu'on se soit permis d'y apporter, c'est premièrement de porter, sur la première des deux jachères, une récolte de pois, faible à la vérité; et dans de bons terrains, cette récolte peut toujours avoir lieu sans inconvéniens; en second lieu, d'augmenter un peu le prix des grains. Dans la pénultième colonne, l'on a porté en argent le produit net annuel qui résulte de la culture; et dans la dernière colonne l'on a indiqué la valeur relative de chacun de ces terrains, en prenant pour base 100 comme valeur du meilleur

---

* Brandenburgische Taxprincipien.

d'entre eux. Ce tableau et le précédent ont été rédi-
gés dans des temps tout-à-fait différens, dans des vues
toutes dissemblables et d'après de tout autres principes. J'abandonne aux lecteurs le soin de comparer ces
deux tableaux. La quantité de grains qui, dans ce
dernier tableau, doit représenter les frais de culture,
a été calculée de manière à pouvoir toujours suffire,
si l'exploitation est dirigée à la manière ordinaire, surtout lorsque le prix moyen des grains est, en réalité,
un peu plus élevé que ceux qui ont été pris ici pour
base.

## § 555.

Si l'on met fréquemment la composition des terrains dont on a fait une analyse soignée, en comparaison avec leurs propriétés extérieures, telles qu'elles
tombent sous les sens, on acquiert peu à peu la faculté de découvrir la nature de cette composition, à
l'aide de ses caractères extérieurs seulement. Après la
couleur, les indices les plus positifs de la présence de
l'humus dans le sol sont la légèreté de ce sol, une
certaine odeur de moisi qui lui est propre, et les
pousses blanches du *lichen humosus*. L'argile indique
sa présence par sa ténacité et son onctuosité au toucher; le sable, par son âpreté lorsqu'on le broie entre
les doigts, et on le distingue mieux encore en examinant, avec une loupe d'une force médiocre, le terrain brisé et émietté ; ce moyen peut très-bien servir
à fixer la quantité de sable qui existe dans le sol proportionnément à celle de l'autre terre, et à distinguer
l'humus noir. Le plus souvent on s'assure de la présence de la chaux par l'effervescence de celle-ci avec

les acides, et de sa plus ou moins grande quantité par l'intensité de cette effervescence, à moins qu'on n'ait le temps et l'occasion de faire une analyse plus précise du sol.

§ 556.

La consistance du sol est due tant aux propriétés qu'à la proportion de quantité de la terre qui y prédomine. Les explications que nous avons à donner sur ce sujet se bornent donc à développer les expressions par lesquelles on désigne les divers degrés de cette consistance.

On qualifie de *dur, tenace, intraitable,* un terrain qui, lorsqu'il a un peu trop d'humidité, s'attache à la charrue et à la herse comme une pâte glutineuse qui ne se sépare que difficilement, et dont les parties qui ont été détachées forment des masses cohérentes ; ce terrain ne peut être divisé ou pénétré que par des instrumens pointus ou tranchans, et ses coupures présentent des faces lisses et luisantes. Lorsqu'il est sec, en revanche, ce terrain se durcit comme la tuile, et ses mottes brisées à force de coups, se divisent en fragmens informes ou feuilletés ; souvent même on ne parvient pas à les pulvériser. Lorsqu'après la pluie le soleil donne fortement sur ce terrain, celui-ci se durcit quelquefois à sa superficie, tandis qu'il conserve son humidité au dedans : on dit alors qu'il est serré, qu'il s'est formé une croûte à sa surface ; les terrains de cette espèce contiennent au-delà de 80 pour 100 d'argile.

On désigne le terrain sous la qualité de *raide, fort,* lorsque, étant sec, il peut être divisé avec moins de peine, et qu'alors il se rompt en morceaux d'une apparence matte et grenue, ou s'émiette. Rarement ce terrain est pulvérisé par la charrue et la bêche ; ces instrumens le réduisent plutôt en mottes qui ne peuvent être brisées que par un fort hersage ; c'est ce qui a lieu dans un sol qui contient au-delà de 5o pour 100 d'argile.

On dit que le sol est *léger* ou *meuble*, lorsque, étant humide, il forme à la vérité des mottes, mais que ces mottes se divisent et se pulvérisent sous une légère pression, ou lorsqu'elles sont légèrement heurtées ; c'est ce qui a lieu dans le terrain qui contient de 20 à 4o pour 100 d'argile.

On dit qu'il est *mouvant*, lorsque ses particules sèches ont peu ou point de consistance ou de cohésion, et qu'elles tombent en poudre sans former des mottes. A cette espèce appartiennent les sols qui contiennent plus de 90 pour 100 de sable, les terrains crayeux, ceux qui contiennent beaucoup d'humus et peu d'argile. Si le sol est tellement mouvant que le vent le remue facilement de place et l'emmène, on l'appelle alors terrain *pulvérulent*.

C'est en examinant le sol quarante-huit heures après une pluie douce qu'on peut le mieux juger de la tenacité et de la cohésion de ses partics. Avec un peu d'habitude, on parvient très-bien à les distinguer, en y plantant un bâton, ou même par l'effet qu'y produit la simple pression du pied.

§ 557.

Dans l'estimation de la valeur du sol, l'examen de la profondeur doit suivre immédiatement celui des parties constituantes dont il est composé. Par la profondeur du sol j'entends celle de la couche de terre qui est à sa surface, de cette couche qu'on appelle communément *terre végétale*, qui est homogène et imprégnée d'humus d'une manière égale. Dans les terrains ordinaires elle ne descend que peu au-dessous de la couche remuée précédemment par la charrue ; lorsqu'on tranche la terre verticalement, on aperçoit facilement la séparation de cette couche. Quelquefois cette profondeur n'est que de 3 pouces ; ordinairement elle est de 6 pouces ; souvent elle va à 10 ou 12 pouces. C'est dans une culture extraordinaire seulement, et dans des lieux où le terrain a été amassé et déposé par les eaux, qu'on le trouve imprégné également d'humus à une profondeur d'un et demi, deux, et jusqu'à trois pieds : nous envisageons déjà comme profond un sol qui a plus de 6 pouces d'épaisseur.

Nous prenons, en conséquence, 6 pouces pour la profondeur moyenne que le sol doit avoir pour être exempt de défauts et ne pas tomber au-dessous de la valeur que nous lui attribuons d'après la nature de ses parties constituantes.

Le terrain plus profond contient une plus grande quantité de terre végétale et de sucs propres à la nutrition des végétaux ; et si même cet excédant de terre végétale et de sucs n'est pas utile à toutes les plantes, il sert du moins certainement à quelques-unes, lors même que le terrain n'est pas remué dans toute sa profondeur. Au reste, cette épaisseur de la couche de terre végétale met à la disposition de tout bon laboureur l'avantage de pouvoir fouiller, de temps en temps, son terrain plus profondément, afin de profiter de sa couche inférieure pour toutes sortes

de produits, et c'est assez si cette culture profonde a
lieu une fois tous les six ou sept ans. Alors, les
racines, même celles des céréales, pénètrent plus
avant, elles vont chercher à une plus grande profondeur la nourriture que, dans un terrain peu profond,
elles ne peuvent trouver qu'en s'étendant latérale-
ment; ainsi elles peuvent se serrer davantage les
unes près des autres, sans que la sphère d'activité de
chacune d'elles soit rétrécie. Aussi le terrain plus
profond produit-il, à nature d'ailleurs égale, toujours des récoltes plus épaisses. Les racines des blés
ne se bornent point, comme quelques personnes
l'ont affirmé, à 6 pouces de profondeur, je les ai
clairement vues à 12 pouces, dans un terrain qui
leur permettait de pénétrer jusque là. Les racines des
légumes et du trèfle pénètrent beaucoup plus avant;
il en est de même de celles de la luzerne et des
récoltes racines; le terrain dont la couche végétale
est très-profonde favorise ainsi d'une manière toute
particulière la culture alternative de ces plantes.

Outre cela, ce terrain possède évidemment l'avantage de souffrir moins de l'humidité et de la sécheresse. L'eau qui est tombée sur le sol a plus d'espace
pour descendre avant de rencontrer la couche inférieure, d'où auparavant elle refluait à la surface,
qu'elle rendait semblable à une bouillie. Le terrain
argileux qui est plus profond, seul, peut être suffisamment égoutté par des tranchées souterraines.
Mais comme le terrain plus profond peut aussi absorber et contenir plus d'eau dans ses pores, il la conserve
également plus long-temps et il la fait parvenir de ses
réservoirs souterrains à la surface, à mesure que celle-
ci en a besoin. Les terrains défoncés sont caractérisés

d'une manière frappante par cette résistance à l'humidité et à la sécheresse; tous les observateurs attentifs ont également remarqué que, dans les terrains profonds, les céréales sont moins sujettes à verser, bien que les épis y soient plus grands, ou que tout au moins cet inconvénient n'y avait lieu que lorsqu'il était occasioné par la tempête et par des pluies battantes, et que, dans ce cas même, souvent les grains se relevaient d'eux-mêmes.

Dans les terrains de peu de profondeur c'est précisément le contraire. Ces terrains se distinguent en deux espèces, ceux qui ne sont pas de nature à pouvoir être fouillés plus profondément, et ceux dont la couche en culture peut être augmentée ou par le défoncement à la main, ou en pénétrant peu à peu et successivement plus avant avec la charrue : nous nous arrêterons à cette circonstance lorsque nous traiterons des couches inférieures du sol.

Les terrains sans fond, qui ont une épaisseur de terre végétale telle qu'on peut à peine la comprendre en entier dans un défoncement, présentent la possibilité de conserver au sol sa fécondité presque sans engrais*, ou par des défoncemens complets, ou en creusant successivement de place en place, et en étendant sur la superficie du sol la terre qu'on a ainsi tirée de sa partie inférieure. Aussi ces terrains ont-ils une valeur presque incroyable.

Mais dans quelle proportion la plus ou moins grande profondeur du sol augmente-t-elle la valeur de celui-ci? Nous avons admis six pouces comme la profondeur moyenne que le sol doit avoir pour être exempt de

---

* Du moins jusqu'à ce que la totalité de cette couche végétale ait été ramenée à la surface, et épuisée. (*Trad.*)

défauts ; et nous sommes convaincus que chaque pouce ajouté à la couche de ce sol que nous appelons la couche de terre végétale, élève de 8 pour 100 la valeur du terrain ; de sorte que celui dont la couche de terre végétale est de 12 pouces vaut, toutes choses étant d'ailleurs égales, la moitié de plus que celui dont elle n'est que de 6 pouces. A une plus grande profondeur, ce qui ne saurait être atteint par de simples labours, cette augmentation ne suit, à la vérité, pas la même proportion ; cependant, comme la terre végétale qui est au-desssous de la couche remuée par la charrue ne laisse pas d'être utile aux plantes, nous n'hésitons pas à porter à 5 pour 100 l'augmentation que chaque pouce de plus ajoute à la valeur du sol.

En revanche, la valeur de celui-ci baisse proportionnément à mesure que la couche de terre végétale diminue de la profondeur de 6 pouces que nous avons admise comme moyenne.

Si donc un terrain qui a 6 pouces de profondeur vaut 50, celui qui

| en a | | vaut alors | |
|---|---|---|---|
| 7 | | | 54 |
| 8 | . . . | | 58 |
| 9 | . . . | | 62 |
| 10 | . . . | | 66 |
| 11 | . . . | | 70 |
| 12 | . . . | | 74 |
| 5 | . . . | | 46 |
| 4 | . . . | | 42 |
| 3 | . . . | | 38 |

Il n'y a aucun doute que le sol ne puisse acquérir cette augmentation de valeur d'une manière durable,

au moyen de cet approfondissement de la couche de
terre végétale; quant aux avances que cette opération
exige, elles varient infiniment; quelquefois elles demeurent en dessous de la valeur de cette augmentation, d'autres fois elles l'excèdent.

§ 558.

Ce qui est au-dessous de la terre végétale s'appelle
la couche inférieure du sol, la terre vierge; ou cette
couche est composée des mêmes élémens que la
couche supérieure, à l'exception cependant de l'humus et de ce que cette couche retire de l'atmosphère
avec laquelle elle est en contact, ou bien elle est composée de substances d'une nature différente. La couche
inférieure a une influence sensible sur la bonté du
sol, et cette influence est d'autant plus grande que la
couche supérieure a moins de profondeur.

La couche de terre qui est au dessous des terrains
argileux ou glaiseux est ordinairement argileuse;
elle ne se distingue de ceux-ci que par sa crudité, par
sa ténacité et par son impénétrabilité. Mais souvent
aussi on trouve la même espèce de terre sous une
terre végétale sablonneuse; dans une position unie,
mais légèrement inclinée, une couche inférieure de
cette nature peut améliorer beaucoup ce terrain, en
empêchant que l'eau ne s'écoule trop avant, en entre-
tenant dans le sol plus d'humidité qu'on ne semblerait
devoir s'y attendre. Quelquefois, dans le labour, ou
par le défoncement, on peut ramener à la surface
une partie de cette terre, et la mêler dans des proportions convenables avec le sable. Au premier
abord, ce mélange amoindrit quelquefois le sol, mais

ensuite lorsque le mélange complet a eu lieu, le terrain en est sensiblement amélioré.

Si, au contraire, cette couche inférieure de terre argileuse est inégale, de sorte que les eaux n'y aient pas leur écoulement d'une manière uniforme, et que, loin de là, elles s'y amassent et y croupissent, elle peut, dans les temps pluvieux, rendre trop humides même les terrains les plus sablonneux.

Quelquefois cette couche inférieure est marneuse ou calcaire, même dans des lieux où la couche supérieure offre à peine une trace de chaux. Ici l'approfondissement du sol par les labours, par le défoncement complet ou successif, produit des effets surprenans, et l'améliore en même temps d'une manière durable, parce que l'argile marneuse, quelque tenace qu'elle soit dans la couche inférieure du sol, lorsqu'elle est amenée à la superficie et mise en contact avec l'air, se divise et se pulvérise de manière à pouvoir facilement être mêlée avec le sol. Ce terrain est donc susceptible d'une grande amélioration.

Sous un terrain argileux ou glaiseux on trouve aussi quelquefois une couche de terre sablonneuse, qui, si elle n'est placée ni trop près de la superficie du sol, ni à une trop grande profondeur, c'est-à-dire si elle est à 1 pied ou 1 pied ½ au-dessous de la surface, et si sa couche est assez épaisse, produit alors un sol éminemment fécond, un sol qu'on qualifie de pesant et chaud, tout à la fois, parce qu'il ne souffre jamais de l'humidité, et que, au contraire, il en laisse toujours écouler la partie surabondante.

S'il n'y a qu'une petite épaisseur de terre végétale au-dessus du sable qui constitue la couche inférieure, ce terrain est fortement exposé à la sécheresse, lors même qu'il paraît très-fertile par une température humide, ou, au printemps, aussi long-temps qu'il conserve l'humidité de l'hiver.

Quelquefois aussi la couche de sable ou de gravier est très-mince, et elle a au-dessous une couche d'argile imperméable. Si, alors, le terrain manque de pente, l'eau s'amasse dans cette couche de sable comme dans un réservoir, et elle reflue vers la surface; alors il s'y forme des fondrières, des places humides, le terrain devient froid et stérile, parce que l'eau qui s'écoule entraîne avec lui des particules de fumier dissoutes, et les dépose dans la couche de sable qui est au-dessous. Cette espèce de terrain est une des plus mauvaises, si on ne l'améliore par des saignées qui fournissent un écoulement à l'eau; mais à l'aide de ces saignées, ce terrain peut être complètement corrigé.

Plus le sable qui est au-dessous du terrain sablonneux est sans fond et mouvant, plus ce terrain est sec. Si, à une certaine profondeur, le sable prend plus de consistance, et que, ainsi, l'écoulement de l'humidité soit un peu arrêté, le sol a plus de fraîcheur.

Quelquefois la couche inférieure du sol est composée de pierres; elle est plus ou moins rapprochée de la superficie, c'est-à-dire qu'elle est recouverte par une couche de terre végétale plus ou moins grande. Souvent celle-ci n'a que quelques pouces d'épaisseur; c'est surtout le cas dans les montagnes.

De toutes les couches inférieures du sol qui sont pierreuses, celles qui sont composées de pierres à chaux sont toujours les meilleures. A la superficie, cette pierre est le plus souvent rude au toucher, délitée et pleine de crevasses; elle absorbe l'eau, et les

racines des plantes y pénètrent. Il est des végétaux
qui semblent attaquer la pierre même, et qui peut-
être tirent de son acide carbonique une partie de
leur nourriture : c'est le cas surtout du sainfoin (esparcette) et de la plupart des plantes qui appartiennent
à la diadelphie, des arbres et des arbrisseaux; de sorte
que les rochers calcaires et gypseux sont moins stériles que ceux d'un autre genre.

Le schiste argileux, couvert d'une légère couche
de terre végétale, se délite lorsque la charrue l'en-
tame ou en lève des morceaux, et l'on assure avoir
par là rendu plus profonde et avoir amélioré la
couche supérieure du sol. Le granit exclut toute végétation; le terrain qui repose sur lui, et dont la couche
a peu d'épaisseur, ne s'améliore point, à moins qu'on
n'augmente la couche de terre végétale en y en transportant.

Quelquefois la couche inférieure est composée de
cailloux roulés; ce qui importe en cela, c'est de savoir
s'ils sont suffisamment recouverts de terre végétale,
ou si la couche supérieure n'a que peu d'épaisseur.

Dans le premier cas ils ne sont point nuisibles; au
contraire, si le terrain est argileux, ils peuvent être
très-utiles, en fournissant un écoulement aux eaux
surabondantes : nous parlerons dans la suite des
pierres isolées qui se présentent jusqu'à la surface
du sol.

L'ocre ou la mine de fer, que l'on trouve assez fréquemment au-dessous de la superficie du sol, est extrêmement nuisible à la végétation; il l'empoisonne,
pour ainsi dire, s'il n'est pas recouvert d'une couche
de terre végétale assez épaisse pour qu'il ne puisse
être atteint par les racines des plantes. Il est ordinai-

rement recouvert d'une couche de terre âpre et de
couleur brune, de même nature que lui; cette couche
devient plus dure à mesure qu'elle descend, et elle
est enfin transformée en pierre. Les arbres dépéris-
sent aussitôt que leurs racines touchent à cette terre.

A l'égard de l'humidité, nous distinguons la couche
inférieure du sol en perméable et en imperméable.
La première espèce est la sablonneuse et le plus souvent aussi la pierreuse, qui rarement est dépourvue
de fentes et d'ouvertures par où l'eau puisse s'écouler.
Moins cette couche contient de sable, plus elle est
imperméable; cependant de la glaise qui contient
beaucoup de sable peut aussi devenir imperméable,
si elle s'est durcie. C'est ainsi que lorsqu'on laboure
toujours à la même profondeur, la pression des pieds
des chevaux et de la charrue forme peu à peu une
croûte qui est imperméable à l'eau, et qui se rompt en
morceaux, lors même qu'au-dessus et au-dessous le
sol est assez meuble et perméable.

§ 559.

C'est principalement à l'imperméabilité de la couche
inférieure que, dans le plus grand nombre de cas,
est due la trop grande humidité du sol ; car, quoique
la couche supérieure ait plus ou moins d'adhésion
avec l'eau, et soit naturellement plus sujette à souffrir
de l'humidité ou de la sécheresse, cette humidité naturelle ne paraît cependant pas être nuisible à la végétation, du moins si le sol ne contient pas plus d'eau
que les terres dont il est composé n'en peuvent retenir, d'après le degré d'attraction de cohésion qu'elles
ont pour l'eau. Mais lorsque l'eau ne peut pas s'écouler

et s'égoutter, et qu'ainsi la terre meuble devient semblable à une bouillie, cette humidité excessive est très-nuisible à la plupart des plantes que nous cultivons. Lorsque la couche inférieure du sol est imperméable, et qu'au lieu d'être en pente, et ainsi de fournir de quelque côté un écoulement aux eaux, elle est au contraire inégale et raboteuse, quoique la superficie du sol soit unie, l'eau y est retenue comme dans un bassin, et le terrain ne peut être essuyé qu'à la longue par l'évaporation.

Les terrains où il y a des sources d'eaux les doivent ordinairement à la nature des couches inférieures du sol.

### § 560.

Outre cela, il se peut que l'humidité soit due à des eaux qui s'écoulent de la surface de terrains plus élevés, et que ces eaux n'aient pas d'issue ultérieure. Enfin, il est possible qu'elle soit due aux eaux de quelque bassin placé dans une situation plus élevée, de quelque fleuve ou de quelque lac, lesquelles suintent au travers d'une couche de terre perméable.

Nous aurons occasion d'examiner ces causes d'humidité, lorsque nous traiterons des dessèchemens; nous n'en disons un mot ici en passant, qu'en raison de l'influence que le plus ou moins de difficulté de les surmonter a sur la valeur du sol.

Quelquefois l'humidité rend le terrain impropre à presque tout usage; d'autres fois elle y favorise la végétation des herbages, et elle le rend propre à être converti en prairie; mais jamais elle ne lui donne des qualités pour la culture des grains. Souvent elle per-

niel que le sol soit ensemencé en grains de printemps,
surtout en avoine, mais jamais en grains d'automne.

C'est au printemps qu'on juge avec plus de certitude de l'humidité nuisible dont le sol est imprégné.
Dans d'autres saisons on en aperçoit bien les traces
dans les plantes qui végètent sur ce terrain, mais cependant d'une manière plus équivoque.

L'on ne juge jamais mieux du plus ou moins d'intensité de la disposition du sol à retenir l'humidité
que quelques jours après une pluie douce; l'on qualifie alors un terrain,

*a*) De *sec*, lorsque, comprimé dans la main, il ne
donne aucune trace d'humidité;

*b*) On dit qu'il est *essuyé*, s'il ne donne de signe
d'humidité que lorsqu'il est fortement broyé et pressé;

*c*) Qu'il est *frais*, lorsqu'on sent facilement son
humidité;

*d*) Qu'il est *humide*, lorsque dans une légère, pression, il humecte la main;

*e*) *Mouillé*, lorsque, en le comprimant, on en fait
couler l'eau goutte à goutte, et que la tranche remuée
par la charrue, ou la pellée de terre enlevée avec la
bêche, est luisante;

*f*) *Aqueux* ou *marécageux*, lorsque l'eau demeure à sa superficie, ou qu'elle s'introduit d'abord
dans les traces que laisse la pression des pieds.

Les quatre premiers degrés dépendent en grande
partie de la composition du sol; cependant sa position
peut aussi y contribuer; les deux derniers sont dus entièrement à cette position.

### § 561.

Par la *température* du sol, par ce qu'on appelle sa

*chaleur* et sa *froideur,* nous n'entendons point le degré de chaleur qui lui est communiqué par celle de l'atmosphère, par les rayons du soleil, suivant les différences du climat et de la situation dans lesquels ce sol est placé, et dont nous parlerons dans la suite, mais seulement celui qui dépend de causes intérieures, lesquelles existent dans le sol lui-même.

Notre globe paraît avoir au-dedans de lui un certain degré de chaleur. En effet, à une profondeur de 10 pieds au-dessous de la surface du sol, la température se conserve, dans toutes les saisons, égale à 7 degrés du thermomètre de Réaumur *. Long-temps on a cru que cette chaleur était due à un feu central contenu dans l'intérieur de ce globe, ou tout au moins à une grande chaleur qui y était demeurée dès le temps de la création, et qui prenait plus d'intensité à mesure qu'elle se rapprochait du centre de la terre. Mais cette opinion a déjà été trouvée sans fondement en ceci, qu'à quelque profondeur qu'on ait pénétré dans les mines, on ne s'est cependant aperçu d'aucune élévation de température.

A 1200 pieds au-dessous de la surface du sol, cette chaleur était toujours la même ; dans quelques mines de la Hongrie seulement, on s'est aperçu de quelque augmentation de chaleur ; mais cet effet peut être attribué à des causes locales, telles que la température élevée de quelques sources, ou la nature particulière de la surface de terrain qu'elles parcourent. La chaleur qui résulte de ces espèces de fourneaux souterrains est un phénomène rare.

On distingue souvent des différences dans la tempé-

* 8°,75 du thermomètre centigrade. (*Trad.*)

rature du sol, par le temps plus ou moins long que la glace et la neige emploient à s'y fondre, et par la disposition que certaines places ont à se geler plutôt que d'autres, sans que la position du sol puisse y contribuer ; pour les labours d'automne et de printemps, ceci ne laisse pas d'être d'une grande conséquence. Dernièrement, à l'aide du thermomètre, on a fait là-dessus quelques observations plus précises : mais elles n'ont point encore été assez répétées pour que je puisse présenter ici rien de plus positif que ce qui va suivre sur les causes de ces différences de température.

La température du sol dépend d'abord visiblement du degré d'humidité de ce sol. Le terrain humide est en moyenne plus froid, il s'essuie plus lentement, il gèle plus vite, et il lui faut plus de temps pour acquérir la chaleur nécessaire à la végétation : c'est pour cela qu'on qualifie ce terrain d'*humide* et *froid* ; le terrain sec, de *chaud* ; le très-sec, de *brûlant*. Il n'est pas douteux que cela ne provienne de ce que l'évaporation de l'eau consume une quantité de calorique libre, et l'enlève par conséquent au sol.

Outre cela, souvent nous trouvons une différence de température dans des terrains d'une humidité égale. Un sol rempli de terreau, de fumier non épuisé, et de substances en putréfaction, a un degré de chaleur beaucoup plus élevé, et fait beaucoup plus promptement fondre la neige dont il est recouvert, de sorte que le paysan a coutume de dire que *ce terrain mange la neige*. Ici la chaleur provient, sans aucun doute, des décompositions chimiques qui s'y opèrent, et dans lesquelles il se dégage presque toujours du calorique : ainsi il est vrai, à la lettre, de dire que le fumier réchauffe le terrain. Il produit cet effet en partie mécaniquement, en rendant le sol plus léger, plus meuble et ainsi plus sec, et en partie chimiquement, en le décomposant.

L'on s'aperçoit que le terrain calcaire est plus chaud, parce qu'il accélère ces décompositions chimiques, et que non-seulement il exerce l'action la plus forte sur le fumier et l'humus, mais que ceux-ci l'exercent également sur lui. Les sols ne sont pas tous également bons conducteurs de la chaleur qu'ils reçoivent du dehors; le sable l'est plus que l'argile lorsque celle-ci n'est pas excessivement humide. Ainsi un changement subit de température a plus d'influence sur les plantes qui végètent dans un terrain sablonneux que sur celles qui croissent dans un terrain argileux; c'est par cette raison que les gelées de nuit, et surtout les gelées blanches, sont plus nuisibles aux premières qu'à ces dernières, comme on a souvent occasion de le remarquer sur celles des semailles auxquelles le froid est le plus contraire ; probablement aussi il est telle couche inférieure du sol qui, mieux que telle autre, communique aux corps avec lesquels elle est en contact, la chaleur qui provient du dedans de la terre, et qui, par cela même, fait que la gelée pénètre moins avant, et est plus vite dissipée.

On détermine les degrés de température du sol par les expressions

a. *Brûlant.*      c. *D'une chaleur moyenne.*
b. *Chaud.*        d. *Froid.*

Des recherches plus précises, que l'on fera à l'aide du thermomètre, surtout au printemps, à la cessation de la gelée, donneront peut-être encore des résultats remarquables sur les différences qui, sous ce rapport, existent entre les différens sols.

§ 562.

La valeur et les qualités du sol ne dépendent pas seulement de sa composition et de la nature de ses propriétés intérieures, mais aussi de *sa position*, de *sa forme*, et de ce qui *l'environne*, circonstances qui toutes influent beaucoup sur ses qualités, et les modifient de diverses manières.

La *forme de la surface*, sa position montueuse ou plate, horizontale ou inclinée, a une influence variée suivant les proportions diverses des terres élémentaires dont le sol est composé.

Le terrain sablonneux, mouvant et sec, est d'autant plus fertile qu'il est plus plat, et qu'il est plus bas relativement à la contrée qui l'environne. Dans cette position, il conserve plus long-temps l'humidité, dont il a rarement une surabondance ; en revanche, cette espèce de terrain perd d'autant plus de sa valeur, qu'elle se trouve placée sur des hauteurs, sur des collines, ou sur les croupes élevées de la contrée ; là, non-seulement son humidité s'égoutte plus promptement ; mais de plus, cette humidité, et avec elle souvent les particules les plus fertilisantes du sol, lui sont enlevées par les vents. Dans une telle position un terrain sablonneux qui, dans la plaine, pourrait sans contredit être cultivé avec avantage, ne vaut décidément pas la peine d'être ensemencé ; souvent même il peut être dangereux pour toute la contrée avoisinante d'attaquer la couche supérieure de ce terrain avec la charrue, parce qu'il peut en résulter des tourbillons de sable très nuisibles.

Au terrain argileux, au contraire, et à celui dont la
couche inférieure est imperméable, une position montueuse ou inclinée peut souvent être avantageuse,
parce qu'elle fournit un écoulement aux eaux surabondantes. Dans une telle position, au moyen de fossés ou de tranchées souterraines judicieusement disposées, on peut prévenir tous les inconvéniens de
l'humidité : le plus souvent il s'y trouve un débouché
pour l'eau, ou tout au moins une place basse où elle
peut être réunie *. Cependant les pentes roides ne sont
jamais désirables, à cause de la difficulté qu'on
éprouve à les cultiver.

On a long-temps disputé sur la question de savoir
si, sur une même base géométrique, la plus grande
surface du terrain montueux avait, à l'égard du produit, des avantages sur la plus petite surface du terrain
plat. La plupart des théoriciens ont soutenu que la
première n'avait aucun avantage et ne pouvait pas
contenir plus de plantes que la surface horizontale,
parce que les plantes sont toujours placées perpendi-
culairement, et que, par conséquent, il n'y avait place

---

* Quelque plat que soit un champ, il peut toujours être parfaitement assaini et débarrassé de ses eaux surabondantes, au moyen de rigoles ou fossés d'écoulement ; surtout étant réparti en planches régu-
lières, séparées par des raies d'écoulement profondes qui, si les planches
ont une grande longueur, comuniquent entre elles par le moyen des
fossés transversaux. Ceux-ci, en coupant les raies qui séparent les planches, conduisent, par un plus court chemin, les eaux au fossé ou canal
qui doit les emmener au loin. Pour cela, il suffit que ce conduit ait un
débouché plus bas que le champ même.

Dans les positions montueuses, au contraire, et ma propre expérience
me l'a démontré, il y a souvent la plus grande difficulté à bien égoutter
les terres, sans les exposer à des corrosions et des dégradations. Je me
suis expliqué sur cette matière au § 143 et suivans de mon *Économie de
l'agriculture*. (*Trad.*)

ni pour un plus grand nombre de racines ni pour un plus grand nombre de tiges ; mais les praticiens n'ont jamais pu être convaincus, et il paraît évident en effet que l'opinion contraire de ceux-ci est fondée. Déjà, quant à la place, il paraît incontestable qu'elle suffit à un plus grand nombre lorsque les plantes s'élèvent les unes au-dessus des autres. Là où la sommité d'un arbre, où l'épi d'une plante s'étend, la racine d'un autre a sa place. Si des hommes occupent des gradins, il y en peut tenir un plus grand nombre que si ces hommes étaient placés sur un même espace dans un lieu plat. Outre cela, il y a toujours assez de place pour les céréales, il ne leur manque que l'étendue suffisante pour tirer de l'atmosphère les sucs qu'elles empruntent d'elle ; et cette étendue est toujours plus grande sur une colline que sur sa base. En supposant que la couche de terre végétale ait une même profondeur, il y en a cependant toujours plus sur cette grande surface que sur sa base ; et enfin les plantes qui végètent sur un coteau se privent réciproquement moins d'air et de lumière. Ainsi donc, si le terrain est d'une même nature, il ne devrait pas être estimé uniquement d'après son étendue calculée sur sa base, comme elle doit être donnée sur les plans, mais aussi d'après l'étendue réelle de sa surface ; c'est aussi ce qui a effectivement lieu dans la pratique et dans le mesurage de quelques pièces de terrain particulières.

§ 563.

Le plus ou le moins d'élévation du sol au dessus du niveau de la mer produit une grande différence dans le climat et dans la température atmosphérique. Dans une même zone, la chaleur est toujours moins grande sur les montagnes que dans les plaines ou les bas-fonds; il n'y a pas jusqu'à la zone torride, où le sommet des plus hautes montagnes ne soit couvert de glaces et de neiges éternelles. Cependant les limites des glaces sont à une plus grande hauteur dans les pays voisins de l'équateur, et elles s'abaissent à mesure qu'on se rapproche du pôle. La végétation diminue dans la même proportion que la chaleur; sur les hauteurs, les arbres et les végétaux sont toujours moins élevés et plus rabougris; plus haut, il ne croît que des pins, et à une plus grande élévation encore, seulement certaines plantes de montagnes.

Mais nous nous apercevons d'une diminution dans la végétation des céréales, déjà sur des hauteurs moins considérables, et lors même que leur position est d'ailleurs avantageuse. Cependant, pourvu que le terrain lui convienne, le froment réussit sur les montagnes mieux que le seigle, et l'avoine mieux que l'orge; du reste, toujours relativement, et la maturité en est toujours plus tardive. Il manque rarement d'humidité sur les montagnes, parce qu'il s'y fait un plus grand dépôt de celle qui est contenue dans l'atmosphère; aussi un terrain sec et chaud y a-t-il tous les avantages sur un terrain humide et froid. Mais comme, pour l'ordinaire, il y a assez de pente pour donner de l'écoulement aux eaux, on peut toujours y égoutter le sol en y creusant des tranchées, et en donnant une issue aux sources qui s'y trouvent.

Une grande charge inhérente aux champs qui sont placés sur les montagnes et qui diminue considérablement leur valeur, c'est la difficulté du charroi des engrais, lesquels fréquemment ne peuvent être transportés qu'avec des peines infinies. Il semble qu'on pourrait prévenir cet inconvénient en tenant le bétail au parc; mais ce parcage du bétail augmente en revanche beaucoup la difficulté du labour.

Enfin sur les pentes rapides les pluies abondantes et les ravines entraînent, fréquemment avec elles la terre végétale; ainsi il est souvent plus avantageux de laisser en forêts les terrains fortement inclinés, lors même qu'ils produisent de riches moissons.

§ 564.

Dans les pentes des montagnes et des coteaux, et même dans les terrains légèrement inclinés de la plaine, la direction de l'inclinaison offre une considération importante.

Les terrains tournés vers le nord sont moins vite réchauffés et essuyés, ils conservent leur humidité plus long-temps. Les substances végétales et animales qui fournissent à la nourriture des plantes y entrent plus tard en fermentation et emploient plus de temps à se décomposer. La végétation y dure moins long-temps, elle commence plus tard et finit plus tôt. Les plantes manquant de chaleur et de lumière, elles sont moins savoureuses et produisent moins de fruits; elles y souffrent plus souvent des vents froids et de la gelée.

Les terrains exposés au midi sont plus vite et plus fortement réchauffés; ils jouissent d'une lumière plus grande et plus directe. La végétation y commence plus tôt, et les produits y arrivent à leur plus grande perfection. En revanche, ces terrains souffrent plus facilement de la sécheresse; ils sont aussi plus exposés aux bourrasques de pluie et de grêle qui viennent du midi.

Les terrains inclinés vers l'orient sont plus vite essuyés, l'atmosphère y dépose moins d'humidité ; ils se sèchent plus facilement. Le soleil du matin y réveille plus tôt la végétation, il la remet plus promptement en activité après le repos de la nuit et l'absorption de l'humidité. Les récoltes y font ainsi plus de progrès et y mûrissent plus parfaitement ; à la vérité, elles peuvent aussi plus facilement y être détruites par les nuits froides et par les gelées blanches. Au reste, souvent les nuits froides et les gelées blanches y sont moins nuisibles qu'ailleurs, parce que le soleil étant moins fort à son lever, fait moins promptement évaporer la rosée *.

Dans les terrains penchés vers l'occident, les végétaux ne reçoivent la chaleur et la lumière directe du soleil, que lorsque l'humidité de la nuit a été évaporée, et que la force vitale ranimée par le repos, a été déjà affaiblie; c'est pour cela que les produits qui croissent à l'exposition du couchant ne sont en général pas aussi hâtifs, et qu'ils n'atteignent pas une aussi grande perfection que ceux qui ont eu les rayons du soleil à son lever. Au reste, le vent d'ouest charie avec lui plus d'humidité; ainsi le sol tourné de ce côté souffre moins de la sécheresse. Cette position est plus avantageuse, si elle incline légèrement vers le midi. C'est ici que les dommages occasionés par le dégel subit

---

* Dans la contrée que j'habite, au contraire on a remarqué que les terrains qui recevaient les premiers rayons du soleil le matin, étaient plus exposés à souffrir des gelées blanches, parce que le passage du froid au chaud était plus rapide et éprouvait sensiblement les plantes délicates. (*Trad.*)

sont le plus sensibles, parce que le soleil n'atteint les plantes que vers midi, lorsqu'il est à sa plus grande force*.

Les avantages et les désavantages de ces diverses positions sont déterminés surtout par la composition du sol et par ses autres propriétés. Le terrain argileux, humide et froid gagne par l'exposition à l'orient et au midi, et est incomparablement plus mauvais lorsqu'il est tourné à l'occident ou au nord. C'est précisément l'opposé dans des terrains sablonneux et calcaires, secs et chauds, pour lesquels l'inclinaison à l'occident est toujours la meilleure, et qui, lorsqu'ils sont tournés au sud-est, souffrent toujours plus de la sécheresse. Du reste, l'inclinaison au nord n'est dans aucun cas avantageuse, lorsqu'elle est tellement rapide, que le soleil n'y donne que d'une manière très-oblique.

## § 565.

Quelquefois le terrain est privé des rayons du soleil et de la lumière par les objets qui l'environnent, par des montagnes, par des forêts, par de grands arbres isolés et par des bâtimens. Sans parler de la chaleur que les rayons du soleil donnent, la lumière en elle-même est indispensable à la réussite des plantes, et peut-être même pour accélérer certaines décompositions dans le sol.

Nous savons que toutes les plantes cherchent la lu-

* Le dégel n'attend point que les rayons du soleil viennent frapper sur le sol; il a lieu aussitôt que l'atmosphère commence à être réchauffée par cet astre, et la transition du froid au chaud est bien moins subite et tranchante, dans les lieux qui ne sont pas exposés au levant, que dans ceux qui reçoivent les premiers rayons (*Trad.*)

mière, et s'inclinent toujours du côté où elles la trouvent. On le remarque en plein air, mais plus clairement encore dans des chambres et dans les serres ; au
reste, cela n'est jamais plus sensible que lorsqu'on
renferme des végétaux dans des caisses de bois, qui
n'ont que quelques fentes ; les plantes s'introduisent
alors dans celles-ci, avec une force à peine croyable.
Dans les plantations épaisses, les végétaux s'étendent
de toutes leurs forces en hauteur, cherchant à l'envi
à jouir des avantages de la lumière *. Elles croissent
donc d'autant plus en hauteur, qu'elles sont plus
épaisses, mais sans doute aussi aux dépens de la
force de leur parties inférieures, qui alors demeurent
plus faibles. Toutes les plantes qui ont crû à l'obscurité et à l'ombre ont un air pâle et maladif, un tissu
lâche et cachectique, des pousses longues, minces,
sans force et faciles à rompre, elles n'ont point la saveur qui leur est propre, mais seulement un goût
fade et aqueux; dans notre langue nous caractérisons
cet état par le mot *étiolement*. En revanche, plus la
lumière qui tombe sur les plantes est intense et tombe
verticalement sur elles, plus ces plantes deviennent
fortes, accomplies et vigoureuses dans toutes leurs
parties et leurs substances. La couleur verte des
feuilles dépend entièrement de la lumière, c'est pour
cela que toutes celles qui ne sont pas encore développées sont pâles. Cette action particulière de la lumière est, ainsi que des expériences précises l'ont
démontré, indépendante de la chaleur que les rayons
du soleil transmettent en même temps ; car l'on a pu

---

* Je ne crois pas que cela soit dû *uniquement* à la lumière, mais bien
aussi aux sucs atmosphériques que l'air extérieur porte avec lui. (*Trad.*)

remplacer la lumière du soleil par une forte lumière
artificielle, pourvu que d'ailleurs la température fût
la même.

Dans un terrain qui est ombragé, les plantes germent, à la vérité, car pour la germination des plantes
et pour le développement des premières fibres de
leurs racines, une position ombragée est avantageuse;
elles reçoivent un développement passablement grand,
mais elles ne produisent pas de parties nutritives et
elles donnent des fruits imparfaits. De là vient que
l'herbe qui a crû sous des arbres rapprochés les uns
des autres est peu nourrissante.

## § 566.

Ou le sol est exposé à tous les vents, ou bien il
en est abrité par des hauteurs, des montagnes, des
forêts, des bâtimens ou des haies, placés d'un côté
ou d'un autre; suivant la nature de la composition du
sol, cette circonstance peut lui être utile ou désavan-
tageuse. Le terrain argileux et humide gagne en général à être exposé à l'air libre, plutôt qu'à être dans
une position couverte et abritée des vents. La neige
fond moins promptement et, surtout au printemps,
le terrain est moins vite essuyé, lorsque les vents n'y
ont pas un libre cours. Le terrain sec, sablonneux et
chaud, au contraire, retire souvent de grands avantages des abris qui le protégent contre les vents; quelquefois il peut être sensiblement amélioré par les
haies dont on l'entoure, ou par des arbres plantés du
côté où soufflent les vents les plus redoutables. Le
vent nuit beaucoup à ce dernier terrain, parce qu'il
lui enlève plus promptement l'humidité, qu'il dis-

perse la couche supérieure du sol mêlée d'humus, laquelle est encore plus légère que le sable, et qu'ainsi il dégarnit les racines des plantes dans un lieu, tandis que dans un autre il recouvre ces plantes avec du sable brut.

Quant aux plantes elles-mêmes, le vent leur fait éprouver des effets variés. Chez quelques-unes il favorise la fructification pendant la floraison, chez d'autres il y met obstacle ; ainsi ces dernières ne produisent guère beaucoup de semence que dans les positions abritées.

§ 567.

Enfin, il faut également prendre en considération la nature de l'atmosphère et de la température, qui constitue ce que l'on désigne sous le nom de climat. Si ce climat est tel que la latitude l'indique et que la température moyenne de l'atmosphère soit en rapport avec elle, nous n'avons point à nous enquérir de cette circonstance, qui est alors dans son état naturel ; d'ailleurs c'est à l'aide des observations thermomé-triques qu'on parvient à connaître cette température d'une manière précise.

Mais les modifications dans l'état de l'atmosphère et de la température, que nous remarquons dans quelques districts et dans des portions isolées de terrain, méritent sans contredit que nous nous en occupions d'une manière plus particulière que nous ne l'avons fait jusqu'ici.

Ce n'est pas seulement les rayons du soleil, et leur direction plus ou moins verticale qui contribuent aux différences de chaleur que nous remarquons, plusieurs autres causes paraissent également y avoir part. Les décompositions qui s'opèrent dans l'atmosphère; l'influence des exhalaisons qui émanent de la superficie de la terre; cette communication de la température de portions de terrain rapprochées, qui a lieu par le moyen des vents; la position du sol relativement à certains vents; les montagnes et les forêts qui entourent un pays ou le coupent, qui le protégent contre le froid, ou le rafraîchissent par leurs sommités glacées; la hauteur de la contrée; le voisinage de la mer ou de grands lacs; un sol sablonneux ou marécageux; toutes ces circonstances influent sur la température locale, et méritent d'être prises en considération.

L'eau tenue en dissolution dans l'atmosphère se précipite plus abondamment dans certains pays que dans d'autres. Pour déterminer ces différences d'une manière plus précise, nous manquons encore d'observations météorologiques sur diverses contrées, et en particulier de données précises sur la quantité de pluie qui y est tombée, et celles-ci sont, de toutes ces observations, sans aucun doute les plus intéressantes pour l'agriculture.

Nous avons déjà remarqué que les sommets des montagnes attirent, plus que les plaines, l'eau contenue dans l'atmosphère. Indépendamment de cette considération, l'attraction des vapeurs aqueuses s'exerce plus dans un lieu que dans un autre; elles s'y précipitent dans l'état de pluie ou de rosée, ou enfin sous la forme de brouillards. Les districts voisins de la mer, des lacs et même des grands fleuves, reçoivent une plus grande quantité d'eau vaporisée, et sont en général plus humides, surtout lorsque ces eaux sont à leur occident. Cette circonstance améliore souvent les terrains secs, et en particulier les rend plus propres à être mis en herbages; en revanche elle détériore d'autant plus les terrains qui, sans cela, sont déjà humides.

Les vapeurs qu'exhalent des amas considérables d'eaux croupissantes, surtout les marais, ont quelquefois des propriétés très-nuisibles, les brouillards qui s'en élèvent endommagent souvent des plaines tout entières, de sorte que tous les ans, les céréales y sont atteintes de diverses maladies, et ne produisent que peu et de mauvais grains; quoiqu'au printemps elles aient une belle apparence. De simples desséchemens ont complètement remédié à ce mal, c'est donc une preuve qu'il n'avait pas d'autre cause que celle dont nous venons de parler.

Les forêts de haute futaie et d'une grande étendue, paraissent également attirer à elles l'humidité, ou condenser l'eau qui se trouve en dissolution aériforme dans l'atmosphère; en effet, on a généralement remarqué que, dans les contrées boisées, il tombait une plus grande quantité d'eau.

Enfin il est des contrées où les nuées, et en particulier les orages, se rassemblent plus que dans d'autres. On croit avoir remarqué qu'ils suivent tantôt le cours des rivières, tantôt les sommités des hauteurs voisines, et que d'autres fois ils reçoivent leur direction des chaînes de montagnes. Il y a cependant des lieux où ordinairement les orages se divisent, sans qu'on puisse en expliquer la cause : l'expérience seule apprend à connaître ces particularités. Il est des contrées qui reçoivent presque toujours les orages qui ont pris naissance dans un certain lieu, et d'autres qui n'y sont que rarement exposée, ou qui, du moins, n'en reçoivent que de faibles atteintes. Comme les pluies d'orages sont la plupart bienfaisantes, les premières se distinguent par leur fertilité, mais aussi elles sont plus exposées à la grêle.

§ 568.

L'atmosphère, et surtout sa couche inférieure, ne contient pas seulement de l'eau, mais souvent encore des substances qui ont une grande influence sur la végétation ; ces substances y sont contenues en proportions variées. L'on sait que le gaz acide carbonique et le gaz hydrogène carboné, sulfuré et phosphoré, sont très-favorables à la végétation, et qu'ils contribuent réellement à l'amendement du sol. Mais il y a vraisemblablement aussi souvent d'autres substances plus composées, surtout des émanations animales qui ne sont pas encore entièrement décomposées, où dont les élémens se sont combinés d'une manière particulière. Les contrées très-peuplées qui entretiennent une grande quantité de bétail, où l'on consume beaucoup de combustibles et ou il s'opère de nombreuses décompositions, dont les produits se combinent avec l'atmosphère, se distinguent d'une manière frappante par leur fertilité ; différentes observations semblent démontrer que cette grande fertilité est indépendante de la plus grande quantité de fumier que ces contrées produisent. Dans les grandes villes et dans leurs environs, on peut à peine méconnaître cette influence de l'atmosphère sur la fertilité des terrains, même les plus mauvais. Ce que nous avons dit au § précédent des vapeurs qui s'élèvent des eaux stagnantes, prouve que l'air peut également contenir des substances nuisibles. C'est ainsi que des expériences incontestables ont démontré l'influence fâcheuse de l'épine-vinette sur les céréales qui croissent dans son voisinage.

§ 269.

La valeur du sol peut être considérablement modifiée par la plus ou moins grande quantité de mauvaises herbes qu'il contient ; je dis par la plus ou moins grande quantité, parce qu'il est extrêmement rare de trouver un terrain qui en soit absolument exempt.

On qualifie du nom de mauvaise herbe, toute plante qui végète dans un lieu où l'on ne désire pas qu'elle existe. En effet, cette plante nuit toujours aux végétaux qu'on cultive sur ce terrain, elle les prive de la place et des alimens qui leur étaient destinés, et elle accélère sans utilité l'épuisement du sol. Cependant, nous ne parlons ici que de ces espèces de mauvaises herbes seulement, qui ont rempli le sol de leurs racines et de leurs semences, à tel point, qu'on ne puisse les détruire sans beaucoup de peine, et sans des sacrifices considérables, et qu'elles aient une influence nuisible très-sensible sur le succès des récoltes.

Sous des rapports agronomiques nous distinguons ces mauvaises herbes en trois genres :

1. Celles qui se multiplient par les semences seulement ;

2. Celles qui, ordinairement, ne se propagent que par les drageons qui poussent de leur racines ;

3. Celles qui se reproduisent de l'une et de l'autre manière.

## § 570.

1. Les *mauvaises herbes qui se reproduisent par leurs semences*, se subdivisent en deux espèces : les *annuelles* qui germent, produisent et épandent leur semence en un même été, et qui après cela périssent; et les *bisannuelles* qui poussent la première année, résistent à l'hiver et produisent leur semence la seconde année de leur végétation. Ces deux espèces n'ont pas des racines vivaces, elles périssent avec elles, lorsque leur semence a atteint la maturité.

La semence des végétaux qui appartiennent à cette classe et dont il est ici question, est de nature à ne germer que lorsqu'elle est très-rapprochée de la superficie du sol, et que l'atmosphère peut agir sur elle; si elle est à une plus grande profondeur ou renfermée dans des mottes de terre, elle ne germe pas, elle demeure saine et conserve sa faculté de germer, jusqu'à ce qu'elle soit ramenée dans une position qui facilite ce développement. La durée du temps pendant lequel la semence se conserve dans cet état paraît infinie ; puisque lorsqu'on remit en labour un terrain qui était probablement demeuré inculte durant des milliers d'années, et sur lequel on ne découvrait aucune plante de cette espèce, il s'en trouva couvert dans toutes ses parties. C'est ainsi qu'ici, dans le marais de l'Oder, il pousse quelquefois une quantité surprenante de *moutarde des champs* ( *sinapis arvensis*), lorsqu'ayant mis en culture un terrrain qui, de tout temps, a été en marais, on l'ameublit de manière qu'à la seconde année, le gazon soit détruit et divisé. Cette semence ne peut avoir été amenée ici que dans les temps les plus reculés, et avoir été déposée par les eaux, dans le limon qu'elles charriaient avec elles. Souvent aussi l'on a vu pousser ces mauvaises herbes sur des terres tirées d'une profondeur de plusieurs pieds, et même du sol d'anciennes forêts. On a trouvé sous un bâtiment, qui sûrement avait existé 200 ans, une terre noire qui fut transportée avec le plâtras sur un jardin; bientôt il poussa à cette place une quantité de *marguerites dorées (chrysanthemum segetum)*, quoique auparavant on n'en eût jamais vu à cette place. Des phénomènes semblables ont souvent disposé des personnes peu instruites à croire que ces plantes étaient produites par la nature, sans semence ni sans germe, comme s'il pouvait y avoir une exception à la règle *omne vivum ex ovo*.

Le nombre de ces petites semences qui peuvent exister dans le sol, dépasse toute idée. Lorsqu'on a divisé soigneusement le terrain, et qu'on l'a réduit en poudre, il est bientôt couvert d'une pousse épaisse de mauvaises herbes, que le labour ne tarde pas à détruire complètement, les jeunes plantes ne pouvant pas y résister; mais alors le terrain ramené à la surface pousse bientôt une quantité de mauvaises herbes tout aussi grande que la première; j'ai vu cela se répéter jusqu'à six fois dans un été, sans que je remarquasse de diminution dans cette pousse de mauvaises herbes et sans que l'espèce en fût détruite pour l'année suivante. On a renouvelé ces opérations jusqu'à la troisième année, sans pouvoir entièrement nettoyer le terrain de la semence de marguerite dorée.

Les *mauvaises herbes annuelles* ne se montrent ordinairement que parmi les grains de printemps; souvent les céréales d'automne en sont entièrement dépourvues, surtout si les semailles ont été faites d'assez bonne heure pour que la semence qui se trouvait à la superficie du sol pût être développée : cette espèce de mauvaises herbes ne résiste pas à l'hiver, elle périt certainement au printemps, si ce n'est plus tôt ; on ne la trouve parmi les grains d'automne que lorsque le terrain a été de nouveau remué à sa surface, lorsqu'il s'est émietté au bord des billons, que les mottes se sont pulvérisées pendant l'hiver ou au printemps seulement, et qu'ainsi de nouvelles semences ont été mises en contact avec l'atmosphère, ou enfin lorsque ces semences y ont été transportées par les vents ou les eaux ; encore n'y sont-elles qu'en petite quantité, à moins qu'une température extraordinairement douce ne les ait conservées pendant l'hiver. Les *mauvaises herbes bisannuelles*, au contraire, ne parviennent à leur développement complet que parmi les céréales d'automne, quoiqu'elles poussent également parmi celles de printemps, où alors elles sont détruites par le labour, avant qu'elles soient parvenues à leur floraison et à la maturité.

Les plus nombreuses d'entre les espèces de *mauvaises herbes annuelles*, appartiennent au genre des moutardes ou sénevés et des raves sauvages : dans leur nombre on distingue des plantes d'espèces différentes, quoiqu'en apparence assez semblables, savoir :

La *moutarde des champs* (*sinapis arvensis*), qui ne réussit que dans les terrains forts, riches et qui conservent l'humidité ; cette plante, loin de parvenir à son développement dans les terrains maigres, y périt au contraire bientôt, à tel point qu'on peut impunément y semer des graines qui contiennent de sa semence. Dans cette dernière espèce de terre cette moutarde lève, à la vérité ; mais elle est bientôt étouffée par les autres plantes; en revanche elle ne tarde pas à couvrir les terrains riches et fortement imprégnés d'humus, lorsque, au printemps, elle a pris le dessus sur la récolte; alors celle-ci en est considérablement endommagée, si même elle n'est tout-à-fait détruite. Au reste, cette plante peut facilement être bannie du sol, parce que sa semence n'étant pas renfermée dans une enveloppe dure, elle germe plus facilement; elle n'est également pas entièrement inutile, parce que, mûrissant à peu près à la même époque que les grains de printemps, sa semence peut être réduite en huile après avoir été séparée au moyen d'un crible. Les cultivateurs soigneux ont soin d'arracher cette plante épaisse et nourrissante avant que les céréales montent, et ils la donnent en nourriture à leur bétail, auquel elle est très-profitable.

Le *radis sauvage* (*raphanus raphanistrum*) végète sur les glaises sablonneuses, sur les sables glaiseux, et en général sur les terrains moins forts; il y réussit lors même que la température est défavorable : plus le sol est maigre et la température mauvaise, plus tôt il étouffe les céréales; tandis que celles-ci le dominent quelquefois, sur un terrain riche et par une température favorable, lorsque la plus grande force de sa végétation est passée. Il se distingue de la moutarde des champs, surtout par la peau dure et membraneuse de sa graine, qui empêche qu'on ne puisse en extraire l'huile avec la même facilité; d'ailleurs cette graine est plus petite et moins huileuse que celle de la moutarde des champs; la fane en est plus âpre au toucher et moins chargée de sucs, que celle de cette plante; cependant elle est agréable au bétail, et nourrissante; aussi tire-t-on parti des champs qui en sont infectés pour produire du fourrage, et cela sans répandre aucune semence, mais seulement en les labourant et les hersant plusieurs fois dans un été.

Plusieurs espèces de choux, telles que le colza et d'autres du genre de la navette, s'emparent aussi quelquefois du sol, et l'infectent.

Depuis un certain nombre d'années ces espèces de mauvaises herbes paraissent s'être considérablement augmentées dans les terres arables du nord de l'Allemagne : aujourd'hui il est rare de trouver un champ qui en soit exempt. Une des principales causes auxquelles on doit attribuer ce mal, c'est qu'on ne se donne pas assez de soins pour se procurer des semences pures; cependant souvent ces soins eux-mêmes sont inefficaces, lorsque le terrain contient déjà une grande quantité de ces mauvaises graines. On ne peut diminuer la quantité de ces plantes et s'en débarrasser enfin tout-à-fait, qu'en travaillant et remuant fréquemment le terrain pendant les mois d'été, en éloignant les récoltes de grains de printemps, et enfin, en arrachant les plantes qui çà et là ont échappé à ces précautions.

Le *chrysanthème des blés*, vulgairement appelé *marguerite dorée* (*chrysanthemum segetum*), est plus nuisible, mais aussi beaucoup moins répandu. Il pousse avec une telle vigueur, il est si difficile à détruire et il se multiplie d'une manière si prompte et si démesurée, qu'il peut rendre le sol absolument impropre aux grains de printemps et lui ôter toute valeur. Cette plante germe tard, et seulement lorsque le sol est passablement réchauffé; alors elle pousse avec une telle force, qu'elle ne tarde pas à étouffer les plantes qui étaient déjà en pleine végétation lorsqu'elle a commencé à naître ; ses pousses vigoureuses et ses feuilles s'étendent bientôt sur toute la surface du champ, et paraissent absorber tous les sucs : elle a tellement de vie que lorsqu'on arrache une plante qui n'est encore qu'en boutons, non-seulement ses fleurs s'épanouissent, mais sa graine même parvient à maturité. Lorsque, au sarclage, on l'enlève et la jette en tas, elle n'entre pas en fermentation ; au contraire, les plantes qui sont au-dessus du tas repoussent, végètent et donnent de la semence, de sorte que, pour la détruire, il n'y a pas d'autre moyen que de l'enterrer profondément ou de la brûler. Sa graine passe au travers du corps des animaux, sans perdre la faculté de germer ; ainsi elle se propage par le moyen des fumiers. Dans les contrées où l'on sait que ce mal existe dans le voisinage, mais où cependant on n'en est pas encore atteint, on emploie les soins les plus assidus pour s'en préserver. Si des chevaux ou du bétail d'une autre espèce viennent de lieux infectés de cette mauvaise herbe, l'on a soin de faire immédiatement brûler les excrémens qu'ils laissent tomber, et l'on ne tire ni foin ni paille de ces contrées. Afin d'empêcher la multiplication de cette plante, l'on fait des visites dans les champs, et l'on impose une amende de 1 jusqu'à 2 gros, pour chaque marguerite dorée qu'on y trouve.

Si cette plante s'est emparée du sol, il est extrêmement difficile de la détruire, surtout dans les soles où les propriétés sont entremêlées, et l'on n'y parvient qu'avec de grands sacrifices ; cependant cela n'est point tellement impossible que quelques personnes se l'imaginent. Des labours d'été et des hersages fréquens, qui ramènent à la superficie toujours

une nouvelle couche du sol, détruisent en grande
partie la semence après sa germination; cependant un
été ne suffit point pour parvenir à ce but, lors même
qu'on donne de trois en trois semaines un nouveau
labour. On ne peut semer entre deux jachères aucune
céréale de printemps, ni aucun autre produit parmi
lequel la marguerite dorée puisse arriver à sa maturité, si d'ailleurs on ne lui donne les sarclages les
plus soignés.

Deux exemples cités dans les *Annales de l'agriculture de Basse-Saxe,* tom. III, pag. 320, prouvent qu'en donnant à ce travail l'attention nécessaire, on parvient cependant à se débarrasser de ce
fléau; mais d'après la difficulté qu'on éprouve à y parvenir, on peut juger de la dépréciation de valeur du
sol qui est infecté de cette plante.

Une autre plante tout aussi nuisible, et cependant
plus facile à détruire, est la *folle avoine* ou *averon*
(*avena fatua* ou *sterilis*); elle croît ordinairement
parmi les grains de printemps, quoique souvent aussi
on la trouve parmi les grains d'automne. Comme sa
semence ne se conserve pas aussi bien dans la terre,
et qu'au contraire elle germe et pousse facilement
lorsqu'elle ne se trouve pas à une grande profondeur,
on peut, en une année, en débarrasser assez bien un
champ, pourvu qu'aussitôt qu'elle fleurit, on ait soin
de la faucher pour la donner au bétail, ou pour en
faire du fourrage sec, usage auquel elle est parfaitement propre ; si, au contraire, on la laisse sur plante,
sa graine mûrit promptement et se sème d'elle-même,
avant que les céréales soient parvenues à leur maturité. Sa semence peut facilement être transportée par
les vents, elle a beaucoup de disposition à sortir de

son enveloppe, parce que ses grains ont une grande disposition à être dilatés par l'humidité et contractés par la chaleur, à tel point même qu'on s'en est servi pour mesurer le degré d'humidité de l'atmosphère ; ainsi cette semence peut facilement être communiquée d'un champ qui en est infecté à un autre qui en est exempt ; dans les contrées où cette plante est établie, on ne peut guère s'en garantir, si tous les voisins ne s'accordent pour la détruire.

## § 571.

Aux mauvaises herbes qui résistent à l'hiver, et qui par conséquent se montrent plus particulièrement dans les grains d'automne, appartiennent le *bluet* (*centaurea cyanus*), les diverses espèces de *camomilles* (*matricaria chamomilla, anthelmis cotula, anthelmis arvensis, chrysantemum leucanthemum*), la *crête de coq* (*rhinanthus cristagali*), le *coquelicot* ou *pavot rouge des champs* (*papaver rhœas*), la *lychnide nielle* (*agrostemma githago*), qu'une expérience récente m'a appris pouvoir exister long-temps dans le sol sans y germer, quoique sa graine soit passablement grosse. La semence de toutes ces plantes se conserve dans la terre ; de sorte que, malgré les soins les plus assidus, souvent on ne parvient pas à en nettoyer parfaitement le sol. Au reste, elles ne sont pas aussi nuisibles aux grains d'automne que les autres le sont à ceux du printemps, parce que des céréales de cette espèce, vigoureuses et épaisses, qui végètent sur un sol riche, sain et nullement humide, ne tardent pas à prendre le dessus ; ainsi ces mauvaises herbes ne se montrent en abondance que là où la récolte n'a qu'une végétation faible et lan-guissante.

Il en est de même du *brome-seigle* (*bromus seca-linus et arvensis*), souvent on en épand la semence avec celle du blé ; mais fréquemment aussi sa graine existe déjà dans le sol, où elle peut se conserver long-temps si elle n'est pas ramenée assez près de la surface pour que sa germination puisse avoir lieu. Il est arrivé, en effet, que, quoiqu'on eût semé du grain de fro-ment pur, on ait cependant récolté plus de brome que de blé ; c'est cette espèce de phénomène qui a donné lieu à l'opinion absurde que le seigle pouvait se trans-former en brome seigle. Cette espèce de brome pro-fite d'une longue humidité qui est, au contraire, nui-sible au seigle. Dans les places ou dans les terres humides, celui-là se fortifie et étouffe les plantes de seigle souffrantes. Dans les temps secs, c'est précisé-ment le contraire ; aussi, dans des expositions et des années sèches, souvent il ne pousse pas de brome sei-gle, lors même que la semence épandue contenait beaucoup de sa graine.

Je passe sous silence plusieurs autres mauvaises herbes qui se propagent par leur semence, mais qui sont moins communes et moins nuisibles dans notre climat, et toutes celles qui sont plutôt dues à des graines contenues parmi les céréales qu'on a semées, qu'à des semences conservées dans le sol, ou qui, du moins, si l'on donne une attention soutenue à ne semer que des grains très-propres, peuvent facilement être éloignées : tels sont le *vesceron* ou *vesce sauvage* (*vicia cracca an lathyrus aphaca*, Linn. 1029), *l'ononis des champs* ou *arrête bœuf* (*ononis ar-vensis*).

## § 572.

Dans le nombre des mauvaises herbes qui se propagent rarement par leurs semences, parce que celles-ci
ne parviennent guère à leur maturité, et qui cependant infectent fortement les champs et leur sont très-
nuisibles, nous distinguons surtout le *froment ram-
pant*, vulgairement *chiendent* (*triticum repens*) et
les *agrostis*. Chacun sait combien il est difficile de
nettoyer de chiendent un champ qui en est infecté, en
particulier lorsque la nature de la couche inférieure
du sol ou sa situation lui donnent de la disposition à
souffrir de l'humidité, et surtout lorsqu'il survient des
étés humides, dans lesquels les soins même les plus
soutenus donnés à la jachère peuvent être inefficaces..
Lorsque nous parlerons des labours et de l'ameublissement du sol, nous traiterons des moyens de détruire ces mauvaises herbes; ici nous ne nous occupons que de l'influence qu'elles ont sur la valeur
du sol.

Aussi long-temps qu'un terrain est infecté de chiendent, il refuse les récoltes que, sans cela, on devrait
en attendre. Cependant si l'été n'est pas trop humide,
et pourvu qu'on emploie à propos les espèces de
charrues convenables, sans même qu'on se donne la
peine de l'arracher, de l'enlever avec le grand râteau
et de le brûler, on parvient à en nettoyer le sol dès la
première année. Le plus souvent les terrains ainsi
infectés ne sont pas maigres, et ils sont encore améliorés par la putréfaction des racines de chiendent. Si
donc on peut les mettre d'abord en jachère, ou les
consacrer à la culture de récoltes qui doivent être

soigneusement sarclées, le bon cultivateur a peu de sacrifices à y faire de plus qu'à un autre terrain ; il suffit qu'il leur donne un peu plus de travail ; cependant, lorsqu'on fait l'estimation d'un terrain, on doit, sans aucun doute, avoir égard à cette circonstance.

Pour une acquisition on peut y faire moins d'attention ; mais lorsqu'il s'agit de prendre à ferme, c'est toute autre chose, surtout si le bail doit être court. Lorsque les champs sont humides, infectés de chiendent et par conséquent difficiles à nettoyer, ils ont une valeur intrinsèque beaucoup moins grande.

Enfin on range dans la classe des plantes les plus nuisibles le *petit liseron* (*convolvulus minor* ou *arvensis*), qui pénètre si profondément en terre avec ses racines, qu'il est très-difficile à détruire ; il nuit beaucoup aux céréales, tant par ses larges feuilles que par ses longues pousses, qui s'entortillent autour de la tige du blé et l'entraînent sur la terre ;

Les espèces de *prêle* ou *queue de cheval* (*equisetum*) ; la plupart d'entre elles végètent dans des terrains dont la couche inférieure demeure dans une humidité permanente ; elles ne paraissent pas très-nuisibles aux blés, tout au plus elles ôtent un peu d'espace à leurs tiges ; mais elles ne leur enlèvent que peu ou point de nourriture, parce qu'elles tirent la leur de la couche inférieure du sol ; cependant elles sont nuisibles pour la culture des fourrages et pour le pâturage, parce que non-seulement elles ne conviennent pas au bétail, mais que, le plus souvent, elles sont réellement malsaines.

Le *tussilage*, ou *pas-d'âne* (*tussilago farfara et petasites*), avec ses grandes feuilles, s'étend sur un grand espace ; on ne peut le détruire que très-difficilement, en fouillant sans cesse le terrain dans lequel il a pris racine : il croît le plus souvent sur les terrains argileux et marneux.

La *ronce* (*rubus cassius, vulgaris, fructu nigro, fruticosus*) s'étend souvent beaucoup, et s'établit de préférence dans les terrains où il y a de la marne glaiseuse. Elle est difficile à détruire, parce que ses racines pénètrent profondément dans la terre, et que de celles-ci il sort de nouvelles pousses, qui quelquefois étouffent le blé dans les places où elles végètent.

§ 573.

Dans la classe des plantes qui se propagent tout à la fois par leurs semences et par leurs racines, nous distinguons surtout le *sarrête des champs* (*seratula arvensis*), qui ne se multiplie guère que dans de bons terrains glaiseux, et qui, là où il croît avec vigueur, est toujours un signe de fertilité. La nature paraît avoir pourvu d'une manière toute particulière à la conservation de cette plante; elle lui a donné des piquans qui en détournent le bétail, aussitôt qu'elle a atteint une certaine grandeur. Elle pousse, de ses racines et de chacune de leurs parties, des tiges nombreuses, qui se multiplient d'autant plus qu'on les coupe lorsqu'elles sont jeunes, en telle sorte que le mal n'est point diminué par leur arrachement. Outre cela elle produit une quantité de semence qui, au moyen de ses ailes, est transportée au loin, et se sème d'elle-même. Le sol peut même en être infecté de manière à nuire à tous les genres de produits qu'on cherche à s'y procurer.

Les diverses espèces de *rumex* s'étendent également

ment sur les champs et doivent leur grande multiplication autant aux jets qui poussent de leurs racines,
qu'à leur propre semence.

Il y a une beaucoup plus grande quantité d'herbes
nuisibles; nous nous bornons ici à faire mention
de celles qui endommagent le plus souvent les récoltes dans les champs; nous parlerons ailleurs de
celles qui infectent les prairies.

## § 574.

Quelquefois aussi le sol est rempli de pierres. Sous
les rapports agronomiques, nous distinguons celles-ci
en deux classes : 1º celles qui ne peuvent pas être
remuées par la charrue ; et 2º celles qui sont détachées
ou roulées.

Les grandes pierres qui se montrent à la surface
du sol, ou ce qui est encore pis, celles qui sont recouvertes par la terre végétale de manière qu'on ne les
aperçoive pas, mettent de grands obstacles au labour
et surtout aux profonds labours à la charrue, et à
l'emploi de divers instrumens. A la vérité elles sont
fréquemment à une profondeur assez grande pour
que, dans un labour superficiel, on ne les atteigne
pas; mais dès que la charrue pénètre à une plus
grande profondeur, elle en est arrêtée; il faut donc
avant tout que ces pierres soient enlevées. Souvent,
sans s'y attendre, on trouve de grands quartiers de
pierre qui ne se montrent à la surface du sol que par
un point, qui ainsi ne semblent au premier abord
que d'un petit volume, et qui cependant, pour être
enlevés en entier, au tout au moins jusqu'à une profondeur convenable, exigent beaucoup de travail, et

occasionent de grands frais. Suivant les besoins de
la localité, l'usage qu'on peut faire de ces pierres dé-
dommage plus ou moins des frais qu'on a dû faire
pour les extraire, et quelquefois pour les faire sauter;
il faut donc bien examiner cette circonstance, et ne
pas la perdre de vue, lorsqu'on a le projet de donner
au terrain les avantages d'une culture plus profonde, et
qu'on pense à employer des instrumens perfectionnés.

Les pierres roulées qui cèdent à la charrue et à la
herse, sont cependant nuisibles à l'agriculture, lorsqu'elles existent en trop grande quantité dans le sol.
Elles ne fournissent pas de nourriture aux plantes; on
ne doit donc en conséquence les compter pour rien
dans la couche de terre végétale dont elles font partie. Mais elles sont toujours nuisibles par l'usure
qu'elles occasionent aux instrumens, et parce que,
demeurant à la surface du sol, elles entravent l'action
de la faux et obligent à laisser des chaumes très-
longs. Lors donc qu'on introduit une culture perfec-
tionnée, l'on cherche à s'en débarrasser en les faisant
enlever; mais souvent cela ne peut avoir lieu qu'avec
de grands frais. Quelques personnes croient avoir remarqué que l'enlèvement de ces pierres avait produit
un effet nuisible. Elles allèguent, pour appuyer leur
opinion, que ces pierres doivent tantôt rafraîchir et
tantôt réchauffer le sol, qu'elles protégent la semence
et conservent mieux l'humidité; mais ces raisons ne
peuvent supporter l'épreuve d'un examen attentif.
Quant aux expériences que l'on met en avant pour
prouver que le sol a été détérioré par l'enlèvement
des pierres qu'il contenait, tant d'observations sont en
opposition avec elles qu'on ne peut leur donner aucune croyance. On ne doit cependant pas contester

toute utilité aux pierres à chaux dans un terrain argileux, parce que les engrais avec lesquels elles entrent en contact, peut-être aussi les racines des plantes les décomposent peu à peu, ce qui améliore le sol, et donne quelque nourriture aux végétaux ; mais si ce sont des cailloux siliceux, comme cela est commun, nous devons douter qu'ils aient aucune utilité, du moins jusqu'à ce que des expériences positives nous aient convaincus du contraire.

§ 575.

Pour faire d'une étendue de terrain une description exacte, fondée tant sur la composition que sur le mélange des parties constituantes dont le sol est composé, et qui puisse servir de guide, non-seulement dans l'estimation de la valeur du sol, mais encore dans sa culture et dans le choix de l'assolement, il est absolument nécessaire de suivre une marche régulière et bien ordonnée. Si le terrain n'est pas déjà divisé en planches qui en fassent une sorte de distribution, il faut y tracer des lignes parallèles, éloignées les unes des autres de 5, 10 et 15 perches, suivant que le sol change plus ou moins de nature.

L'on dresse en même temps un plan de la pièce de terre qu'on veut estimer, et on le rédige sur une échelle suffisamment grande, c'est-à-dire à peu près quadruple de celle qu'on emploie ordinairement pour dresser les plans territoriaux. Sur ce plan on trace ces lignes parallèles, qu'on coupe en parties, ou stations de 5 ou 10 perches ; on numérote ces stations qui continuent d'une ligne à l'autre ; puis on parcourt le terrain dans cette direction. Outre les hommes

qui mesurent le sol avec la chaîne, il en faut avoir
avec soi deux autres, l'un avec une bêche pour creuser, l'autre avec une corbeille pour recueillir et transporter les échantillons de terre. L'arpenteur travaille
au plan et au protocole, si l'on ne veut avoir un aide
particulier pour ce dernier objet. L'agronome observe
la nature du sol et dirige toute l'opération. Aussitôt
qu'il aperçoit un changement dans la nature du sol,
il fait faire halte et marquer cette station sur le plan ;
alors il examine ce changement de sol d'une manière
plus particulière ; là où cela lui paraît nécessaire il
fait enlever quelques pellées de terre avec la bêche ;
et si un examen plus particulier lui en semble utile, il
en fait mettre le poids d'environ une livre dans un
cornet ou un petit sac sur lequel il marque le n° ou
la lettre de la station. Les places où ces changemens
de terrain ont lieu sont déterminées et indiquées par
l'arpenteur sur le plan, avec autant de précision que
cela est possible ; l'on n'omet pas d'indiquer si le changement a lieu d'une manière tranchante, ou s'il se fait
par nuances. Les autres remarques qu'on juge nécessaires, celles qui se rapportent aux propriétés du sol
que nous avons énumérées, sont inscrites au protocole
sous le numéro de la station.

De cette manière on parcourt la totalité des terres,
dans la direction des lignes parallèles qui ont été tracées, et ainsi l'on fait déjà, durant cette opération, l'es-
quisse du plan géologique.

Quant à ce plan lui-même, il peut être fait de différentes manières ; le mieux est d'y désigner les divers
mélanges dont le sol est composé, par des couleurs la-
vées, en indiquant les changemens insensibles par des
nuances ; d'y représenter les hauteurs et les enfonce-

mens par des traits mis les uns à côté des autres,
comme cela se pratique ordinairement; d'y caractériser la plus ou moins grande quantité d'humus dont le
sol est imprégné, par des points noirs qu'on rapproche d'autant plus que la proportion d'humus est plus
forte, et ainsi d'y désigner, par des signes positifs, toutes les choses qui sont dignes de remarque. Au moyen
d'un tel plan, on aura toujours devant les yeux un
tableau précis des terrains dont on dispose; et d'après
ce tableau, l'on pourra faire les dispositions les plus
convenables. On rédigera d'après le protocole une
description plus précise, qui se rapporte aux numéros
du plan.

Il n'est pas impossible de tracer aussi sur ce plan
la direction des pentes et des cours d'eau; mais si l'on
veut avoir l'indication de ces choses d'une manière
plus détaillée, il faut sans doute prendre les niveaux
avec des instrumens appropriés à cet usage. Ces niveaux peuvent être pris dans différentes directions, et
l'on en trace alors le profil. Si la couche inférieure du
sol change d'une manière sensible, et qu'on juge nécessaire de l'analyser et d'en faire mention, cela peut
très-bien être rendu sensible dans le profil du nivel-
lement par des couleurs qui indiquent l'épaisseur des
diverses couches.

Dans ce cas, lorsqu'on prend les niveaux, il faut
aussi faire usage de la tarière ou sonde des terrains,
et l'introduire dans la terre aussi profondément et aussi
souvent que cela est nécessaire. Cela peut se faire sans
de grandes difficultés.

Lorsque les parties du sol ne peuvent pas être assez
bien distinguées d'après ses caractères extérieurs, ou
lorsque d'ailleurs on est disposé à en faire un examen

plus précis, on les soumet à une analyse chimique. La comparaison des échantillons qu'on a recueillis dans les diverses stations, si elle a lieu successivement dans l'état d'humidité ou de siccité, indiquera bientôt quelles sont les espèces homogènes, et qu'elles sont celles dont la nature diffère, sans que le plus souvent on soit réduit à avoir recours à l'analyse chimique.

Pour l'agronome éclairé, peut-être nulle opération plus que celle-là ne compensera, par son utilité et ses agrémens, la peine qu'elle aura donnée ; cet agronome y trouvera la solution de divers phénomènes qu'auparavant il ne pouvait s'expliquer à lui-même, et ainsi il pourra porter un remède efficace à divers inconvéniens auxquels il était exposé dans la culture de son fonds.

# SECTION IV.

## AGRICULTURE.

### § 576.

L'agriculture, à la prendre dans son sens rigoureux, consiste à préparer le sol, et à le mettre en état
de produire les récoltes qu'on en exige, dans la perfection qu'on doit désirer.

Pour opérer cet effet, elle emploie deux moyens
différens : l'un, qu'on désigne sous le nom d'*agriculture chimique,* ou, en langage ordinaire, sous celui
d'*amendement des terres,* consiste à communiquer
au sol des substances qui augmentent sa fécondité
en lui incorporant des sucs nutritifs, ou en dévelop-
pant ceux qu'il contient ; l'autre, qui est l'*agriculture
mécanique,* ou la *culture du sol,* consiste à travailler
le terrain pour l'ameublir, de manière que les racines
des plantes puissent y pénétrer facilement, et s'y
approprier les substances analogues à leur nature,
qui, dans cette opération, ont été mélangées et mises
en contact les unes avec les autres.

Nous traiterons successivement ces deux matières
dans cette section.

# PREMIÈRE PARTIE.

### DES ENGRAIS OU DE L'AMENDEMENT DES TERRES.

## § 577.

Les engrais agissent de deux manière sur le sol :

1º En lui communiquant des sucs propres à la nutrition des plantes ;

2ºEn exerçant sur les substances que le sol contient déjà une action chimique qui les décompose et les combine ensuite de nouveau, de manière que leur introduction dans les suçoirs des plantes soit plus facile : peut-être aussi en rendant aux végétaux cette vigueur et cette activité à l'aide desquels ils s'approprient les sucs nutritifs.

Quelques espèces d'engrais paraissent ne produire que l'un de ces effets, ou du moins le produire plus particulièrement ; d'autres, au contraire, semblent opérer l'un et l'autre.

Pour l'ordinaire, nous exprimons l'action des engrais sur le sol en disant qu'ils le fécondent ; et pour bien des gens cette expression peut être suffisante, cependant, non-seulement pour la théorie, mais aussi pour la pratique, il est d'une grande importance de distinguer de quelle manière chaque espèce d'engrais produit cet effet, et sous quelles circonstances elle agit d'une manière plutôt que de l'autre. C'est seulement à l'aide de cette connaissance que nous parviendrons à nous expliquer divers faits contradictoires en apparence, et que nous parviendrons à faire un bon choix entre les divers procédés à suivre dans l'emploi de l'une ou de l'autre espèce d'engrais.

Ce n'est pas sans raison que les Anglais ont com-
paré les engrais de la première espèces aux alimens,
et ceux de la dernière espèce aux sels, aux épices et
aux boissons stimulantes.

### § 578.

Toutes les substances organiques qui sont entrées
en putréfaction ou en décomposition contiennent les
élémens nécessaires à la reproduction et à l'accomplis-
sement des végétaux que nous cultivons. Si, par le
moyen des semences et des racines, nous mettons les
germes d'une plante quelconque en contact avec ces
substances, et que cette opération soit d'ailleurs faite
de la manière convenable, il en résulte des végétaux
du même genre que cette plante. Le terreau contient
des alimens pour tous les végétaux ; cependant, suivant toutes les apparences, pas en quantité égale ; c'est-
à-dire que ce terreau n'est pas toujours composé des
mêmes proportions de substances élémentaires ; il paraît en effet que du terreau d'une espèce ou d'une
certaine composition favorise plus la végétation d'une
plante que celle d'une autre.

### § 579.

C'est presque uniquement comme aliment que le
terreau végétal paraît agir sur les plantes ; il ne semble
contribuer que peu au développement des parties que
le sol contient déjà, de ces parties qui sont le résidu
du terreau lui-même et qui sont devenues insolubles.
Le terreau animal, au contraire, opère l'un et l'autre ;
non-seulement il contient toutes les substances nécessaires à la nutrition des plantes et même quelques-

unes que le terreau végétal possède en petite quantité seulement, telles que l'azote, le phosphore et le soufre; mais encore il favorise la décomposition de l'humus insoluble, et donne à l'activité des plantes une plus grande intensité.

Les engrais minéraux, s'ils ne contiennent aucune matière organique, opèrent uniquement, ou du moins essentiellement, par la faculté qu'ils ont de favoriser la décomposition.

§ 580.

Les divers corps organiques sont formés par la combinaison de trois, quatre substances élémentaires et plus, réunies par la force vitale dans des proportions déterminées; mais lorsque la force vitale cesse d'agir sur elles, ces combinaisons sont, du moins en partie, de nouveau soustraites aux lois organiques des corps qu'elles constituaient. Les substances élémentaires se réunissent alors, tant en combinaisons simples, c'est-à-dire deux à deux, d'après les lois de l'affinité, qu'en combinaisons plus composées et d'un genre nouveau. Sans appartenir à la vie, ces dernières combinaisons lui doivent cependant l'existence, et elles lui servent à leur tour d'aliment. C'est principalement d'elles que se nourrissent les végétaux, lesquels eux-mêmes servent de nourriture aux animaux.

Ces matières nouvellement formées, le terreau plus ou moins décomposé, et l'humus qui en provient, varient de nature, suivant qu'elles doivent leur existence à des substances différentes et suivant les circonstances qui ont opéré leur formation.

Le procédé de leur transformation est ce que nous

exprimons par *décomposition, fermentation, putré-faction;* ce n'est pas ici le lieu de donner la définition de ces termes ; cependant nous devons faire à leur sujet les observations suivantes.

§ 581.

Les conditions de l'état que nous désignons par ces mots sont, outre l'absence de la vie, la *chaleur,* l'*humidité,* et une sorte *de combinaison avec l'atmosphère.* Suivant que ces circonstances ont plus ou moins d'intensité, ce procédé éprouve des modifications variées; il a une marche plus prompte ou plus lente, et il donne des résultats différens.

Les corps végétaux passent par les divers degrés de fermentation et y demeurent plus ou moins long-temps avant d'arriver au dernier d'entre eux, la putréfaction, et d'être entièrement décomposés, c'est-à-dire réduits à l'état de terreau ; état qu'on ne doit pas envisager comme permanent et inaltérable, mais seulement comme ayant de la durée.

Les corps animaux, au contraire, franchissent les premiers degrés de fermentation, ou , du moins, ils passent si promptement au travers, qu'à peine ces degrés y sont-ils perceptibles. Ces corps tombent immédiatement en putréfaction, et ils y entraînent les végétaux, lorsqu'ils sont en contact avec eux.

Cette putréfaction et le produit qui en résulte éprouvent également des modifications variées, suivant le degré de force des combinaisons, ou suivant l'intensité de l'action que la chaleur, l'humidité et l'air exercent sur elles.

A l'air libre, sans humidité et sans augmentation de

chaleur, la fermentation et la putréfaction ne peuvent pas être perceptibles ; cependant il en résulte une *décomposition* semblable à une lente combustion ; cette décomposition produit un résidu différent de celui de la putréfaction, et ordinairement moins considérable, parce que la plus grande partie du carbone se combine avec l'oxigène et s'évapore sous la forme d'acide carbonique.

§ 582.

La plus grande promptitude de la décomposition qui s'opère dans les corps animaux par la putréfaction provient sans aucun doute de ce que la nature de ces corps est peu compliquée; de ce qu'ils sont composés d'une variété infinie de substances, et parmi elles, des nombreuses préparations végétales qui servent à l'alimentation des êtres animés. Le produit de cette putréfaction est différent; il a une action plus efficace sur les plantes, parce qu'il opère non - seulement comme aliment, mais encore comme stimulant; de là il s'ensuit qu'il est plus promptement et plus facilement consumé et épuisé. Aussi le fumier animal est-il plus actif, mais beaucoup moins durable. On dirait qu'il dépasse ce degré de décomposition dans lequel il peut fournir aux plantes la nourriture la plus abondante, et qu'il ne laisse après lui que ce résidu de la décomposition dont j'ai parlé au § précédent.

§ 583.

Tous les corps animaux qui se putréfient sont convertis en engrais, et les engrais de ce genre sont les plus actifs de tous. Ces corps peuvent tous être employés à cet usage; mais le plus souvent nous y consacrons les excrémens que les animaux rendent durant leur vie par le canal des intestins avec l'urine, parce que nous les avons en plus grande quantité, et que nous pouvons nous les procurer d'une manière moins coûteuse.

Nous trouvons beaucoup d'avantage à allier ces excrémens avec des dépouilles de végétaux; par ce moyen, celles-ci sont disposées à une putréfaction plus rapide, et, en changeant de forme, elles perdent moins, tandis que la fermentation, d'ailleurs trop prompte, des produits animaux, est un peu retardée. On qualifie de naturelle cette espèce d'engrais, par opposition à d'autres auxquelles on donne la dénomination d'artificielles. Au reste, cette première qualification n'est, en aucune manière, due à ce que cette espèce d'engrais soit plus simple, ou à ce qu'elle exige moins d'art, mais à ce qu'elle est plus usuelle, et que pour bien des gens elle est même l'unique qui soit connue et employée.

$ 584.

Ce n'est pas ici le lieu d'insérer l'analyse chimique de ces excrémens animaux, et d'autant moins que les décompositions qui en ont été faites jusqu'à ce moment ne donnent point encore ces résultats importans pour la pratique de l'agriculture que nous devons en attendre dans la suite.

Disons cependant quelques mots sur ce sujet, afin de prévenir les idées erronées qu'on pourrait s'en former, et pour expliquer différens phénomènes.

Les excrémens que les animaux rendent par le canal des intestins sont composés non-seulement du résidu des alimens et de la partie de leurs filamens qui n'a pas pu être décomposée, mais aussi des molécules du corps des animaux usés et déposés dans ce canal, par conséquent de substances entièrement animalisées ; de sorte que, même chez les animaux qui se nourrissent entièrement de végétaux, ces engrais participent plus de la nature animale que de la végétale, et il en est ainsi chez tous. Cependant la manière dont les animaux sont nourris et leur état d'embonpoint apportent en cela de grandes différences. Si l'on se borne à remplir l'estomac des bestiaux d'une manière qui, avec peu de sucs nutritifs, contienne une grande proportion de fibres d'une décomposition difficile ; par exemple, de paille sans herbes et sans grain ; cette matière sort par le canal des intestins, presque semblable à ce qu'elle était avant d'être donnée à ces animaux, et elle est d'autant moins *animalisée,* que le corps amaigri du bétail ne se dépouille plus que d'une très-petite quantité de ses parties. A la vérité, cette petite quantité suffit pour donner à la paille qui a passé au travers du corps animal, une tendance plus forte et plus prompte à la putréfaction. Mais chez les animaux qui, au moyen de fourrages nourrissans, pleins d'amidon, de gluten, d'alumine, de mucilage et de principe sucré, ont été mis dans un état d'embonpoint, et dont il se détache une plus grande quantité de molécules animales, parce que ces molécules s'y reproduisent chaque jour ; chez ces animaux, dis-je, les excrémens forment un fumier infiniment plus actif, qui contient une moins grande proportion de parties végétales et fibreuses. De là vient la différence frappante qui existe entre le fumier produit par le bétail de toute espèce qui est à l'engrais, et celui qui provient de bêtes maigres et mal nourries. On peut allier au premier une quantité de litière proportionnément beaucoup plus grande, sans empêcher et sans retarder cette fermentation uniforme qui conduit à la putréfaction.

## § 585.

Ordinairement on mêle l'urine avec les gros excrémens. Ce liquide, qui à la vérité est composé essentiellement d'eau, contient cependant, outre une substance qui lui est propre, diverses autres substances très-actives, et divers phosphates, mais surtout de l'ammoniaque. On a fait évaporer de l'urine, et tant cette urine que les sels qu'on en a tirés en petite quantité, ont été reconnus très-favorables à la végétation. Mais le docteur *Belcher*, dans ses *Communications to the Board of agriculture**, a observé que les plantes peuvent facilement être trop stimulées et même détruites par leur action ; il attribue en partie ce dernier effet à un petit insecte jaune qu'on rencontre souvent dans l'urine. Un grand nombre d'expériences semblent démontrer que les diverses substances contenues dans l'urine ne sont jamais plus efficaces que lorsqu'on les mélange avec les gros excrémens, et qu'on les fait recueillir par des matières propres à cet usage, parce que ces substances contribuent beaucoup à la parfaite décomposition des uns et des autres, et à produire de nouvelles combinaisons.

* Communications au Comité d'agriculture. (*Trad.*)

## § 586.

Ainsi donc le fumier ordinaire est composé de ces deux espèces d'excrémens et des substances végétales employées comme litières, c'est-à-dire le plus souvent, de paille ; nous désignons communément cette composition sous le nom de fumier d'étable. C'est sous cette combinaison que nous considèrerons d'abord cette espèce d'engrais.

## § 587.

Le fumier d'étable a des qualités différentes, suivant l'espèce d'animaux qui l'a produit, lors même que ces animaux ont été nourris avec des pâturages de même nature.

Quelques-unes de ces espèces de fumier seulement ont été décomposées et analysées d'une manière précise.

Le fumier du bétail à cornes l'a été par Einhoff et par moi * ; cependant il faudra des analyses encore plus précises et faites sous l'appareil pneumatique, pour que nous puissions établir un parallèle positif entre les diverses espèces de fumier et leurs parties constituantes. Aussi entre les divers phénomènes que présentent les fumiers d'étable, nous ne consignerons ici que ceux qui tombent sous les sens, et par lesquels ils se distinguent les uns des autres.

## § 588.

Lorsque le fumier de cheval est suffisamment hu-

* Voyez Hermbstadts Archiv der Agricultur Chemie, I. 255. A.

mide, et qu'il est en contact avec un air modéré, il entre promptement en fermentation; il s'y développe alors une chaleur si forte, qu'elle en chasse l'humidité, et avec elles les substances volatiles; de sorte que, si on ne l'arrose, il ne prend point la forme d'une bouillie épaisse, ou comme nous le disons ordinairement, d'un beurre noir; mais qu'au contraire, s'il est serré, il devient friable et pulvérulent, puis se consume au point de ne laisser presque que des cendres pour résidu; et si ses parties sont assez peu réunies pour que l'air puisse y pénétrer, il se décompose d'une manière inégale, se charbonne en partie comme la tourbe, et prend beaucoup de moisi, ce qui diminue considérablement ses qualités pour l'amendement du sol, ainsi que l'expérience nous l'enseigne. Ces propriétés le caractérisent à un plus haut degré lorsqu'il provient de bêtes vigoureuses et qui consomment beaucoup de grain, que lorsqu'il a été produit par des bêtes nourries seulement avec de l'herbe, du foin et de la paille; cependant, dans ce dernier cas, ces propriétés sont encore sensibles. Si ce fumier est transporté sur le sol avant que sa décomposition soit accomplie, il produit un effet très-prompt, et il active fortement la végétation des plantes; cet effet doit être attribué en partie à la chaleur qui s'y développe de nouveau, lorsque, après avoir été enterré, il achève sa décomposition. Cette circonstance fait qu'il agit très-avantageusement sur les terrains humides, froids et glaiseux, dont il corrige les défauts, tandis que le sol lui-même modère l'action excessive du fumier; en revanche, il produit souvent de très-mauvais effets sur les terrains secs, chauds, sablonneux ou calcaires; là il accélère et stimule trop la végétation des plantes dans les premiers périodes de leur développement, de manière que, lorsque l'action du fumier cesse, la végétation devient faible et languissante. Ses effets sont également peu durables, parce qu'il se consume lui-même dans la vivacité de sa fermentation, en sorte qu'il ne laisse qu'un chétif résidu. C'est dans les terrains humides et tenaces seulement que cet inconvénient n'a pas lieu. Ce fumier produit des effets excellens dans les sols qui contiennent une abondante quantité d'humus insoluble, parce qu'à l'aide de l'ammoniaque, il favorise d'une manière frappante la décomposition de cet humus.

S'il a achevé la fermentation qui s'opère avec dégagement de chaleur, il laisse, à la vérité, dans tous les sols auxquels on l'incorpore, un résidu très-favorable à la végétation, et très-soluble ; mais ce résidu ne forme qu'un très-petit volume.

Lorsqu'on veut l'employer seul, on le transporte sur des terrains glaiseux et humides, aussitôt qu'il a commencé sa première fermentation, ce qui ne tarde pas à avoir lieu, et on l'enterre. Il améliore, même mécaniquement, il ameublit le sol par sa fermentation continue et par sa chaleur, et au moyen des labours réitérés qui le combinent avec ce sol, il contribue essentiellement au succès des récoltes qu'on y sème.

Mais si on veut l'employer sur des terrains chauds et légers, la manière la plus avantageuse d'en tirer parti, c'est, sans contredit, de le mélanger avec des substances végétales qui aient conservé leurs sucs, ou avec de la terre et surtout avec des gazons. Pour cet effet, on mêle le fumier avec ces diverses substances, ou on le met en couches successives pour en former des tas, en ayant soin de le préserver du trop libre

accès de l'air, et de lui donner de l'humidité lorsque
la température est trop sèche. De cette manière on
obtient un compost très-actif, d'un effet durable et
très-avantageux aux terrains légers.

### § 589.

Le fumier d'étable produit par le bétail à cornes ne
tarde également pas à entrer en fermentation, lorsqu'il est réuni et serré, et qu'il n'a que son humidité
propre ; mais cette fermentation est moins accélérée
et dégage moins de calorique, ce qui fait que l'humidité de cette espèce de fumier s'en évapore moins, et
qu'ordinairement il n'est point nécessaire de l'arroser.
Il ne se réduit donc point en poussière ; il prend
plutôt la forme d'une bouillie qui a beaucoup de
consistance, ou, comme on l'exprime ordinairement,
d'un beurre noir. Aussi long-temps qu'il demeure en
monceau et réuni, il ne se pulvérise point ; et lorsque son humidité est complètement évaporée, il a
l'apparence de la tourbe, et presque du charbon. Sa
pesanteur spécifique est plus grande que celle de l'eau,
tant lorsqu'il est récent, pourvu qu'il ne soit pas
mêlé avec de la paille, que lorsqu'il est décomposé, et
que les tuyaux de la paille sont convertis en filamens.
Il produit sur les terres un effet moins prompt,
mais cet effet est d'autant plus durable ; il s'applique
à des récoltes plus nombreuses et plus variées. Lorsque ce fumier n'a pas été extrêmement divisé, on le
retrouve dans la terre sous une forme tourbeuse, et en
morceaux plus ou moins grands, deux ou trois ans
après l'avoir employé. Quel que soit le degré de fermentation auquel il est parvenu, lorsqu'on l'incorpore

dans le sol, il ne paraît pas occasioner dans celui-ci une chaleur très-sensible ; c'est par cette raison qu'il convient si fort, et pour ainsi dire exclusivement, aux terrains chauds. On a coutume de dire qu'il rafraîchit ces derniers terrains, on devrait plutôt dire qu'il ne les échauffe pas. Sur des sols tenaces et glaiseux, il peut facilement paraître inefficace, lorsqu'il est enterré sous la couche de terre végétale et qu'il n'est pas mis en contact avec l'atmosphère par des labours réitérés. Lorsqu'on l'enterre récent, les tuyaux de la paille lui conservent une sorte de communication avec l'atmosphère, ce qui semble faciliter sa décomposition. La paille qui n'est pas brisée et qui a conservé ses tuyaux, produit aussi un effet avantageux sur ces terrains.

§ 590.

Le fumier de bergerie se décompose promptement lorsqu'il est compacte et qu'il conserve sa propre humidité ; mais sa décomposition est difficile et lente lorsqu'il n'est pas serré et que son humidité peut s'écouler. Dans le sol, il paraît toujours se dissiper promptement, parce qu'il produit son effet avec promptitude et avec force. Lorsqu'on a fumé abondamment, il donne souvent trop de vigueur à la première récolte ; aussi doit-on ne l'employer sur les terres qu'en moins grand volume et en moins grand poids. Le plus souvent, après deux récoltes, il cesse de produire son effet.

Il se dégage des excrémens, surtout de l'urine des moutons, beaucoup d'ammoniaque. Cette circonstance fait que le fumier des bêtes à laine est d'un emploi très-avantageux, particulièrement sur les terrains qui contiennent de l'humus insoluble.

Le fumier qu'on tire des bergeries est ordinairement de deux sortes. Celui de la couche supérieure est pailleux, sec et non décomposé ; celui de la couche inférieure, au contraire, consommé, humide et adhérent. Si l'on n'a pas eu auparavant soin de le remuer pour en faire une masse homogène, on commet une grande faute de l'épandre sans distinction sur un même champ. Le fumier pailleux ne produit que de mauvais effets sur des hauteurs chaudes et sèches ; mais il est d'autant plus avantageux dans les terrains humides et, comme l'on dit avec assez de raison, un peu acides. Sur les sols de cette dernière espèce, on peut, sans inconvénient, charrier une grande quantité de ce fumier pailleux ; quant au fumier décomposé, il faut, au contraire, l'épandre très-mince sur toutes les espèces de terrain, parce que, sans cela, il ferait verser les blés. Nous parlerons dans la suite de l'espèce d'engrais connue sous le nom de *parc des bêtes à laine*.

## § 591.

Les opinions sont très-partagées sur les qualités du fumier de cochons mêlé de paille. Quelques auteurs l'envisagent comme très-actif, tandis que d'autres lui attribuent peu de qualités. Chez tous les animaux, l'espèce de nourriture qu'ils consomment a de l'influence sur la nature du fumier qu'ils rendent ; mais cette influence ne paraît dans aucun fumier aussi grande que dans celui des cochons. Il n'est point indifférent, soit pour la quantité, soit pour la qualité

du fumier, qu'il provienne de cochons maigrement
nourris plutôt que de cochons à l'engrais. Outre cela,
la qualité de ce fumier dépend beaucoup des procédés
qui ont été employés pour le recueillir. Si l'on a pris
soin de maintenir sèche la paille de litière, en fournissant un écoulement facile aux urines, par le moyen de
trous pratiqués dans le plancher, et en emportant ou
laissant écouler ces urines ; alors la paille ne retient
que peu de parties animales, elle ne peut guère produire d'autre effet que celui d'une litière pourrie.
Mais, au contraire, si la partie liquide des excrémens
est réunie à la paille, de manière à ne pas s'écouler
ailleurs, et que le fumier soit placé dans un lieu favorable à sa décomposition, il en résulte un composé
très-actif et qui, après avoir subi sa première fermentation, est entièrement purgé de cette âcreté qu'on re-
proche au fumier de cochons.

§ 592.

Dans la plupart des exploitations rustiques, il ne se
fait, à la vérité, qu'une petite quantité de fumier de
volaille ; mais, en revanche, ce fumier est extrêmement
actif et d'une grande valeur. Il se distingue de celui
des quadrupèdes d'une manière sensible, et il contient
une substance particulière qui paraît composée en plus
grande partie d'albumine. Nous avons à son sujet une
analyse chimique précise de Vauquelin. Ce chimiste a
découvert une différence notable entre le fumier des
coqs et celui des poules qui font des œufs, différence
qui n'a point lieu dans celui des poules qui ne pondent
pas. Ce fumier de volaille, quoiqu'employé en petite
quantité, produit un effet prodigieux, pourvu qu'on

ait un soin tout particulier de le bien diviser ; mais cet
effet est bien moins sensible si l'on enterre ce fumier
en gros morceaux.

Pour en tirer parti, il est absolument essentiel de
le diviser autant que cela est possible, et de l'épandre
sur la terre, sans l'enterrer.

### § 593.

Les excrémens humains sont connus comme un
fumier très-actif ; ces excrémens se distinguent sensiblement de ceux des animaux domestiques par leur
composition. Probablement ils varient eux-mêmes en
qualité avec la nourriture dont ils proviennent. Il
n'est pas douteux qu'une nourriture animale ne produise des excrémens plus actifs que ceux qui proviennent d'une nourriture composée essentiellement de
végétaux.

Lorsqu'on sait tirer des matières fécales le parti dont
elles sont susceptibles, et qu'on a surmonté le dégoût
que leur emploi fait éprouver, on les préfère à toutes
les autres espèces d'engrais. On est allé jusqu'à affirmer que les excrémens d'un homme pouvaient re-
produire une quantité de nourriture végétale suffisante à son entretien ; mais cette assertion est fortement
exagérée, ainsi que l'on peut aisément s'en convaincre.
Cependant il n'y a aucun doute que si l'on recueillait
soigneusement ces excrémens, et qu'on en tirât tout
le parti dont ils sont susceptibles, on n'en obtînt une
grande masse d'alimens, à tel point même que l'Eu-
rope pût nourrir un million d'hommes de plus. Jusqu'à présent, ces excrémens sont le plus souvent décomposés par la nature sans qu'on en fasse usage, ou

bien ils sont entraînés par les eaux dans le fond de la mer. La répugnance que l'emploi de ces excrémens occasione provient en partie de la mauvaise odeur qu'ils répandent au premier moment, et d'un préjugé auquel ce dégoût a donné naissance; préjugé qui veut que ces excrémens communiquent un mauvais goût aux plantes qui en profitent, et en partie aussi de ce que, comme on ne sait pas faire de cette espèce d'engrais un usage convenable, elle produit de mauvais effets, ou tout au moins ne donne pas des avantages proportionnés à la peine qu'elle occasione.

Ces excrémens produisent un effet étonnant, lorsqu'on les charrie sur les terres avant qu'ils aient fini leur fermentation, et qu'on les y épand avec soin. Il convient aussi de les employer en compost, surtout de les mettre en tas avec des gazons, en y ajoutant un peu de chaux calcinée. De cette manière leur trop grande vigueur est réduite à une mesure plus convenable, et divisée sur un plus grand volume, sans que pour cela les substances actives qu'ils contiennent courent le risque de se perdre. Ce fumier perd là son odeur fétide; il s'y divise et s'y mêle à une terre féconde. Le meilleur moyen d'employer ce mélange est alors de l'épandre sur le sol, sans l'enterrer. Au reste, on comprend qu'il est nécessaire de le brasser plusieurs fois avant de s'en servir.

Si, comme cela se fait ordinairement dans les lieux où on ne laisse pas absolument perdre les matières fécales, on étend ces matières sur les tas où le fumier des diverses espèces de bestiaux est réuni, elles ne produisent nullement l'effet qu'on pourrait en attendre si elles étaient plus divisées.

Souvent on peut se procurer ces matières en grandes

quantités dans les villes. Quelquefois même on les y obtient gratis ; mais leur extraction et leur charroi sont assez coûteux. A la campagne, dans les fermes et dans les villages, il est toujours très-avantageux d'empêcher que ces matières ne s'évaporent et ne se perdent ; pour cet effet, il faut les rassembler dans des fosses d'aisance ; là on peut les prendre à mesure pour les mêler avec de la terre des fossés, à laquelle on ajoute de la chaux ; par ce moyen, on s'épargne le désagrément de les voir répandues autour des bâtimens et des haies.

Il existe près de Paris un établissement considérable, dans lequel on fabrique, avec les matières fécales, des engrais très-actifs en forme de poudre, et qu'on appelle par cette raison *poudrette*. L'on transporte ces matières sur une surface inclinée, revêtue de plateaux de pierre ; là on les met en tas, de manière qu'elles puissent entrer en fermentation, et qu'en les étendant davantage, elles se dessèchent ; on y passe ensuite la herse, et on les brise par ce moyen ; puis on les transporte sous des couverts où le plus souvent elles s'échauffent de nouveau et se dessèchent complètement. Alors, après les avoir réduites en une poudre qui a assez l'apparence du tabac brun, on les vend aux cultivateurs, surtout aux jardiniers, qui sans aucun doute en retirent de grands avantages, puisqu'ils les paient si chèrement.

Les habitans de la Belgique font aussi grand cas de cette espèce d'engrais. Ils s'en procurent de distances assez éloignées, même sous la forme de bouillie, et vont les chercher avec des charrettes et des bateaux, sans se laisser arrêter par son odeur fétide. Ils l'emploient ou en compost, ou mêlée avec beaucoup d'eau.

Elle est fort estimée dans la Chine et au Japon : c'est par cette raison qu'on l'appelle *fumier du Japon.*

§ 594.

Revenons aux procédés relatifs aux fumiers d'étable, dont la partie la plus grande et la plus importante provient ordinairement des bêtes à cornes.

Le plus souvent on recueille le fumier du bétail à cornes en le mêlant avec de la paille. Lors même qu'on ne suivrait pas cette méthode pour que le bétail fût tenu plus chaudement et couché d'une manière plus propre, et lors même qu'elle ne serait pas la plus commode, on devrait cependant la préférer, parce que ce mélange accélère la décomposition de la paille, empêche l'évaporation du fumier et de ses parties volatiles, et par conséquent contribue à sa bonté. Les tuyaux de la paille absorbent surtout les parties liquides et l'urine, lesquelles y déposent leurs substances les plus actives.

§ 595.

Les procédés pour la disposition et la conservation de ce fumier varient beaucoup. Quelques personnes le laissent pendant long-temps dans l'étable, en le recouvrant toujours de nouvelle paille ; ainsi il s'accumule à une assez grande hauteur, de sorte que le bétail est bientôt plus élevé que le râtelier. C'est pour cela qu'on fait des crèches mobiles qui se haussent à volonté. On ne suit ce procédé qu'à cause de sa commodité, parce qu'on est dispensé de déblayer aussi souvent le fumier, et qu'on peut alors le charrier tout à la fois, ce qui épargne du travail. Au reste, l'on croit

que, de cette manière, le fumier acquiert beaucoup
de qualité. Il commence sa décomposition à l'aide de
son humidité naturelle, et comme il est alors moins
exposé à l'air atmosphérique, il perd peu ou rien par
l'évaporation ; il absorbe même les vapeurs pesantes
qui s'exhalent du bétail, et sont entraînées sur la
terre. Ces faits sont hors de tout doute, et la crainte
manifestée par plusieurs personnes que les vapeurs
qui s'élèvent du fumier ne nuisent au bétail est sans
aucun fondement. On ne remarque aucune mauvaise
odeur dans ces étables ; l'air y demeure très-respirable,
pourvu qu'on ne ferme pas toute entrée à celui du
dehors, ce qui sans doute ne peut avoir lieu que rarement ou jamais. Le fumier qu'on s'est procuré de
cette manière, surtout celui de la couche inférieure,
est d'excellente qualité, et lorsqu'on le déblaie hors de
l'étable, il a dépassé l'époque où il s'évapore le plus
par la fermentation ; ses parties volatiles se sont déjà
réunies aux solides.

Mais cette méthode ne peut guère être mise en pratique lorsqu'on donne au bétail une nourriture abondante et composée de végétaux qui ont conservé leurs
sucs, à moins qu'on n'emploie une énorme quantité de
paille pour litière. Avec une telle nourriture, la quantité d'excrémens que rend le bétail est si considérable,
que leur humidité ne peut pas être suffisamment absorbée par la litière, et qu'ainsi les bestiaux y enfon-
cent et sont toujours dans la fange.

Pour obtenir les avantages de cette longue conservation du fumier dans l'étable, et cependant éviter ces
inconvéniens, la manière de construire les écuries que
Schwertz indique dans le second volume de son *Agriculture belge,* et qu'il explique par des planches, est

sans aucun doute très-convenable. A côté de la place assignée au bétail et derrière celui-ci , est un espace au moins aussi large que celui qui est occupé par le bétail, mais un peu plus bas : c'est là que le fumier est déposé à mesure qu'on le déblaie de dessous les bêtes, et c'est également dans cette place que se réunissent les urines et l'humidité de l'étable*. C'est là que le fumier subit sa décomposition , et de là ordinairement on le conduit directement sur le champ auquel il est destiné. Si, dans la plupart des exploitations rurales, on n'était pas arrêté par les frais que coûte cette place, du double plus grande que cela n'est ordinairement nécessaire, cette méthode mériterait décidément la préférence, et devrait être adoptée universellement. Si les écuries sont assez larges pour qu'on puisse laisser le fumier en tas derrière le bétail pendant quinze jours ou trois semaines, c'est déjà un grand bien, parce qu'alors le moment où le fumier subit la plus grande évaporation se trouve déjà passé.

Ainsi donc il faut laisser le fumier dans l'étable autant que cela est possible, parce qu'il gagne d'autant plus en qualité qu'il y reste plus long-temps. Mais cela doit toujours être subordonné à la propreté nécessaire au bétail et à la convenance de le tenir au sec.

* Je crois préférable d'avoir, à l'extrémité et hors de l'étable, des fosses en maçonnerie, impénétrables à l'eau extérieure, et recouvertes avec des plateaux ou de quelque autre manière, dans lesquelles on dépose le fumier, à mesure qu'on le retire de derrière les bêtes. Pourvu qu'on conserve à ce fumier le degré d'humidité nécessaire, ainsi renfermé, il subit promptement cette première fermentation qui détruit l'attraction d'agrégation de ses parties constituantes, sans que ses parties volatiles et animales s'évaporent, comme cela a lieu dans les tas de fumier exposés en plein air.

L'entière dissolution du fumier, sa réduction en *beurre noir* ne tarde également pas à suivre. (*Trad.*)

Si on laissait les bêtes dans la fange, on perdrait bien plus par les maladies qu'on leur attirerait qu'on ne gagnerait par l'augmentation de la valeur du fumier. Les écuries humides occasionent des enflures très-fâcheuses et des inflammations aux cuisses que l'expérience nous apprend pouvoir devenir mortelles. Il n'est également pas douteux que si les vaches sont couchées malproprement, leur lait ne devienne mauvais.

Si on laisse le fumier sous le bétail, il faut avoir soin qu'il ne s'amasse pas en plus grande épaisseur sous les pieds de derrière que sous ceux de devant; parce qu'alors les animaux se trouveraient dans une position contraire à leur nature. Cela peut avoir lieu d'autant plus facilement que les excrémens tombent à cette première place, et que les valets qui soignent les bêtes y épandent d'autant plus de paille afin de les recouvrir. Ainsi donc ce ne sera que lorsque le bétail recevra une nourriture sèche et pailleuse, qu'il sera possible de laisser la totalité du fumier sous lui; à moins peut-être que l'étable ne soit planchéiée avec des plateaux qui laissent au-dessous d'eux un espace vide, et entre lesquels l'humidité s'écoule. Cette dernière méthode est suivie dans quelques contrées où le fumier a moins de prix, et où l'on y attache moins d'importance.

### § 596.

Mais la méthode la plus usitée consiste à transporter d'abord les engrais d'étable dans des places à fumier, où on les laisse pendant un temps plus ou moins long, en tas de diverses grandeurs, avant de les transporter sur le sol.

Ces places à fumier sont arrangées de diverses ma-

nières. Quelquefois elles ont un grand enfoncement
et consistent en une véritable fosse ; cette forme est
absolument vicieuse, non-seulement parce que l'humidité qui s'amasse dans ces fosses empêche la fermentation et la décomposition du fumier, mais encore parce que celui-ci est trop privé du contact de
l'air atmosphérique *. Outre cela elle rend difficile
le transport du fumier, qui fréquemment est plein
d'eau lorsqu'on le charge, et qui laisse ainsi souvent
tomber goutte à goutte sur le chemin ses parties les
plus fertilisantes. Les inconvéniens de ces fosses pour
le fumier des bêtes à cornes sont si généralement connus, qu'on ne voit plus que rarement des places à fumier de ce genre, excepté dans les lieux où l'on manque d'espace pour étendre et amonceler les engrais.

D'autres personnes, au contraire, convaincues des
désavantages d'une position trop humide, placent
leurs fumiers sur une surface plate ou même sur une
élévation ; mais là ces fumiers perdent trop leur humidité, et ils sont privés de leur parties les plus
actives.

Ce qui paraît le plus avantageux, c'est de creuser
légèrement la place à fumier. Elle doit être faiblement
inclinée d'un seul côté, et avoir une ouverture par
laquelle les eaux surabondantes se jettent dans une
fosse ou réservoir destiné à les conserver **. Cette place
doit également être entourée d'une bordure éle-

---

* Bien loin de trouver du désavantage, à ce que le fumier soit privé,
*jusqu'à un certain point,* de la communication avec l'atmosphère, je
crois, au contraire, devoir le recommander aux cultivateurs, pourvu
que, en tenant le fumier renfermé, ils lui laissent la quantité d'urine
ou d'eau nécessaire pour favoriser sa fermentation et sa décomposition,
et pas assez pour les retarder ou empêcher. (*Trad.*)

**On appelle vulgairement *fosses à lizée* les fosses destinées à la con-

vée, qui empêche qu'il ne s'y mêle aucune eau étrangère. Si ces eaux ne peuvent pas y couler, rarement l'humidité y sera trop forte, lors même qu'on y réunirait la totalité des urines qui découlent des étables ; à moins cependant que le bétail ne reçoive une nourriture très-aqueuse, comme, par exemple, le résidu de la distillation de l'eau-de-vie de grain.

Le fumier absorbe tant l'humidité naturelle des excrémens que celle qui tombe immédiatement de l'atmosphère, et par sa chaleur il en fait évaporer le superflu. Je suis convaincu que le meilleur moyen de tirer parti des urines, c'est de les incorporer ainsi au fumier pailleux. De cette manière la quantité d'eau qui s'écoule du tas est peu considérable, si ce n'est dans les temps très-humides, et alors elle est réunie dans le réservoir ou fosse à lizée. Il me paraît superflu d'établir, sur les places à fumier, d'autres conduits destinés à faire couler l'eau dans la fosse ; si la place à fumier est inclinée, l'humidité s'y écoule suffisamment au travers du fumier.

L'on a proposé de construire des couverts sur les places à fumier, et quelquefois on a mis cette idée à exécution. Ces toits sont destinés non-seulement à préserver les fumiers des eaux de pluie, mais encore à les abriter des rayons du soleil ; pour une place à fumier un peu considérable, un tel couvert présente beaucoup de difficultés, et l'on ne peut éviter qu'il n'entrave sensiblement le charroi des engrais, lorsque ce charroi doit être opéré avec plusieurs attelages à la fois *.

servation des urines et des autres engrais liquides, qu'on qualifie eux-mêmes du nom de *lizée*. (*Trad.*)

* La plupart des personnes qui conseillent des nouvelles méthodes

On dispose l'emplacement du fumier à l'une ou aux deux extrémités de l'étable, et à une distance telle, qu'il ne puisse passer qu'un chariot chargé entre cette place et l'écurie. Le passage doit être pavé et un peu élevé ; il doit servir de digue, et empêcher que l'eau qui tombe du toit de l'écurie, ne s'écoule dans le tas de fumier ; ainsi il faut donner à cette eau un autre écoulement. Des canaux couverts passent sous cette digue et conduisent dès l'étable à la place à fumier, les urines qui n'ont pu être absorbées par la litière.

Si l'on ne veut charrier les fumiers que lorsqu'ils ont atteint un degré de décomposition fort avancé, il est nécessaire que la place à fumier ait plusieurs compartimens, qu'on remplit et vide chacun à son tour ; sans cela on est toujours réduit à transporter du fumier frais avec du fumier consommé, ou à employer beaucoup de temps à déblayer auparavant celui-là.

§ 597.

Quelquefois on a des places séparées pour chaque espèce de fumier, surtout pour celui des chevaux et des cochons ; d'autres fois on réunit le fumier de toutes les espèces de bétail dans une seule place.

Lorsque le sol varie beaucoup dans sa composition, et que l'espace le permet, il peut être convenable de

en agriculture ou en économie rurale, se bornant à en considérer les effets, se donnent rarement la peine d'en calculer les frais, pour les comparer avec les avantages qui en résultent. Si dans le cas dont il est ici question, l'on réunit à la rente d'une construction considérable, les frais annuels d'entretien d'un couvert toujours exposé à l'action des vapeurs chaudes qui s'élèvent du fumier, on se persuadera que la somme des dépenses occasionées par ces couverts, dépasse les avantages qu'on en retire. (*Trad.*)

tenir ces fumiers séparés, et d'en consacrer chaque espèce aux terrains et récoltes auxquels les qualités que nous avons indiquées plus haut la rendent propre. Alors on place le fumier de cheval dans un lieu plus creux ; souvent dans une fosse étroite et profonde, afin que non-seulement l'humidité s'y conserve mieux et modère la chaleur, mais aussi que le fumier soit plus serré et moins exposé au contact de l'atmosphère. De cette manière, sa fermentation et sa putréfaction sont moins précipitées, et il en résulte une matière moins pulvérulente et plus liée, surtout si, de temps en temps, on a soin de l'arroser. Si l'on veut retarder davantage sa fermentation, il est très-à-propos de le mêler aussi avec le fumier de cochons et d'y faire couler les urines de ces derniers animaux. De cette manière, le fumier de cochons, qui en lui-même est plus froid et moins fermentescible, est plus vite décomposé, et de la réunion des deux espèces il résulte un très-bon fumier.

Dans d'autres circonstances, et pour l'ordinaire, il sera plus convenable de mêler ensemble les diverses espèces de fumier, excepté celui de la volaille ; et de les étendre par couches uniformes, de manière que toutes les parties du tas aient leur part de chacun, et qu'ainsi ils se trouvent répartis d'une manière égale. Cette méthode a cet avantage que les défauts d'une espèce de fumier sont corrigés même par ceux de l'autre ; qu'ainsi la trop prompte fermentation du fumier de cheval est arrêtée, tandis que celle trop faible du fumier de bêtes à cornes et de cochons, est accélérée, et il résulte du tout une matière homogène et également consommée.

Ordinairement on conserve à part le fumier des

bêtes à laine. Dans un grand nombre d'exploitations rurales, la bergerie est séparée des autres bâtimens, et le plus souvent on laisse le fumier pendant tout l'hiver sous les bêtes, en ayant soin de le couvrir toujours de nouvelle paille, afin qu'elles reposent au sec. Outre cela, durant l'hiver, le déblai du fumier de moutons occasionerait de grands inconvéniens, lors même que les bêtes sortiraient pendant le jour. Lorsque le fumier a été un peu accumulé et qu'on le remue, il s'en exhale des vapeurs piquantes d'ammoniaque, qui pourraient incommoder les bêtes lors qu'elles rentreraient le soir ; d'ailleurs, pour pouvoir affourer le bétail pendant le jour, on serait obligé d'enlever les râteliers et les claies.

Cependant si les choses étaient disposées de manière que ces inconvéniens ne fussent pas très-sensibles, il serait sans aucun doute avantageux de mêler le fumier des bêtes à laine avec celui du bétail à cornes, et tous ceux qui le font assurent en éprouver un grand avantage.

## § 598.

Les expériences que nous avons faites et que nous avons publiées dans le premier volume de l'*Archive d'Hermbstadt*, et les diverses observations que nous avons faites dès lors sur ce sujet, m'ont pleinement convaincu que le fumier acquiert plus de force, et qu'il ne diminue pas autant de volume lorsqu'on le prive, le plus que cela est possible, du contact de l'air atmosphérique. Je dis le plus que cela est possible, car sans eau l'on ne peut pas l'en isoler complètement. Cette privation doit durer aussi long-temps que

le fumier est à son plus haut degré de fermentation,
et qu'il s'y développe la plus grande quantité de parties volatiles. J'envisagerais donc comme utile de le
couvrir avec de la terre, si cette opération n'entraînait
pas avec elle trop de travail et d'inconvéniens. Mais
comme ces inconvéniens ont toujours lieu, il suffit, je
pense, d'étendre le fumier d'une manière uniforme
sur une surface d'une étendue proportionnée à la
quantité d'engrais qui doit y être déposée. Aussi long-
temps que le fumier récent demeure à la superficie
du tas, il n'entre pas sensiblement en fermentation, et
il empêche que celui qui est placé au-dessous ne soit
trop en contact avec l'atmosphère. Les gaz qui s'en
dégagent, excepté l'ammoniaque qui se développe
peu dans une telle position, sont plus pesans que l'air
atmosphérique; ils demeurent donc au-dessous, dans
la couche supérieure du fumier, qui empêche qu'ils
ne soient entraînés par l'air. Ainsi il est vraisemblable
qu'ils sont absorbés de nouveau et qu'ils forment de
nouvelles combinaisons. On ne remarque pas d'odeur
sensible sur un fumier arrangé de cette manière. L'air
qu'on recueille immédiatement au-dessus ne trouble
guère l'eau de chaux. On n'y voit point paraître de
vapeurs ammoniacales à l'approche de l'acide nitrique;
c'est seulement lorsqu'on remue le fumier, que l'un
et l'autre de ces effets ont lieu. Ceci prouve que, dans
ce dernier cas, il se dégage beaucoup d'acide carbonique, d'azote et d'hydrogène; mais que, lorsque le
fumier reste en repos, et en partie à l'abri du contact
de l'atmosphère, ces substances, au lieu de s'évaporer
sous la forme de gaz, entrent plutôt dans de nouvelles combinaisons.

Au reste, il est très-essentiel d'avoir la précaution

d'étendre le fumier d'une manière égale, et sur une surface qui ne soit pas trop grande. Si on le jette sur le tas en petits monceaux, ce tas ne jouit plus des avantages de cette espèce de couverture ; entre les monceaux, il se forme des vides où la moisissure ne tarde pas à paraître, et l'on sait que celle-ci nuit beaucoup à la qualité du fumier. Il est évident que le fumier, ainsi disposé par lits, gagne à être un peu comprimé : c'est pourquoi il convient de l'entourer d'une balustrade, afin que le bétail qu'on fait sortir de l'étable se promène par-dessus. Je sais que quelques auteurs ont envisagé comme nuisible l'action de comprimer le fumier ; mais je ne puis pas avoir la même opinion, puisque, dans un lieu où chaque jour plusieurs chariots passaient par-dessus le tas, j'ai obtenu un fumier de la meilleure qualité et parfaitement décomposé.

Lorsqu'une partie du tas se trouve élevée de 5 à 6 pieds, qu'on veut le laisser consommer d'une manière uniforme, et que par conséquent on commence un autre tas ; il est assurément très-convenable de couvrir le premier avec un lit de terre ou de gazons. Ainsi couvert, le fumier subit une putréfaction égale, sans qu'il s'en évapore aucune partie sensible. Les vapeurs qui s'en élèvent sont absorbées par la terre, et lorsqu'on charrie le fumier, on met alors au fond de la place, ou de la fosse, les gazons qui étaient au-dessus et qui ne sont pas encore décomposés ; de cette manière, ces gazons sont transformés en une espèce d'engrais très-riche.

Pour empêcher qu'il ne se perde aucune partie des urines et des engrais liquides, par l'infiltration en terre, on a conseillé de faire battre l'aire de la place à fumier, ou de la faire paver avec de petits cailloux, de la garnir de pierraille, ou même de la revêtir de mortier ou de ciment, afin qu'elle soit imperméable. Si le sol est naturellement argileux, il est absolument superflu de faire aucune de ces dispositions ; s'il est sablonneux, elles peuvent être utiles lorsqu'on établit une place à fumier ; mais si la place a déjà été employée à cet usage, on peut se dispenser de ce soin, même sur du sable, parce que, quand celui-ci a une fois été suffisamment imprégné et comme saturé de jus de fumier, il ne paraît pas pouvoir en absorber ou laisser écouler davantage. J'ai trouvé le sol d'une telle place imprégné d'eau de fumier et tout noir à l'épaisseur d'un pied ; mais au-dessous de cette couche il y avait du sable blanc pur, parfaitement séparé ; il ne me paraît donc pas que le fumier s'y infiltrât plus avant.

Lorsqu'on a vidé la place à fumier et qu'on veut y commencer un nouveau tas, il est toujours convenable de mettre sur l'aire une couche de toutes sortes de substances végétales d'une décomposition difficile, de feuilles d'arbres, d'herbes sèches, de tiges de plantes, de terreau de bois ou de gazons ; en un mot, de tout ce qui est propre à absorber le jus de fumier, et qui, après sa putréfaction, peut être employé comme engrais.

En Suisse, où l'on donne de grands soins à toutes les manipulations, le fumier fait avec une litière de paille est mis en tas réguliers, tandis qu'on emploie séparément les urines après les avoir recueillies à leur sortie des écuries et renfermées dans une fosse destinée à cet usage. De la partie la plus pailleuse du fumier, on forme les bords du tas, et pour cet effet, on

la ploie en deux avec une fourche, de manière que le
fumier proprement dit y soit renfermé et mis hors du
contact de l'atmosphère. Ces tas sont élevés perpen-
diculairement de 5 à 6 pieds, et arrangés avec le plus
grand soin ; ils ont alors l'apparence d'une grande ru-
che de paille, parce que, en dehors, on ne voit que
cette paille *retroussée,* qui est arrangée avec une
uniformité parfaite. En temps de sécheresse, on arrose ces tas avec de la lizée ou avec de l'eau, afin
de leur conserver toujours l'humidité nécessaire à la
fermentation. Le fumier qui y est renfermé, quoiqu'on lui ait enlevé une partie des urines, devient
alors excellent, homogène, et semblable à une sorte de
confection, état qui, comme nous l'avons dit, est désigné sous le nom de beurre noir. De cette manière, on
a la possibilité d'employer le fumier au degré de décomposition qu'on préfère, parce que les tas demeurent séparés les uns des autres. Ce sujet vaut assurément la peine qu'on fasse des expériences comparatives pour déterminer les avantages ou les inconvéniens
de l'une ou l'autre méthode.

§ 599.

Les opinions sont extrêmement partagées sur le
temps où il convient de charrier les fumiers dans les
champs, et sur l'état dans lequel ces fumiers doivent
être pris pour être employés à cet usage. Le plus grand
nombre des agronomes s'en sont tenus au principe
qu'il ne faut charrier les fumiers que lorsqu'ils sont
entièrement consommés, et que le tissu de la paille
dont ils sont composés a perdu son agrégation, sans
être entièrement détruit ; lorsqu'ils se laissent péné-

trer d'une manière uniforme, ou qu'ils sont en consistance de beurre ou de graisse. Le fumier atteint cet état dans un espace de temps plus ou moins long, suivant qu'il conserve un degré d'humidité plus convenable, et que la température est plus ou moins élevée ; en été, huit ou dix semaines suffisent ; en hiver, il en faut vingt et au-delà. Le fumier qui, dans cet état, a entièrement perdu sa chaleur de fermentation, ne donne des vapeurs que dans les premiers momens de son déplacement, d'abord avec une odeur fétide de pourriture, ensuite avec une odeur musquée ; il a une couleur jaunâtre qui ne tarde pas à devenir brune foncée quand ce fumier est exposé à l'air. Lorsqu'on l'épand sur le terrain, il prend l'apparence d'une tourbe charbonneuse, mais il absorbe promptement l'humidité et se divise ; alors il peut être mêlé d'une manière uniforme avec la couche de terre qui est en labour.

D'autres donnent la préférence au fumier long et non décomposé, et cherchent à disposer les choses de manière qu'ils puissent le transporter directement de l'étable sur les champs. Si ce fumier a déjà subi dans l'étable sa principale fermentation, sa couche inférieure est tout au moins dans l'état qu'elle eût atteint si elle eût été déposée dans la place à fumier ; et en hiver, sa fermentation est plus accélérée dans l'écurie, parce que la température y est plus chaude.

Quelquefois aussi l'on transporte dans les champs le fumier tout récent et pailleux, et on l'enterre aussi bien que cela est possible ; dans quelques cas on a cru en avoir éprouvé des effets plus sensibles, que du fumier consommé.

Pour les terrains tenaces et froids, surtout lorsqu'on fume abondamment, ce dernier procédé doit, sans aucun doute, être mis en pratique lorsque les circonstances de l'exploitation n'y mettent pas obstacle ; mais alors il faut avoir un soin particulier de faire entrer le fumier dans le sillon, de manière qu'il soit bien couvert par la terre. Le fumier a assez de force pour commencer là sa fermentation, pour s'échauffer, pour communiquer au sol sa chaleur, pour y introduire de l'air par les ouvertures que la paille y pratique, et, tant par ce moyen que par le développement des gaz, le maintenir léger et le bien imprégner. Au moyen de l'ammoniaque qu'il produit, il agit avec force sur l'humus insoluble que ces terrains contiennent souvent. Il produit divers effets, dont un des principaux est de mettre en action les parties nutritives que le sol contient encore, tandis que le fumier consommé n'opère cet effet que d'une manière très-imparfaite. En revanche, on retire peu ou point d'avantage du fumier non consommé ; souvent même on éprouve des inconvéniens de son emploi, sur des terrains secs, légers et appauvris, qui ne contenaient plus que peu de sucs, et qui par conséquent avaient besoin de ceux que le fumier peut leur communiquer. Les mauvais effets m'en ont été en particulier très-sensibles, lorsqu'il avait été enterré peu de temps avant les semailles, et qu'il n'avait pas eu le temps de se décomposer. S'il s'ensuivait une sécheresse, les plantes souffraient d'autant plus vite de la chaleur ; si c'était l'humidité, les plantes poussaient à la vérité plus rapidement, mais elles prenaient une couleur jaunâtre et pâle ; une partie d'entre elles périssaient ou demeuraient faibles ; elles étaient sujettes à la rouille, et ne donnaient que des grains imparfaits :

elles semblaient avoir eu trop d'hydrogène et pas assez de carbone.

Lorsque le fumier s'est desséché sur la terre ou après avoir été enterré, il ne se divise pas de quelques années, il ne se mêle pas avec la terre végétale, et c'est seulement assez long-temps après, qu'il est transformé en terreau fertilisant, parce qu'il ne peut plus entrer en fermentation, mais seulement se diviser.

C'est ce qui a donné lieu à cette maxime, que le fumier qui n'opère pas sur la première récolte, ne produit pas d'effet sur la seconde.

Il est donc très-important de charrier et d'enterrer le fumier dans un état qui soit en rapport avec les besoins du sol.

## § 600.

Non-seulement la théorie nous apprend, mais dans ma pratique j'ai fréquemment eu occasion d'observer, qu'il est extrêmement nuisible de remuer et diviser le fumier, lorsqu'il est au plus haut degré de sa fermentation. Suivant toutes les apparences, une partie essentielle des substances les plus actives qu'il contient, s'évaporent, lorsqu'à cette époque il entre en contact avec l'air. Mais, avant qu'il ait commencé à fermenter fortement, ou après que sa plus vive fermentation est apaisée, il semble ne perdre à être exposé à l'air quoi que ce soit, que du moins il ne regagne d'une autre manière.

Il y a les avantages les plus évidens à étendre en hiver le fumier récent et pailleux sur le sol, et de l'y laisser jusqu'aux labours du printemps; bien entendu cependant que l'eau n'en emmène pas les sucs hors du champ, mais que plutôt elle les entraîne dans la terre :

cette manière de couvrir le sol pendant l'hiver le rend beaucoup plus meuble et remarquablement fertile. J'ai fréquemment vu ramasser la paille lavée et non pourrie du fumier ainsi épandu, et l'employer de nouveau comme litière, ou la transporter dans quelque place froide et humide du champ, et cependant, le sol sur lequel cette paille avait été ramassée avait toutes les apparences d'avoir été aussi bien amendé que si la totalité du fumier y avait été enterrée : souvent on fume les prairies de cette manière. J'ai trop souvent éprouvé les bons effets du fumier, soit long, soit court, épandu sur des pois et des vesces, et qu'on y avait laissé pendant leur végétation, pour n'être pas convaincu des bons effets de cette méthode sur un terrain chaud, meuble et d'une force moyenne; lorsqu'on avait semé tard, surtout, elle m'a toujours procuré une très-belle récolte de ces deux espèces de grains. Mais, ce qui paraît plus remarquable, et difficile à expliquer, aux récoltes suivantes, le terrain qui avait été traité de cette manière avait également la supériorité sur ceux dans lesquels on avait enterré une plus grande quantité de fumier consommé. Du reste, après la récolte, on se hâtait toujours de rompre, et d'enterrer le chaume.

En 1808, je semai de la navette de printemps avec du trèfle, sur un terrain maigre que je couvris ensuite de fumier récent et pailleux. Dans l'automne 1809, je fis rompre le trèfle et il fut ensemencé en seigle qui, au printemps 1810, se distingua très-avantageusement de celui du champ voisin, qui avait été fumé en été sur la jachère.

D'après un grand nombre d'expériences comparatives, faites tant par moi que par d'autres agriculteurs,

il me paraît presque hors de doute que le fumier qui
a dépassé le point de la plus forte fermentation, lorsqu'il est épandu sur le sol, même pendant la saison la
plus chaude, et durant la sécheresse, que ce fumier,
dis-je, non-seulement ne perd rien de sa qualité, mais
même gagne encore : cette assertion paraîtra incroyable à tous ceux qui n'ont fait aucune expérience à ce
sujet. On pense que le fumier doit nécessairement
perdre par l'évaporation, et, au premier abord, cela
semble tellement vraisemblable, qu'on a donné presque universellement le conseil de se hâter d'enterrer
le fumier aussitôt qu'il est épandu. J'étais moi-même
de cet avis, lorsque mon attention fut attirée de nouveau sur ce sujet par des observations de quelques
agriculteurs pratiques du Mecklembourg, qui semblaient démontrer le contraire. Probablement l'évaporation du fumier consommé n'est point aussi considérable que cela semble devoir être. A la vérité,
lorsqu'on le charrie et qu'on l'épand, il donne une
odeur musquée très-forte ; mais il n'est aucun moyen
d'éviter cette première évaporation, et lorsqu'on sait à
quel point les vapeurs qui répandent cette odeur sont
ténues et expansibles ( puisque quelques grains de
musc suffisent pour remplir, durant des années, l'air
de leur odeur, et pour la communiquer à tous les corps
qui entrent dans leur atmosphère, sans perdre sensiblement de leur poids); il est permis de douter que la quantité de sucs ainsi évaporée soit très-sensible ; ce premier
moment passé, le fumier n'exhale aucune odeur, et si
j'en dois croire ma propre expérience, il ne diminue
point en pesanteur. A la vérité, il s'y opère sans doute
bien quelques décompositions, lorsqu'il est dans un
état, d'humidité, parce qu'alors, il absorbe de l'oxi-

gène et qu'il s'y développe de l'acide carbonique : mais il est vraisemblable que cet acide carbonique est entraîné par l'eau dans le sol, et que même il contribue à l'amender. Pendant la sécheresse aucune décomposition n'y a lieu. Si l'on examine un champ en jachère, à la surface duquel le fumier est demeuré ainsi épandu pendant quelques semaines, on y verra une abondante quantité de jeunes plantes d'une couleur vive, même dans les places qui n'étaient pas immédiatement en contact avec le fumier, ce qui prouve que la faculté améliorante de celui-ci se répand autour de lui, même avant qu'il soit recouvert par la terre et absorbé par elle.

D'après tous ces faits, il ne paraît pas qu'il y ait des inconvéniens à épandre le fumier sur le sol, lors même qu'il devrait y demeurer quelque temps avant d'être enterré, à moins que ce terrain ne soit en pente, et qu'ainsi le fumier ne coure le risque d'être lavé et entraîné par les eaux de la pluie. Dans ce dernier cas, si on veut le charrier dans un temps où il ne peut pas être épandu, il faut le déposer en tas ; mais on doit observer que, même en hiver, lorsque le fumier a été ainsi remué et remis en monceau, il se décompose beaucoup plus fortement et se consomme plus complètement que cela n'aurait lieu dans les cours rustiques, ce qui ne peut être attribué qu'à ce qu'il a été et à ce qu'il est plus exposé à l'action de l'air ; cette circonstance fait que, durant une fermentation prolongée, ce fumier perd davantage par l'évaporation.

C'est un usage très-vicieux et très-nuisible que celui de laisser le fumier sur le sol, en petit tas tel qu'on les fait en déchargeant les chariots. S'il n'a pas encore subi sa fermentation, il se décompose

alors avec une grande perte, parce que le vent entraîne avec lui les substances volatiles qui s'évaporent de ces petits monceaux ; d'ailleurs cette décomposition se fait d'une manière fort inégale : au centre
du tas elle est très-forte, et sur les bords presque nulle.
Les sucs les plus actifs du fumier sont entraînés par
l'humidité dans le sol, au-dessous du tas, tandis que
la partie de ce fumier qui est moins riche ou moins
décomposée demeure sur place. De cette manière, lors
même qu'on donne ensuite les plus grands soins à bien
épandre la partie qui reste sur le sol, souvent, durant
plusieurs années, les places où les petits tas ont été
déposés demeurent trop grasses, de sorte que les plantes s'y laissent tomber ou y versent, quoique tout ce
qui les environne ait la plus chétive apparence. Il faut
donc avoir pour règle invariable d'épandre le fumier
bientôt après qu'il a été ainsi déposé en petits tas, et
de ne pas renvoyer cette opération au-delà d'un jour.

### § 601.

L'époque où les fumiers doivent être charriés
varie beaucoup, elle dépend des circonstances particulières et de l'ordonnance de l'économie. Dans les
exploitations rurales soumises à l'assolement triennal
avec jachère, ainsi que dans celles qui suivent des
assolemens avec pâturage, ce charroi a ordinairement
lieu entre les semailles de printemps et la moisson.
Ainsi ce fumier consiste surtout en celui qui a été
amassé pendant l'hiver, auquel, dans les exploitations
qui font rentrer leur bétail à l'étable pendant la nuit,
se joint encore le fumier des nuits de l'été précédent
et du printemps suivant. Ainsi la plus grande partie
de ce fumier est fortement consommée ; celle qui

a été placée la dernière sur le tas seulement n'a pas subi sa fermentation. L'agriculteur attentif aura soin d'employer ces deux espèces de fumier séparément, de consacrer le fumier récent aux places les plus humides et les plus froides, et le fumier consommé, au contraire, aux terrains les plus secs et les plus chauds. Au reste, il n'est pas toujours facile d'arranger les choses de manière que cette disposition puisse avoir lieu. Les exploitations rurales qui peuvent consacrer leur fumier à des produits variés, jouissent de cet avantage, si leurs places à fumier sont bien disposées; elles peuvent charrier et employer leurs engrais dans l'état qui est le plus avantageux au sol, relativement au genre de produit qu'on en exige. Le fumier du commencement ou de la fin de l'hiver doit être consacré principalement aux récoltes sarclées. Le fumier récent et pailleux convient surtout aux pommes-de-terre plantées en terrains glaiseux, non-seulement parce qu'il diminue la tenacité des sols de ce genre, laquelle peut facilement nuire à cette plante lors de sa germination, mais encore parce qu'il met la pomme-de-terre plantée en communication avec l'atmosphère. Dans les terrains de cette nature, il convient donc beaucoup, de jeter la totalité des fumiers dans la raie où l'on dépose la pomme-de-terre, comme nous l'indiquerons en son lieu. Les autres récoltes racines et les choux en particulier, se trouvent mieux du fumier consommé, et sur un terrain léger cet état du fumier est une condition nécessaire de leur réussite. Ensuite on charrie le fumier pour les pois et les vesces, et on l'enterre, ou l'on se borne à l'épandre par-dessus la terre; celui qui a été fait plus récemment se décompose sans peine, parce que la température est alors plus élevée; on le consacre aux récoltes sarclées plus tardives, surtout au colza. Une partie du fumier recueilli depuis le milieu de l'été peut encore être consacrée aux céréales d'automne. Quoique dans ce genre de culture on ne fume jamais complétement les terres pour cette espèce de produit, quelquefois cependant ou juge convenable de lui donner un supplément d'engrais. D'autres fois on transporte cette partie des fumiers sur le chaume des champs destinés aux récoltes jachères et aux légumes du printemps suivant, ou bien on le destine à des mélanges, et l'on en fait des tas de compost.

De cette manière, les chariots destinés au transport des engrais ne sont jamais sans emploi, parce qu'il y a toujours des fumiers prêts à être charriés; et comme les travaux d'attelage sont répartis d'une manière égale sur les diverses saisons, on a toujours le temps nécessaire pour accomplir ces transports.

Les opinions ne sont pas d'accord sur celui des labeurs après lequel le charroi des fumiers doit avoir lieu, lorsqu'on emploie ceux-ci sur la jachère. Le plus grand nombre des cultivateurs arrangent les choses de manière que le fumier soit enterré au pénultième labour; tandis que d'autres craindraient, en faisant ainsi, qu'une partie de ce fumier ne fût ramenée à la superficie par la dernière culture, ce qu'ils envisagent comme très-fâcheux. Quoique je ne redoute nullement que ce fumier soit exposé à l'air et qu'il s'évapore, j'envisage cependant comme décidément mieux qu'il reçoive trois labours avant les semailles; ainsi donc, toutes les fois que cela est possible, je voudrais le charrier de manière à l'enterrer déjà par le premier labour, si ce labour n'a lieu que vers le milieu de l'été. J'envisage la méthode de l'enterrer au dernier labour comme décidément mauvaise et comme une des principales causes du non succès des céréales en effet, de cette manière, le fumier ne peut jamais être assez mêlé avec le sol, il demeure en gros morceaux ; il s'échauffe trop dans quelques places, tandis que, dans d'autres, il ne peut pas se décomposer, à tel point même que, plusieurs années après, on le retrouve dans le sol en forme de tourbe et presque tel qu'on l'avait enterré. De là vient qu'il y a une grande inégalité dans la force des plantes, et que quelques-unes forment de grosses touffes, dans lesquelles il se niche une quantité d'insectes et de souris, tandis que d'autres, au contraire, sont d'une faiblesse extrême. Alors les plantes qui avaient poussé trop vigoureusement périssent pendant l'hiver. On éprouve souvent les plus mauvais effets d'avoir enterré du fumier récent et non décomposé au dernier des labours destinés aux semailles d'automne. Le sol, alors, conserve des vides, ou il a de la difficulté à s'asseoir. Si la température devient humide et chaude et que les semailles aient été faites de bonne heure, qu'ainsi le fumier ait été mis en fermentation, les plantes peuvent souvent prendre une croissance trop rapide, elles deviennent drues, mais d'une complexion fiable, probablement elles sont trop chargées d'hydrogène. Dans cet état elles ne supportent pas l'hiver, elles se pourrissent et elles périssent. Si ce fumier long, récent et non divisé, n'entre pas en fermentation, souvent, au printemps lorsque la sécheresse et la chaleur surviennent, il occasione la destruction des plantes, qui commencent par perdre leur couleur, et ne tardent pas à périr. J'ai eu tous ces faits sous les yeux, et si, quelquefois, lorsque les circonstances sont très-favorables, ces inconvéniens ne se font pas sentir, ce sont des exceptions assez rares.

Il est des personnes qui sont prévenues contre la méthode d'enterrer le fumier avant le pénultième labour, et qui pensent qu'ainsi le fumier perd ses sucs en favorisant la végétation des mauvaises herbes. Mais cette abondante germination de mauvaises herbes, loin d'être nuisible, est au contraire très-avantageuse, parce que les semences et les racines sont d'autant mieux détruites par ce moyen, et que les nouvelles plantes enterrées avec la charrue augmentent évidemment la fécondité du fumier et du sol. Il suffit d'observer ce fait avec quelqu'attention pour être bientôt délivré de ce préjugé que les cultivateurs se sont communiqués l'un à l'autre et qui a été reçu sans aucun examen.

## § 602.

La bonne distribution des engrais est d'une si grande importance dans une exploitation rurale, qu'elle demande l'attention la plus soutenue et une circonspection parfaite.

Il faut se garder de fumer trop abondamment, soit sous raies, soit sur le sol, après l'ensemencement; l'excès en ce genre peut facilement être nuisible aux récoltes, surtout aux céréales, en les faisant verser. Aussi est-il souvent arrivé que, pour avoir voulu se procurer une récolte distinguée, on n'a obtenu qu'une chétive moisson. Il est un maximum d'amendement, duquel on doit s'approcher pour obtenir les plus riches produits, mais que l'on ne doit pas excéder, si l'on ne veut s'exposer à une grande perte. On ne peut pas positivement en fixer le degré; ce degré varie suivant la nature du sol; un terrain argileux et humide supporte et demande un amendement plus fort qu'un sol sablonneux, calcaire et chaud. Mais les différences dans la température ont, sur le succès des récoltes, une influence telle, que, lorsque cette température est très-favorable à la végétation, la quantité de fumier qui, en temps ordinaire, eût été la plus convenable, pourrait rendre les céréales trop drues, et détériorer beaucoup la récolte. Aussi remarque-t-on que, dans les années où la moisson a été très-abondante, la récolte des fonds dont le sol est très-riche diffère moins de celle dont le terrain est appauvri, que cela n'a lieu dans les années ordinaires ou mauvaises. Lors donc qu'on fume immédiatement pour les grains, il convient de retrancher quelque chose du maximum d'engrais qu'on croirait pouvoir donner au sol.

Dans les exploitations rurales qui ont à leur disposition une abondante quantité d'engrais, le meilleur moyen d'échapper au danger d'un amendement trop riche, c'est de ne pas fumer immédiatement pour le blé, mais plutôt pour les récoltes auxquelles une végétation très-forte ne peut jamais être nuisible. Les choux, la plupart des récoltes racines (les pommes-de-terre peuvent cependant être fumées avec excès), les fèves en ligne, le maïs, le colza, les vesces à faucher en vert, ne reçoivent jamais une trop grande quantité d'engrais. Ces produits absorbent une partie des sucs du fumier assez grande pour que les grains qui leur succèdent dans le sol ne soient pas en souffrance. Tout au moins le fumier perd-il non-seulement une partie de sa chaleur et de son activité, mais encore son excès d'hydrogène et d'azote, quoiqu'il conserve à peu près tout son carbone.

Il arrive bien plus souvent qu'on doit porter son attention sur le défaut contraire, c'est-à-dire veiller à ce que les champs qui en ont besoin reçoivent tout au moins le minimum de la quantité de fumier qui leur est nécessaire. Dans ce cas, il est de règle de fumer complètement les principaux champs, ou ceux sur lesquels on peut le mieux compter pour la récolte de grain et de paille, lors même que les terrains moins essentiels devraient demeurer sans engrais. On n'a que trop souvent occasion de mettre cette règle en pratique; aussi ne doit-on pas trop la resserrer; cependant il faut se garder de lui donner trop d'extension, comme on le fait fréquemment, en consacrant aux principaux champs plus d'engrais que cela n'est nécessaire, quoique pour cela il faille retrancher aux autres ce dont ils ont le plus grand besoin. Dans bien des cas, il est vrai, l'on retire un avantage immédiat plus grand d'une quantité quelconque de fumier, lorsqu'on l'emploie sur un bon champ, et qu'on la répartit sur un moins grand espace, que lorsqu'on en retranche une partie pour la consacrer à un mauvais terrain ; mais la privation absolue d'engrais rend celui-ci tellement mauvais, que la détérioration occasionée par le retranchement de cette petite portion de fumier ne saurait être compensée par l'excédant de produit donné par le bon terrain. Ainsi donc le cultivateur qui désire conserver la totalité de son fonds dans un état prospère, et qui ne borne pas ses vues au présent, se gardera de donner trop d'extension à cette maxime, et de négliger ses mauvais terrains pour s'occuper presque exclusivement de l'amendement des meilleurs. Lorsqu'on voudra rétablir un fonds ruiné, on sera peut-être obligé, au premier abord, de retrancher aux meilleurs champs, à ceux qui ne sont pas encore épuisés, un peu du fumier qui, sans cela, leur eût été consacré, et de le réserver aux terrains qu'on cherche à améliorer. Mais alors il faudra exiger moins de ces premiers champs, par conséquent le produit total des récoltes sera diminué. L'on doit d'avance se soumettre à cet inconvénient ; car il arrive fréquemment que le premier amendement donné à un terrain épuisé ne produit que peu d'effet. Dans la disposition des choses de ce genre, il faut autant de réflexion que de capacité pour savoir garder un juste milieu, et pour ne se jeter ni trop d'un côté ni trop de l'autre, pour ne pas perdre de vue les moyens d'avoir la paille dont on a besoin, lors même qu'on prendrait son parti de n'obtenir qu'une moindre quantité de grains.

Si même on a une quantité de fumier suffisante pour en donner à chaque champ la juste mesure qui lui est nécessaire, il faut, dans la distribution de ce fumier, toujours faire attention à la nature particulière de chaque terrain. Si l'on veut entretenir dans le même état de prospérité les sols argileux et tenaces, et ceux qui sont légers, sablonneux et calcaires, il faut donner aux premiers une plus grande quantité d'engrais à la fois, parce qu'ils peuvent la supporter sans courir le risque de faire verser les récoltes, et qu'une petite quantité, au lieu de produire effet sur eux, serait plutôt elle-même retardée dans sa fermentation, et laissée dans l'état même où elle aurait été enterrée : en revanche, lorsque ces terrains ont été fumés abondamment, ils peuvent rapporter un nombre de récoltes double sans en être épuisés. Dans un terrain léger et chaud, le fumier est promptement décomposé ; un amendement très-abondant peut y avoir

des suites fâcheuses, parce que, suivant l'état de la
température, il peut ou faire verser les céréales, ou
les brûler : le fumier y est plus promptement consumé, c'est pourquoi il faut y en mettre plus souvent
et en plus petite quantité. Plus un terrain est léger et
sablonneux, plus il gagne à être fumé peu et fréquemment. En général cependant il paraît avéré que, dans
un même nombre d'années, les deux espèces de terrain opposées demandent une égale quantité d'engrais*.

§ 603.

Ordinairement la quantité de fumier est calculée
par charges ou chariots à 4 ou à 2 chevaux; quelquefois aussi par charretées à 1 cheval. L'on a dit ailleurs
que les chevaux traînent une plus forte charge lorsqu'ils sont employés séparément : c'est aussi le cas pour
le charroi des fumiers, toutes choses étant d'ailleurs
égales. Un chariot attelé de 4 chevaux ne contiendra
pas une quantité double de celle que charge un chariot à 2 chevaux. C'est par cette raison que, lorsque
les attelages sont vigoureux, on compte la charge
d'un chariot à 4 chevaux à 20 quintaux, et celle
d'un chariot à 2 chevaux à 12 ou 14 quintaux. Au
reste, rien de plus indéterminé que la quantité de fumier qu'on charge sur un chariot : cela ne dépend pas
seulement de la force du bétail de trait, mais aussi de
l'habitude, du soin que l'on met à charger, de la saison, de l'état des chemins, et de l'éloignement. Le
poids du même fumier varie également, suivant que
ce fumier est sec ou humide; lors donc qu'on veut
calculer la quantité du fumier d'après son poids, et

* Seulement le sol argileux à terreau veut un fonds primitif plus
considérable. (*Trad.*)

rédiger le tableau tant des engrais que de leur distribution, il faut peser une charge telle qu'on les fait ordinairement, et répéter cela de temps en temps, afin
de s'habituer à apprécier à l'œil la quantité des fumiers qu'on charrie. Cette opération se fait très facilement au moyen d'une grande romaine; instrument
qui présente d'ailleurs de bien grands avantages pour
une exploitation rurale.

2,000 livres sont une charge médiocre pour un
chariot à 4 chevaux, et l'on se rapprochera de la vérité autant que cela est possible dans une chose de ce
genre, en prenant ce poids pour la moyenne d'un
chariot. Cependant, avec de forts attelages, sur des
chemins à la fois bons et de peu d'étendue, et en été,
on charge souvent jusqu'à 3,000 liv.* Il y a encore
plus d'incertitude dans l'estimation du fumier d'après
son volume, parce que ce volume dépend du degré de
décomposition auquel la paille est parvenue, et de la
proportion qui existe entre la quantité de paille employée en litière, et celle d'excrémens proprement
dits. Un pied cube de fumier très-pailleux ne pèse
souvent pas au-delà de 44 liv., tandis qu'un autre de
fumier où la paille est réduite en filamens, pèse, sans
être comprimé, de 56 à 58 liv. Aussi la quantité de
sucs contenue dans le fumier est-elle proportionnée
plutôt à la pesanteur de celui-ci qu'à son volume.

§ 604.

On consacre à un journal de terre 5, 8, jusqu'à
10 charges fumier, de 2,000 liv. chacune; suivant

---

* Et même jusqu'à [illegible] liv. [illegible]

que la quantité ainsi donnée est plus ou moins forte,
l'on dit qu'on a donné au sol un *faible* ou *léger
amendement*, qu'on lui a donné un *amendement
complet*, ou qu'on l'a *fumé fortement*.

| Charges. | Liv. | Par perche. |
|---|---|---|
| Si l'on met sur un journal 5 ou | 10,000, il y aura, | $55\frac{5}{9}$ |
| 6 | 12,000 | $66\frac{2}{3}$ |
| 7 | 14,000 | $77\frac{7}{9}$ |
| 8 | 16,000 | $88\frac{8}{9}$ |
| 9 | 18,000 | 100 |
| 10 | 20,000 | $111\frac{1}{9}$ |

Ainsi, lorsqu'on fume le plus abondamment,
il tombe sur un pied carré environ . . . l. 0,7.

§ 605.

Le transport des fumiers sur les terres est une des
opérations agricoles les plus importantes. Pour être faite
non-seulement avec les soins, mais encore avec l'ordre convenables, elle demande une attention particulière de la part de l'inspecteur des travaux. Il convient
donc d'y employer autant d'attelages que cela est possible, avec un nombre de manouvriers proportionné.
Suivant que le terrain sur lequel le fumier doit être
conduit est plus rapproché ou plus éloigné, il faut
avoir une voiture de rechange pour deux ou trois attelages, afin qu'il y ait toujours un chariot auprès du
tas, pour occuper les chargeurs. Il faut avoir soin d'é-
tablir et de maintenir l'ordre nécessaire dans la distribution du temps, de sorte que, par exemple, de trois
attelages il y en ait un en chemin pour revenir, tandis
que l'autre décharge au champ, et que le troisième s'y
rend ; qu'ainsi aucun d'eux ne soit arrêté plus long-
temps que cela n'est nécessaire pour atteler les che-

vaux* au chariot qui vient d'être chargé. Il faut donc calculer le temps que l'éloignement du champ rend nécessaire à chaque attelage, pour aller et revenir. Alors on consacre à cette opération un nombre de chargeurs tel, qu'ils soient toujours occupés, mais surtout que les attelages ne soient jamais obligés d'attendre le chariot qu'ils doivent conduire. Comme ce travail est plus ou moins pénible et long, suivant l'état dans lequel le fumier se trouve, on ne peut pas fixer d'une manière générale le nombre de personnes qu'il est nécessaire d'y employer. On compte ordinairement un homme et demi, ou un homme et une femme par attelage ; mais si le travail va fort vite, et si le fumier est très-serré, ce nombre suffira à peine.

La plus ou moins grande quantité de fumier qu'on veut consacrer à un champ peut, en général, mieux être calculée d'après l'éloignement des petits tas que l'on forme en déchargeant, qu'elle ne peut l'être d'après leur volume. Il m'a paru qu'ordinairement les chariots de 2,000 liv. de fumier, ou même un peu plus forts, produisaient environ 9 petits tas, de sorte que chacun de ceux-ci pouvait contenir environ 222 liv. de fumier. Suivant la quantité d'engrais qu'on veut donner au terrain, on peut facilement calculer l'étendue sur laquelle un chariot doit s'étendre dans une ligne, et l'éloignement qu'il doit y avoir entre les lignes elles-mêmes. Le meilleur moyen de déterminer la distance des tas, c'est de prendre pour mesure la longueur de l'attelage, dès les chevaux de devant ou de ceux de derrière, jusqu'à l'arrière-train du chariot, mesure qu'on peut doubler au besoin : quant à la dis-

---

* Ou les bœufs.

tance qui doit séparer les lignes, il faut la mesurer
avec les pas, et il convient que cela soit fait par l'inspecteur des travaux lui-même. Quelquefois on juge
convenable de fumer une partie d'un champ plus fortement que l'autre : les hauteurs peuvent supporter
un amendement plus riche, tandis qu'une moindre
quantité de fumier suffit aux terrains bas, surtout à
ceux qui sont placés immédiatement au-dessous des
coteaux, parce que les sucs fertilisans y coulent
d'eux-mêmes. Il n'est pas rare que des inspecteurs
doués de peu de sens disposent les choses d'une manière tout opposée, dans l'opinion où ils sont que le
fumier profite peu sur les hauteurs ; et les valets
eux-mêmes ne sont pas moins disposés à suivre une
méthode qui leur épargne de la peine. Dans ces cas-
là, il est d'autant plus nécessaire qu'un inspecteur des
travaux, ou tout au moins un valet de basse-cour suffisamment instruit, demeure au champ, soit pour di-
riger la distribution du fumier, soit pour aider à décharger lorsque cela est nécessaire, et pour veiller à
ce que les attelages observent une bonne distribution
de leur temps.

Lorsque, indépendamment des gens employés à
charger, on a encore d'autres ouvriers en suffisance, le
mieux est de faire épandre le fumier à mesure qu'on
le charrie, afin que l'inspecteur puisse en même temps
surveiller ces deux opérations. D'ailleurs le fumier se
divise d'autant plus facilement qu'il s'est moins serré
dans les petits monceaux ; nouveau motif de ne pas
laisser le fumier ainsi sans l'épandre.

## § 606.

Il est très-essentiel de bien diviser et éparpiller le

fumier. Il ne faut donc pas épargner les ouvriers à ce travail, pourvu cependant qu'on avise à ce qu'ils ne restent pas dans l'inaction. Il faut aussi y employer un homme intelligent qui marche à la suite des ouvriers et divise complètement les morceaux de fumier que ceux-ci pourraient avoir négligés : c'est cet ouvrier qui est responsable de la bonne répartition du fumier, ainsi il ne manque pas d'obliger les autres à faire leur travail avec soin. Lorsque le fumier a été épandu d'une manière inégale, cela a des suites fâcheuses pour plusieurs récoltes.

Il faut également veiller à ce que le fumier soit enterré aussi bien que cela est possible, surtout celui qui est pailleux; et même pour celui-ci il convient presque toujours de faire suivre la charrue par des gens munis de fourches et de râteaux, afin de le répartir d'une manière plus égale dans le sillon. Il n'y a à la vérité pas un grand mal à ce que, quelquefois, il reste du fumier pailleux hors de la raie, surtout lorsqu'on doit donner encore plusieurs labours; mais il faut soigneusement éviter que ce fumier ne soit entraîné et amassé au-devant de la charrue, de sorte qu'il y en ait des paquets dans une place, tandis qu'une autre en est totalement dépourvue.

## § 607.

Dans plusieurs contrées, on mêle ordinairement le fumier pailleux avec toutes sortes de substances végétales, ou simplement avec de la terre, et on l'y laisse se décomposer entièrement; au moyen de ce procédé les parties volatiles et liquides du fumier sont mieux conservées, et, si l'addition qui a été faite est composée de gazons, ces parties peuvent se combiner plus intimement avec la terre, et exercer leur action sur elle ; alors, et surtout si on y a joint un peu de chaux vive, il s'opère diverses décompositions et diverses combinaisons que, sans cela, on n'eût obtenues que beaucoup plus tard. Il n'est pas sans vraisemblance que l'eau elle-même ne soit en partie décomposée, et qu'elle ne passe à l'état solide en entrant dans des combinaisons.

Quelquefois on transporte sur la place à fumier les diverses matières dont le compost doit être formé, et là on les réunit en tas ; d'autres fois on leur destine d'autres places près des bâtimens, ou mieux encore dans les champs même où le compost doit être employé ; cette dernière méthode épargne un double transport des substances qu'on associe au fumier.

Il est deux manières de former ces composts :

*a.* On dispose en couches horizontales les diverses matières dont ils sont composés ; ces couches sont placées les unes sur les autres. Au bas du tas on forme d'abord un lit de terre ou de gazon, auquel on donne de tous côtés en étendue cinq à six pieds de plus que le tas ne doit avoir. Alors on y met une couche d'environ un pied d'épaisseur, de fumier aussi récent que cela est possible. Au-dessus de cette couche on met derechef un lit de terre ou de gazons ; si l'on a d'autres matières qui soient susceptibles de putréfaction, on les place sur ce lit, qu'on recouvre d'une autre couche de fumier, et ainsi de suite, jusqu'à ce que le tas ait environ six pieds d'élévation en talus ; alors on le couvre de nouveau d'une couche de terre. Souvent on mêle dans ces composts de la chaux vive, mais il ne faut pas que cette chaux soit en contact immédiat avec le fumier, parce qu'elle accélérerait trop sa décomposition, et donnerait trop d'intensité à celle-ci ; on place donc la chaux entre deux couches de terre, ou entre la terre et d'autres substances d'une putréfaction difficile, comme la feuille d'arbres et les choses semblables. Lorsque la partie qui déborde le tas a été imprégnée d'eau de fumier, on la brasse et on l'étend sur le tas.

Alors le tas de compost s'échauffe et entre en fermentation ; on le laisse dans cet état jusqu'à ce que cette fermentation soit complètement achevée. Lorsqu'on ne sent plus aucune chaleur dans l'intérieur du tas, on le brasse et l'arrange de manière que ce qui était dessus se trouve dessous, et que ce qui était au dehors et qui n'est pas encore consommé, soit placé dans l'intérieur, pour y subir sa fermentation. Souvent alors on place sous le tas une couche de nouvelle terre.

On donne au tas ainsi remué une forme longue et étroite, semblable à celle d'un toit, afin qu'il soit plus exposé au contact de l'air ; on croit que celui-ci fait augmenter le fumier en qualité et en poids, et en effet, au moyen de cette disposition, il se forme ici une grande quantité de nitre ; aussi les personnes qui donnent beaucoup d'attention à ces composts, les remuent-elles fréquemment, afin d'exposer à l'air une couche toujours nouvelle.

*b*. D'autres agriculteurs font amener les diverses matières qu'ils destinent au compost ( surtout lorsqu'ils en ont une grande variété) tout autour de la place où le tas doit être formé, et les y déposent séparées les unes des autres. Ils étendent alors au milieu la couche de terre sur laquelle le tas doit être fait, et mettent auprès des divers monceaux qui sont à l'entour, des ouvriers avec des pelles, lesquels, tous ensemble, jettent au grand tas les substances de leurs monceaux ; ces substances se trouvent ainsi parfaitement mêlées ensemble. On associe de cette manière de la marne, du terreau, de la tourbe brisée et pulvérisée, de la mousse, des feuilles d'arbres et de celles de pins en particulier, de la sciure, des dépouilles de végétaux et d'animaux, etc. ; le plus souvent on y joint encore de la chaux, des cendres, de la suie, et parmi toutes ces substances, on mêle du fumier récent, ou bien on arrose ce mélange avec des urines et de l'eau de fumier. On y met une plus ou moins grande quantité de chaux, suivant que les substances dont le compost est formé sont d'une putréfaction plus ou moins difficile ; on en met davantage lorsqu'il y a des matières dans lesquelles l'acide domine, et qui par conséquent n'ont pas de la disposition à se décomposer. Plus il y a de substances animales, plus on peut épargner la chaux. On doit également laisser reposer ces tas jusqu'à ce que leur fermentation soit terminée ; alors il convient de les remuer plusieurs fois.

Les personnes qui désapprouvent qu'on emploie des fumiers d'étable dans ces composts, envisagent ce mélange comme une augmentation inutile de travail. Ce fumier, disent-elles, serait suffisamment mêlé et incorporé à la terre par les labours, et cela aurait lieu d'une manière tout à la fois plus facile et plus convenable que par le moyen de ces composts. Outre cela elles allèguent que la fermentation putride du fumier dans la terre est très-avantageuse au sol, et elles ont en effet raison, si elles parlent des terrains argileux et froids.

Mais ce qui plaide d'une manière encore plus forte

contre l'emploi universel de ces composts, et qui le rend difficile, c'est que, par ce moyen, le fumier d'étable ne peut être mis en usage, et n'acquiert son activité qu'une année plus tard, ce qui est d'une très-grande importance dans une exploitation qui n'a pas encore des fumiers en surabondance. Indépendamment des produits effectifs en denrées qu'on retire du fumier employé immédiatement, on peut également en avoir obtenu de nouveaux engrais, avant l'époque où le compost serait prêt à être épandu sur le sol.

On ne doit donc penser à établir des composts que lorsqu'on possède des engrais en surabondance. Mais, si l'on est effectivement dans ce cas, on trouve beau-coup d'avantage à faire les avances qu'ils exigent, surtout si l'on a une grande quantité de ces substances qui ne sont pas d'une décomposition facile. Par là, on peut se procurer et tenir en réserve une sorte de trésor, et s'assurer un riche produit des semailles même les plus misérables, en les fortifiant au moyen de cette espèce d'engrais.

Des expériences sans nombre ont confirmé que le meilleur moyen d'employer le compost consiste à l'é-pandre sur le sol, sans l'enterrer. On charrie le compost après le labour de semailles, et on le fait épandre dès le chariot par des hommes qui le jettent au loin avec des pelles; d'abord on sème et l'on enterre avec la herse ou en donnant après un labour très-superficiel. Si l'on veut, on peut employer le compost de la même manière pour fumer par-dessus les semailles; on l'épand sur les céréales d'automne, quelquefois au printemps seulement, lorsque leur végétation a recommencé.

Cette manière de fumer produit là des effets éton-nans, lors même qu'on n'y emploie réellement qu'une

petite quantité de compost ; c'est ce que prouvent
tant le témoignage des personnes qui l'ont elles-mêmes
essayée, que la faveur dont elle jouit dans des contrées entières. Dans un district considérable de l'Angleterre, dans le comté d'Hereford, elle a été introduite
dès les temps les plus reculés ; on n'y emploie aucun
fumier que sous cette forme. (Les Anglais désignent
cette manière de fumer par l'expression *topdressing*.)
Sans que la culture soit d'ailleurs très-distinguée dans
cette province, les récoltes y sont remarquablement
belles, et les cultivateurs de ce pays-là assurent
qu'elles ne manquent jamais. Ces cultivateurs attribuent une influence magique au compost épandu sur
les céréales pendant leur végétation ; selon eux, lorsque le froment a été en grande partie détruit par l'hiver, ou que l'orge, endommagée par la gelée, la sécheresse ou l'humidité, est maladive et végète à peine, le
compost y produit des effets surprenans aussitôt qu'il
a été épandu ; ils assurent qu'on voit les plantes re-
verdir et renaître. Ce grand effet du compost est confirmé d'une manière non équivoque par tous les auteurs anglais.

On trouve donc autant d'avantages réels que de
sécurité à se procurer une provision d'engrais actifs
de cette nature, sans cependant se priver de ce qui est
nécessaire à l'année actuelle.

Dans divers écrits on trouve, sur la composition de
ces mélanges, une quantité innombrable de recettes,
dans lesquelles la quantité de chaque substance est
prescrite en poids et mesure, comme dans les ordonnances de médecine. Mais ce sont là de pures pédan-
teries ; sur ce point tout vient se réduire à ce précepte : « Prenez tout ce dont vous pouvez disposer en

» substances végétales, animales et minérales; ces der-
» nières cependant autant qu'elles seront propres à cet
» usage; mêlez-les ensemble, joignez-y un peu de chaux
» vive, et de la terre autant qu'il en faut pour absorber
» les gaz qui se développent de ces diverses substan-
» ces; faites entrer le tout en fermentation, et bras-
» sez le ensuite plusieurs fois, jusqu'à ce qu'il se soit
» transformé en une matière homogène. »

§ 633.

Lorsqu'on manque de paille, on se sert de plusieurs autres substances végétales, tant pour absorber et contenir les excrémens du bétail et donner à celui-ci une couche sèche, que pour augmenter la quantité des engrais; parce que les végétaux consacrés à cet usage sont plus promptement mis en putréfaction et transformés en terreau, lorsqu'ils sont unis à des excrémens animaux, que lorsqu'ils sont abandonnés à eux-mêmes. La convenance de l'emploi et le choix de ces espèces de litière dépend donc, tant des qualités qui les rendent propres à remplir ces vues et à fournir au bétail une couche saine, que du plus ou moins de disposition qu'elles ont à se décomposer promptement.

La plus usuelle d'entre ces matières est la *feuille des arbres*, et dans le nombre de ses espèces, surtout celle des arbres compris dans la famille des *pins*. Les forêts des contrées qui manquent de paille surtout sont peuplées d'arbres de ce genre; on y trouve cette feuille en abondance, et entremêlée de mousses. Lorsque cette espèce de feuille est mêlée avec des excrémens d'animaux, elle se décompose beaucoup plus facilement que lorsqu'elle est seule; cependant elle retarde la fermentation du fumier, qui doit alors demeurer en tas plus long-temps que si les excrémens du bétail fussent mélangés avec de la paille seulement. Au reste, lorsque la décomposition a eu lieu, ce fumier, loin de le céder en rien à celui qui a été fait avec de la paille, semble plutôt avoir sur lui des avantages ; parce que les feuilles de pin contiennent beaucoup plus de sucs nutritifs que la paille.

La *feuille de chêne* est d'une décomposition difficile, et contient une substance astringente qui n'est pas favorable à la végétation, aussi long-temps que la décomposition complète de cette feuille n'a pas eu lieu. Aussi faut-il que le fumier qui en est composé en partie demeure très-long temps en tas, si l'on veut en tirer de véritables avantages. Si on le met en terre avant qu'il soit consommé, ces feuilles demeurent un temps infini avant de se putréfier, et elles peuvent alors être plutôt nuisibles qu'avantageuses, surtout dans les terrains légers.

La feuille des *hêtres, noyers, châtaigniers,* lorsqu'elle est encore verte, paraît, il est vrai, encore plus nuisible à la végétation que celle des chênes, puisqu'il ne pousse que peu d'herbe sous ces arbres ; mais dans le fumier elle perd bientôt ces qualités nuisibles, et se décompose beaucoup plus promptement ; de sorte que divers cultivateurs et moi-même nous avons éprouvé de beaucoup meilleurs effets des fumiers faits avec ces espèces de feuilles, que de ceux faits avec de la feuille de chêne.

La feuille des arbres tels que *l'aune,* le *saule,* le *peuplier,* paraît également avoir de la facilité à se décomposer ; mais elle a peu de consistance, et n'augmente pas considérablement le volume des excrémens qu'elle recueille.

22.

Il est diverses contrées et diverses exploitations ru-rales dans lesquelles on compte essentiellement sur ces feuilles pour la litière ; parce qu'on y emploie la totalité des pailles à la nourriture du bétail pendant l'hiver, et que, avec la disposition actuelle de leur économie, il serait réellement impossible que ces exploitations pussent se passer de ce secours. Mais il est reconnu que c'est toujours au détriment des forêts qu'on emploie ce moyen, et que le désavantage qui en résulte pour celles-ci dépasse les profits qu'en retire cette triste économie. L'obligation de fournir à cet usage est devenue une servitude très-onéreusé pour le propriétaire des forêts, et son abolition a trouvé de grandes difficultés dans le système de culture établi. A la vérité, lorsque c'est le propriétaire de la forêt lui-même qui en fait usage, et qu'il a du discernement et de la modération, il peut quelquefois en tirer des avantages réels ; mais ceux qui jouissent de ce droit sur la possession d'autrui n'usent ordinairement pas de semblables ménagemens.

## § 609.

Dans les pays qui produisent de la *bruyère*, c'est de cette plante qu'on fait le plus souvent usage pour litière, lorsqu'on a épuisé les substances dont nous venons de parler. Quelquefois on fauche la bruyère, d'autres fois on écroûte le sol où elle végète, avec une houe adaptée à cette opération, et l'on transporte ainsi tant la plante elle-même que cette petite partie du sol qui a été enlevée par la houe. Quoique la bruyère ne se putréfie que difficilement dans le cours d'une année, cependant les excrémens d'animaux auxquels elle

est mêlée la rendent si molle, et la dépouillent tellement de la substance astringente qu'elle contient, que,
lorsqu'on la transporte sur les terres, elle ne tarde pas
à être complètement décomposée et divisée. Dans une
partie de la principauté de Lunebourg, de l'évêché de
Brême, et de la Poméranie, beaucoup de gens envisagent cette bruyère comme une chose tellement indispensable à l'économie rurale, qu'ils résistent à mettre
les landes en culture ; opération dont ils reconnaissent
cependant la possibilité, parce qu'ils ne croient pas
pouvoir se passer de la bruyère pour faire des engrais,
et en effet cela demeurera vrai aussi long-temps qu'ils
ne changeront pas la disposition de leur économie
rurale. Au moyen d'un droit de recueillir de la
bruyère sur le terrain d'autrui, plusieurs cultivateurs,
qui faisaient un usage rigoureux de ce droit, ont pu
maintenir dans un état de fécondité frappant des
champs qui étaient d'ailleurs de mauvaise qualité.
Mais comme la bruyère ne croît que lentement, surtout lorsque, avec elle, on a enlevé la superficie du
sol, il faut peut-être 100 journaux de bruyère pour
maintenir un seul journal de terre arable dans un état
de prospérité ; ainsi donc cette opération ne peut être
continuée que dans de petits domaines entourés de
vastes étendues de terrains incultes. Si l'on doit aller
recueillir la bruyère à de grandes distances, cela demande beaucoup de temps, de sorte que les ouvriers
et les attelages y sont employés une grande partie de
l'année. Souvent il est réellement plus difficile de se
procurer la quantité de bruyère qui doit fournir à
l'amendement d'un journal de terrain, que de couvrir
une même étendue avec de la marne ou du terreau.
Cependant personne n'est arrêté par les frais qu'occa-

sioue ce premier travail, tandis qu'on est effrayé par la perspective du dernier ; tant l'habitude a de puissance et de force.

On ne se borne pas à étendre de la bruyère sous le bétail, on mêle encore, avec le fumier, les gazons enlevés avec la houe en écroûtant le sol, et l'on fait du tout, dans les champs, des tas qu'on laisse subsister jusqu'à ce que la décomposition de ces matières soit accomplie. Lorsque ce fumier ainsi mêlé d'une petite quantité d'excrémens animaux, est bien consommé, et qu'on l'étend sur les champs en quantité suffisante, il produit souvent de très-belles récoltes de seigle et surtout de blé noir. Comme il n'y pousse que très-peu de mauvaises herbes, le terrain n'a pas besoin de jachère, et il rapporte consécutivement six ou sept récoltes, qui, du reste, vont successivement en déclinant. Les personnes qui ne savent pas à combien de difficultés cette acquisition d'engrais est liée, sont disposées à envisager cette opération comme très-recommandable, et ces terrains à bruyère comme d'une grande utilité. Le célèbre De Luc entre autres, dans son voyage à travers ces contrées, trouva dans cette circonstance des motifs pour se prononcer contre le partage des communes. Du reste, il est sans contredit des cas où, sans faire un mauvais calcul, le cultivateur peut avoir recours à ce moyen, et où il peut avec avantage employer de la bruyère pour la litière des bestiaux. Cela peut avoir lieu surtout dans les bergeries, où, par l'action des excrémens de moutons, cette plante est plus facilement décomposée.

## § 610.

Plusieurs autres substances végétales, telles que les

roseaux, les joncs, les plantes aquatiques, le petit
genêt, la mousse, la fougère, etc., peuvent, à défaut
d'autres, être employées avec avantage comme litière.
Quelques-unes, surtout la fougère, ainsi que toutes
les autres plantes qui donnent beaucoup de potasse
dans l'incinération, produisent un terreau très-fertili-
sant. Elles se décomposent d'autant plus facilement,
qu'elles ont mieux conservé leurs sucs lorsqu'on les
met sous le fumier; mais alors elles ne procurent pas
au bétail une couche aussi saine. Lorsque ces plantes
ont été séchées, elles ne se décomposent plus que difficilement; alors on est réduit à laisser long-temps en
tas le fumier dont elles font partie. C'est seulement
lorsque les roseaux sont demeurés long temps sur les
toits, qu'ils sont amollis par l'air et se décomposent
facilement; il paraît qu'alors ils donnent un fumier
particulièrement bon.

On ne doit employer qu'avec une extrême circonspection les balayures de grange dans les fumiers,
lorsqu'on cherche à débarrasser les champs de mauvaises herbes. Les semences qui se trouvent dans ces
balayures ne sont pas toutes détruites, même par la
fermentation putride; le mieux est d'employer ces
balayures pour les engrais qu'on destine aux prairies.

## § 611.

Souvent dans des bas-fonds humides on trouve une
substance semblable à la mousse, remplie de toutes
sortes de plantes aquatiques, et qu'on peut fort bien
employer en place de tourbe. Lorsque cette substance
est desséchée, on s'en sert avec un grand avantage
pour la litière; parce qu'elle se décompose promptement dans le fumier, qu'elle absorbe fortement l'hu-

midité, et produit une excellente espèce d'engrais. Au reste, on ne doit employer ce moyen que lorsqu'on manque d'autre litière, car sans cela on peut, avec moins de travail, transporter cette substance directement sur les champs où, après avoir été mêlée avec le fumier de paille, elle se putréfie promptement et suffisamment.

Quelquefois, et surtout dans les bergeries, on se sert aussi de la véritable tourbe, lorsqu'elle est légère. Nous reviendrons dans la suite sur les propriétés de cette substance comme engrais en général.

Plusieurs auteurs ont conseillé de se servir de terre pour litière. Des gazons enlevés à des places où ils sont inutiles peuvent être convertis en terreau et donner une excellente espèce d'engrais, et cette substance peut, sans aucun doute, être considérablement améliorée par son passage dans les étables, où elle absorbe les urines et l'humidité surabondante des excrémens en général. Mais la terre pure ne peut pas devenir véritablement une espèce d'engrais, elle ne peut qu'absorber le fumier et une partie des urines. Outre qu'il serait extrêmement difficile de tenir les bestiaux au sec par ce moyen, cette méthode entraînerait après elle des transports et un travail extrêmement longs et pénibles, tant pour amener la terre près des écuries et l'y introduire sous le bétail, que pour la débarrasser et la charrier ensuite sur les champs. Je ne me souviens pas d'avoir vu mettre ce procédé en pratique, et je n'ai pas connaissance qu'il ait existé nulle part, excepté sur les côtes des comtés de Norfolk et de Suffolk en Angleterre, où l'on charrie, pour s'en servir de litière lorsqu'il est sec, le sable rejeté par la mer, lequel est composé en plus grande partie de débris de coquillages et de chaux. Au reste cela n'a lieu que dans les villes ; le fumier qui est mêlé de cette espèce de sable doit être très actif.

C'est tout autre chose lorsqu'on transporte de la terre, surtout de la marneuse, dans les cours ou dans les places à fumier, et qu'on la met en tas pour l'arroser avec de l'eau de fumier. On fait au milieu du tas un enfoncement en forme de bassin dans lequel on verse le liquide ; et pour accélérer l'introduction de la lizée ou de l'eau de fumier dans le monceau de terre, on pratique, à l'aide d'une barre de fer, des trous qui s'étendent dès le bassin aux diverses parties du tas. Lorsque la terre est suffisamment imprégnée de sucs, on la transporte sur les champs ; quelquefois on entoure le tas de fumier d'un mur de cette terre, en guise de clôture, et l'on fait alors sur ce mur un petit canal, où se versent les eaux surabondantes du tas. Lorsque ce mur de terre a demeuré dans cet état pendant quelques années, et que sans doute il a absorbé beaucoup d'émanations des cours où le bétail est renfermé, on charrie cette terre sur les champs, et elle y produit un grand effet. Mais avant d'entreprendre cette opération, tout utile qu'elle soit en elle-même, il faut bien calculer les frais que doit occasioner, tant le transport de la terre dans les cours et de là au champ, que le travail de l'arrosement.

## § 612.

Quelqu'ordinaire et avantageux que soit l'usage de se servir de paille et d'autres substances pour recueillir les excrémens des animaux et pour faire la litière du bétail, il n'est cependant point universel. Assez souvent on tient le bétail dans les écuries, sans litière, non-seulement en hiver, mais aussi en été, et surtout dans les contrées et dans les exploitations où le bétail de rente forme l'objet principal de l'économie. La disposition des étables adaptées à cet usage varie beaucoup; le plus souvent les bêtes reposent sur un plancher qui incline un peu en arrière. Au bord de ce plancher, et derrière les bêtes, passe un canal en maçonnerie ou en plateaux, dans lequel les excrémens du bétail sont jetés au moyen d'un balais, à mesure qu'ils sortent du corps de l'animal. Souvent il y a dans les étables des pompes ou des cours d'eau dont on fait usage pour déblayer d'abord ces excrémens. Afin que les bestiaux ne se salissent point, on a soin de tenir leur queue suspendue : cela se fait au moyen d'une ficelle qui, passant sur une poulie attachée au plafond, a, à son autre extrémité, un poids proportionné à la pesanteur de la queue, et qui, ainsi, sans la tirer d'une manière trop forte, empêche cependant qu'elle ne tombe sur le plancher. Ou bien, afin que le bétail soit au sec, on le loge sur des plateaux percés de trous, et qui reposent sur des réservoirs murés. Les urines et la partie liquide des engrais se rassemblent dans ces réservoirs, et de là coulent à travers des canaux dans les grandes fosses destinées aux engrais liquides. On jette alors la partie des excrémens qui a le plus de consistance, derrière les animaux contre la paroi, et l'on a soin de nettoyer chaque fois complètement la place où ces excrémens étaient tombés, de sorte que le plancher en est aussi propre que celui d'une chambre. Cette méthode contribue non-seulement au bien-être du bétail, que d'ailleurs on a soin d'étriller et de brosser, mais encore à la propreté du laitage.

Dans d'autres exploitations on a eu recours à une disposition plus simple, mais moins favorable au bétail. Là les places destinées aux bestiaux sont si courtes, que ceux-ci doivent retirer leurs jambes de derrière d'une manière presque contraire à la nature, pour pouvoir être tournés directement contre la crèche. Derrière eux est un enfoncement d'un pied et demi ou deux pieds; c'est dans cet enfoncement que tombent les gros excrémens du bétail, et l'urine des animaux femelles, pourvu cependant que les bêtes ne soient pas placées en biais. Il faut alors que les bestiaux soient extrêmement serrés, afin qu'ils soient obligés de se tenir en face de la crèche, tant lorsqu'ils sont debout que lorsqu'ils sont couchés; ce qu'ils ne feront sûrement pas, s'ils ont assez de place pour pouvoir se tirer de côté. Il faut aussi que le bétail soit habitué à cette méthode, sans cela il glisse des jambes de derrière, tombe dans l'enfoncement, et s'offense les os des cuisses et les genoux *.

Quelle que soit la différence qui existe entre ces diverses méthodes, ce n'est point la seule qu'il y ait dans la manipulation des fumiers. Ou l'on transporte hors des étables les gros excrémens et, en les mêlant avec de la paille, on en fait des tas réguliers, de manière que le fumier pur soit placé en dedans, et que le fumier mêlé de paille se trouve en dehors; quelquefois alors on arrose ces tas avec de l'eau de fumier.

Ou bien on fait de temps en temps au bétail une légère litière avec de la paille; on pompe un peu d'eau et on l'ajoute aux excrémens qui sont déjà dans le canal; au moyen d'une fourche, on jette la paille dans

* Cette méthode expose fréquemment les vaches à montrer la matrice. (*Trad.*)

ce canal, où on la fait passer et repasser, afin d'enlever par son moyen le plus que l'on peut de ces gros excrémens, et on la transporte ensuite dans un tas hors de l'écurie. On pompe encore de l'eau, et on la mêle aux matières qui sont demeurées dans le canal, et on fait passer le tout dans les canaux ouverts, qui le conduisent dans les fosses à *lizée*.

De cette manière, les gros excrémens mêlés de paille sont conservés entièrement séparés des engrais liquides (de la lizée), et l'on se sert des uns et des autres suivant que les circonstances l'indiquent.

Il est nécessaire d'avoir plusieurs fosses à lizée, et il faut que les canaux soient construits de manière à pouvoir remplir tantôt l'une, tantôt l'autre. En effet, pour pouvoir être employée avec plus d'avantage, il faut que la lizée ait subi une fermentation ou une sorte de putréfaction; jusqu'à ce que cette putréfaction soit accomplie, on la prive du contact de l'air frais, et on ne la brasse que de temps en temps une fois. On assure qu'il est très-essentiel d'atteindre ce degré, ce véritable point de fermentation. Les fosses à lizée sont vidées successivement à mesure que le liquide y a subi le degré de fermentation qui lui est nécessaire, et on les fait alors remplir de nouveau.

Les éloges qu'on fait de cette méthode et de la bonté des engrais qu'elle procure sont très-grands, mais ils semblent exagérés. On prétend qu'à l'aide de la paille on acquiert la même quantité de fumier que l'on obtiendrait en faisant la litière à la manière ordinaire, et que ce fumier est rendu plus actif et plus fécond par les soins qu'on lui donne en le rassemblant; que, outre cela, on a des engrais liquides qui, par l'effet qu'ils produisent, valent tout autant que

le fumier concret; quelques-uns prétendent même
le double ; de sorte que par ce moyen on obtient une
quantité d'engrais double, si ce n'est triple, de celle
que procure la méthode ordinaire. Il semble y avoir
là une contradiction manifeste, aussi ne pourrai-je être
convaincu de ces assertions *, que lorsque des expériences comparatives probantes en auront démontré la
réalité. Cependant je ne conteste pas que, par ce moyen,
on ne puisse se procurer une plus grande quantité de
sucs nutritifs, que par la méthode ordinaire, parce
que ces procédés peuvent procurer des décompositions
plus complètes et de nouvelles combinaisons des substances élémentaires. Peut-être doit-on supposer que,
durant la fermentation et la putréfaction de la lizée
et durant celles du fumier en général, l'eau se décompose et qu'il se développe des substances dont nous
ne connaissons pas encore assez la nature. Des expériences en grand ont prouvé d'une manière incontestable que les engrais liquides produisent un effet très-
considérable, surtout dans les terrains sablonneux,
auxquels ils rendent une partie de la consistance

* Le véritable avantage de l'emploi des excrémens animaux comme
engrais sous la forme de lizée, consiste dans l'assimilation aux organes
des plantes que ces excrémens ont éprouvée dans la fermentation de la
lizée, et dans la facilité que la forme liquide donne, pour les diviser à
l'infini et pour les mettre en contact direct avec les plantes, afin qu'ils
soient absorbés immédiatement par elles, et ainsi reproduisent promptement les végétaux. Il est très-vrai que, sous cette forme, une quantité
donnée d'excrémens pourra, dans une première année, procurer des
produits doubles, peut-être même quadruples de ce qu'ils seraient, si ces
excrémens eussent été employés sous la forme concrète.

Cette méthode peut donc être d'un avantage inappréciable dans des
exploitations rurales, qui manquent d'une quantité suffisante d'engrais,
si d'ailleurs le sol est assez léger pour que l'emploi des fumiers qu'elles
ont sous forme liquide, puisse y avoir lieu habituellement et sans inconvéniens. (*Trad.*)

qu'ils ont perdue par des labours réitérés et par l'amendement avec du fumier pailleux. On jette également ment dans les fosses à lizée toutes sortes de substances végétales et animales, surtout de l'urine humaine.

Quoique je ne conteste pas à cette méthode les avantages qui lui sont propres, je pense cependant qu'avant de l'adopter, il faut bien s'assurer qu'ils balancent la peine et les soins qu'elle exige, et que pour cet effet il faut la mettre en parallèle avec notre méthode ordinaire, dans laquelle toutes choses doivent également être disposées de manière que rien ne se perde. Chez nous, dès que le fumier contient plus d'humidité qu'il n'en peut retenir, le liquide qui en découle est également recueilli et employé ; mais si, comme cela arrive assez souvent lorsque la disposition des places à fumier n'a pas été soignée, on laisse couler cette eau sans la recueillir, alors, sans doute, on perd une partie essentielle des engrais, surtout lorsque le bétail est nourri au vert, ou en général avec des substances qui ont conservé leur suc. Au reste, des fosses à lizée sont, dans tous les cas, nécessaires pour cette partie liquide des engrais qui, après avoir pénétré au travers des tas, s'en écoule parce qu'elle y est en surabondance.

§ 613.

Les soins qu'exigent les engrais liquides, et leur transport, ne sont d'ailleurs point aussi longs et aussi onéreux que beaucoup de gens l'imaginent. Au moyen d'une pompe, on puise facilement le liquide contenu dans des fosses à lizée murées et garnies de ciment, et on le fait entrer dans de grands tonneaux ou dans des caisses construites pour cet usage. Ces tonneaux ou ces caisses sont placés sur des chariots pour être transportés dans les possessions ; on pratique, dans leur partie postérieure, un trou ou ouverture, et devant ce trou l'on adapte une planche ou une caisse *, sur ou dans laquelle le liquide tombe, et qui le répartit d'une manière égale sur le sol, à mesure que le chariot avance. Suivant qu'on veut fumer plus ou moins fortement, on fait avancer le chariot moins vite ou plus rapidement.

On consacre les engrais liquides surtout aux récoltes qui supportent des amendemens riches et d'une action prompte, par exemple au colza. Quelques cultivateurs les réservent pour les trèfles et pour d'autres prairies artificielles, ou pour les prés naturels. Quant aux céréales, elles pourraient facilement devenir trop drues, si l'on amendait le terrain qui leur est destiné avec des engrais de cette nature, à moins que la lizée ne fût très-faible et mêlée d'eau. Les engrais liquides ne sont nulle part plus avantageux que sur les terrains sablonneux ; ils donnent de la consistance aux sols de ce genre, et les disposent à retenir l'humidité. Dans les terrains de force moyenne, on aime à alterner entre les engrais de cette espèce et le fumier proprement dit ; mais dans les terrains tenaces et argileux les engrais liquides ne peuvent jamais remplacer le fumier.

La lizée ne peut être employée avec plus d'avantage que pour redonner l'humidité nécessaire aux

---

* L'auteur a omis de dire ici que, si c'est une planche, elle doit avoir des rainures disposées en forme d'éventail, et que, si c'est une caisse, son fond doit être percé de trous qui laissent tomber ce liquide d'une manière égale sur toute la largeur qu'on se propose de fumer en un seul trait de chariot. (*Trad.*)

fumiers, lorsque la sécheresse en arrête la fermentation. Dans ce cas il ne faut pas hésiter à arroser le tas avec ce liquide.

## § 614.

Enfin, dans la classe des engrais animaux, nous devons encore ranger le parc ou parcage. Les bestiaux sont enfermés pendant la nuit dans une enceinte mobile, étroite et fermée par des lattes, des claies ou des branchages *, et de cette manière leurs excrémens et même les vapeurs qui émanent de leurs corps sont concentrés dans l'espace qu'on leur assigne : afin que ces substances s'incorporent d'autant mieux avec le sol, on a coutume de labourer le terrain peu de temps avant d'y mettre le parc.

Ordinairement le parcage n'a lieu qu'avec les bêtes à laine. Cependant on opère quelque chose de semblable avec les autres espèces de bétail. Pour cet effet, on renferme les bêtes à cornes qui sont à l'engrais, pendant la nuit, dans des espaces solidement clos, et voisins des pâturages les plus abondans ou des soles de fourrage qu'on destine à ces bêtes ; on épand dans ces parcs de la paille qui se mêle avec les excrémens du bétail et sert à les recueillir. De cette manière on tire un grand parti du fumier, tandis qu'autrement il était plutôt nuisible au pâturage. On est allé jusqu'à établir des parcs aux oies, et à prétendre en avoir retiré beaucoup d'avantage. Toutes ces choses ne sont que des exemples rares ; ordinairement on ne parque que les bêtes à laine. D'ailleurs, les opinions sont encore

---

* Ou beaucoup mieux, par des espèces de filets faits avec de petites cordes. (*Trad.*)

très-partagées sur les avantages et les inconvéniens de ces parcs.

Il est bien décidé aujourd'hui que cette réclusion étroite des bêtes à laine n'est pas sans inconvénient pour leur santé et pour la quantité de leur laine. Les races les plus vigoureuses seules peuvent la supporter; en Angleterre il en est plusieurs à laine longue et fine, auxquelles elle devient en peu de temps mortelle, quoique les mêmes bêtes laissées en liberté supportent très-bien l'existence en plein air, tant en été qu'en hiver; et en effet, la différence est grande pour des animaux, de pouvoir se donner du mouvement, lorsqu'ils doivent supporter en plein air l'impression d'une température fâcheuse, ou de devoir l'endurer étant ainsi renfermés. Quoique les bêtes à laine de notre pays, et même celles de la race noble espagnole, puissent supporter le parc sans y perdre la vie, on doit cependant convenir qu'elles se trouvent mieux de pouvoir courir la nuit en liberté, ou d'être abritées sous des toits : ordinairement le parc est très-nuisible aux agneaux.

Au reste, indépendamment de la santé des bêtes, loin de perdre sur la quantité des engrais, on gagne plutôt à renfermer pendant la nuit les moutons dans la bergerie; là, leurs excrémens sont mêlés avec la litière et produisent un fumier qui, s'il n'est aussi actif que le parc, a du moins une action plus durable.

En revanche, le parc a l'avantage très-réel d'épargner le travail et le charroi des engrais; et cet avantage est d'autant plus grand que les champs sont plus éloignés, et les chemins qui y conduisent plus diffiles. C'est ce qui fait qu'on a recours à ce moyen, surtout dans les contrées montueuses. On est aussi réduit à l'employer lorsqu'on manque de paille et d'autres substances propres à servir de litière. Ainsi donc pour ceci, comme pour le plus grand nombre de cas, c'est la localité qui décide la préférence qu'on doit donner à l'une ou à l'autre méthode.

Les Anglais font encore une autre objection contre l'usage de parquer. Ils affirment, et ils présentent à l'appui de leur assertion des expériences incontestables; ils affirment, dis-je, qu'un pâturage de moutons se détériore lorsqu'on le prive des excrémens que le bétail y laisse tomber pendant la nuit, et que, au contraire, il s'améliore visiblement si on lui laisse cette espèce d'engrais; que, dans le premier cas, il nourrit chaque année moins de bêtes, et dans le second, au contraire, un nombre toujours plus grand, en s'améliorant ainsi progressivement; qu'enfin la différence de fécondité d'un champ qui a été employé au pacage des moutons, est extrêmement frappante, lorsque, durant les années de pâturage, on l'a laissé jouir du fumier produit par les bêtes durant les nuits, au lieu de le lui enlever.

On a répondu à cette objection que, si même les bêtes à laine avaient à leur disposition une grande étendue de pâturage, elles ne laisseraient pas de se serrer les unes près des autres pendant la nuit; que par conséquent, au lieu de répartir leurs excrémens d'une manière égale, elles les déposeraient tous à une même place, où, par leur accumulation, ils nuiraient au pâturage, au lieu de l'améliorer; et que même toutes les nuits elles se réuniraient à peu près dans le même lieu. Mais je n'ai jamais trouvé cette observation même chez ceux des auteurs anglais qui mon-

trent le plus de propension pour le parcage des moutons. Il me semble que les bêtes à laine qui sont
laissées en liberté dans des pâturages entourés de haies,
sans être réunies par des bergers ou par des chiens,
ne prennent pas cette habitude.

§ 615.

Pour le parcage des bêtes à laine il faut observer ce
qui suit :

Le parc ne doit jamais être plus étendu que cela
n'est nécessaire : les bêtes à laine ont de la propension
à se tenir serrées les unes contre les autres ; si donc
l'enclos dans lequel elles sont renfermées a de trop
grandes dimensions, une partie du terrain se trouve
bien amendée, tandis que l'autre ne l'est qu'imparfaitement ; on ne doit donc donner à chaque bête que
10 à 12 pieds carrés, afin que, pendant la durée du
parc, elle puisse fumer la place qui lui a été assignée.

Les claies dont le parc est composé ne doivent
guère avoir que 10 à 12 pieds de longueur, afin que
le berger puisse les porter sous le bras et les ficher
en terre. Plus la quantité des bêtes est grande, moins
le nombre proportionnel des claies doit être augmenté. Si nous supposons que ces claies aient 10
pieds de longueur, et que chaque bête doive avoir 10
pieds d'espace ; pour 200 bêtes, il faudra 18 claies, et
pour 300, seulement 20, si elles sont mises en carré.
Outre cela, un petit nombre de moutons exige, tout
comme un grand, un berger et une charrette de gar-
dien, de sorte que les frais occasionés par chaque
bête diminuent à mesure que leur nombre augmente.
C'est par cette raison que, en général, on ne juge pas

23.

avantageux de faire parquer moins de 3oo bêtes à laine.

La richesse de l'amendement que le parcage donne au sol varie infiniment. On cherche à la déterminer par le plus ou moins d'étendue de l'espace dans lequel on renferme les bêtes, et par le temps durant lequel on les laisse à une même place ; mais ces données ne sont réellement pas suffisantes, parce que la quantité d'excrémens rendue par les bêtes dépend de l'abondance de la nourriture qu'elles ont consommée. Si le pâturage est abondant, un nombre égal de bêtes à laine fume aussi bien, en une nuit, la place qui lui a été fixée, qu'il ne le ferait en deux si ces bêtes n'avaient qu'un chétif pacage. Chacun sera frappé de la vérité de cette observation. Au reste, pour le présent, nous ne pouvons rien dire de plus positif sur ce sujet.

On distingue le parcage en parcage complet, en demi-parcage et en parcage très-fort. Si le pâturage est médiocre, on qualifie le parcage de complet, lorsque le parc de 6oo bêtes à laine occupe un journal en trois nuits, ou, ce qui est la même chose, lorsque 18oo bêtes ont parqué durant une nuit sur un journal. On dit qu'on a parqué légèrement, ou qu'on a donné un demi-parcage, lorsque 12oo bêtes ont passé la nuit sur un journal, et enfin qu'on a donné un parcage très-fort, lorsque la même étendue a été occupée par 2,4oo bêtes.

En supposant que le pâturage soit d'une richesse égale, la longueur des nuits produit une grande différence dans l'effet du parcage. Lorsque les nuits sont les plus courtes, les bêtes ne demeurent au parc qu'environ huit heures, tandis que dans les longues nuits elles y restent 12 heures et plus. À cette considération, il faut ajouter celle que, dans le commun des exploitations rurales, les bêtes à laine n'ont ordinairement que le plus chétif pacage durant l'époque où les nuits sont les plus courtes, et en revanche, un beaucoup meilleur lorsque, au printemps, elles pâturent sur les prés et sur les soles de jachère avant qu'on les rompe ; ou en automne, lorsqu'elles pâturent sur les chaumes. Pour compenser cette inégalité, on change quelquefois le parc au milieu des plus longues nuit ; de sorte qu'alors on parque deux espaces d'un jour à l'autre. Lorsque les bergers ne sont pas habitués à cette méthode, il faut alors compenser la différence en rétrécissant le parc pour les nuits courtes. A mesure que les nuits diminuent, on retranche ainsi des claies, ou bien on les arrange de manière à diminuer l'espace qu'elles renferment. Un même nombre de claies, placées de manière à former un carre parfait, embrasse un plus grand espace que si les claies formaient un carré long. Vingt claies de douze pieds, placées de manière à former un carré, embrassent vingt-cinq perches. Si, au contraire, on arrange ces claies de manière qu'il y en ait huit en longueur et deux en largeur, elles n'embrassent plus qu'un espace de seize perches carrées. Pour régler la proportion de l'espace d'après la longueur des nuits, en changeant la disposition des claies, le comte de Podewils l'aîné avait rédigé un tableau qu'on trouve dans le premier volume des *Annales d'Agriculture,* et qui indique, d'une manière très-claire, l'intensité du parcage, d'après la forme donnée au parc et la disposition des claies.

On renferme les bêtes à laine dans le parc au coucher du soleil, et le matin on ne les en laisse sortir que lorsque la rosée s'est évaporée, parce que celle-ci pourrait facilement leur nuire, à cause de la voracité avec laquelle elles mangent alors. Avant de les laisser sortir, on les met en mouvement dans le parc, afin qu'elles se vident complètement, et qu'ainsi leurs excrémens ne se perdent pas sur la route : partout on recommande d'assujétir les bergers à cette précaution.

## § 616.

L'espèce d'engrais produite par le parcage se décompose facilement, et agit par conséquent avec beaucoup de promptitude et de force. Elle produit un effet extraordinairement sensible sur la première récolte ; mais sur la seconde cet effet se réduit à peu de chose, ou même à rien du tout, si l'on n'a parqué que légèrement. Un parcage très-fort seulement (celui qui est donné à raison de deux mille quatre cents bêtes par journal) peut durer jusqu'à la troisième récolte, surtout si, d'abord après le parcage, on n'exige pas une récolte céréale, mais plutôt du colza ou quelque récolte d'un autre genre. C'est de cette manière qu'on peut tirer le plus grand parti de ce parcage. Au reste, si on la négligeait, on aurait à redouter que les céréales ne versassent ; inconvénient qui a facilement lieu après un amendement de ce genre.

Ordinairement, lorsque, pour une récolte céréale, on veut donner au terrain un amendement très-fort, on fume plutôt légèrement avec des engrais d'étable, et, après avoir enterré le fumier avec la charrue, on donne alors un léger parcage.

Les grains qui viennent après le parcage, surtout lorsque celui-ci a été très-fort, ont certaines mauvaises qualités qui les font rebuter des boulangers, des brasseurs de bière et des distillateurs d'eau-de-vie : nous reviendrons dans la suite sur cette circonstance.

Le plus souvent on laboure le sol peu de temps avant de le faire parquer, et aussitôt que le parcage a eu lieu, on se hâte d'enterrer, par un labour superficiel, les engrais déposés sur le sol. Quoique ce procédé soit assez universellement suivi, il s'est élevé chez moi des doutes sur la bonté de cette méthode, lorsque j'ai eu connaissance de quelques expériences faites par un de mes amis, qui prétend, au contraire, avoir obtenu des effets plus sensibles du parcage, lorsqu'il était demeuré quelque temps sans être recouvert. Au reste, je dois abandonner cette question à la décision des recherches ultérieures. Il est certain qu'on a souvent éprouvé un grand avantage d'avoir donné un parcage après avoir enterré la semence. J'ai observé des effets très-sensibles d'un amendement de cette nature donné sur un champ où l'on venait de planter des pommes-de terre.

On a quelquefois recours au parc pour fumer des prairies élevées ou des prairies artificielles, et l'on y trouve de l'avantage, surtout lorsque ces possessions sont d'un accès trop difficile pour qu'on puisse y transporter les engrais sur des chariots.

Quelques personnes, retenues par des scrupules contre le parcage immédiat, et qui ont en surabondance de la paille pour litière, voulant cependant amender avec du fumier de moutons des possessions très-éloignées ou situées sur des coteaux, établissent des parcs immobiles dans le voisinage de ces possessions, y mettent de la paille en suffisance, et y conduisent leurs bêtes à laine, soit pour la nuit, soit aussi pour le milieu du jour, lorsque ces parcs sont ombragés par des arbres. Ainsi elles ont leur fumier à la proximité de leurs champs, sans qu'il leur occasione beaucoup de travail ; car le transport de la paille est incomparablement moins coûteux que celui du fumier lui-même. Dans ces parcs immobiles, on peut donner aux bêtes à laine plus d'espace, et la paille rend leur couche plus saine qu'elle ne le serait sur la terre humide.

### § 617.

Comme toutes les substances animales sont des engrais très-actifs, la fécondité du sol et ses produits augmenteraient sensiblement, si, non-seulement les excrémens des animaux, mais encore tous les corps animaux qui périssent, et la dépouille des bestiaux tués, de laquelle on ne profite pas, étaient soigneusement employés comme engrais, et si l'on empêchait qu'une partie de ces substances ne fût enlevée à la grande circulation de la nature.

Les corps d'animaux morts forment un fumier particulièrement actif. Si on les réunissait dans des fosses ou dans des enclos murés, surtout près des voiries, si on les y couvrait de chaux vive et les mêlait avec de la terre, et qu'ensuite, lorsqu'ils auraient perdu leur puanteur, ce que la chaux ne tarde pas à effectuer, on brassât ce mélange, on en obtiendrait bientôt un fumier extrêmement actif. Si, au contraire, ces corps morts se décomposent à l'air, s'ils sont enfouis en terre à une grande profondeur, ou jetés dans les eaux, ils sortent de la circulation des matières organiques, et sont enlevés aux élémens de la vie.

Les os même s'amollissent lorsqu'on les mêle avec
de la chaux vive; alors ils peuvent être pulvérisés
sans beaucoup de peine, et, après cette préparation,
ils produisent sur les terres des effets surprenans.
Quelquefois on brûle les amas dos qu'on trouve dans
les voiries, et on les réduit en cendres : après avoir
subi cette modification, sans doute ils ne sont pas absolument inefficaces pour l'amendement des terres;
cependant ces cendres sont composées essentiellement de phosphate de chaux; le mucus animal, cette
substance si active, en a été complètement enlevé par
l'évaporation.

§ 618.

Sur les côtes de la mer, on a souvent occasion d'employer les poissons en guise d'engrais, quelquefois
même cela a lieu à l'embouchure des grands fleuves,
comme cela s'est vu lorsqu'une énorme quantité de
harengs fut jetée sur les rives de l'Elbe. Mais il faut
nécessairement que ces poissons soient couverts de
chaux vive et ensuite mêlés avec la terre, si l'on veut
en tirer tout l'avantage qu'on peut en attendre. L'expérience nous apprend que ce mélange produit un
grand effet, lorsqu'on l'épand sur les semailles, tandis que, lorsqu'on éparpille les poissons sur le sol et
les enterre avant qu'ils soient décomposés, ils sont
nuisibles la première année, et ne procurent que peu
d'avantage les années suivantes. Il en est de même
de la mauvaise huile de harengs, que l'on a quelquefois employée comme engrais. Lorsqu'elle n'est pas
décomposée, elle est, comme toutes les autres substances huileuses, nuisible à la végétation; mais lorsque sa décomposition a été opérée par le moyen de la

chaux ou des alcalis, elle devient un engrais très-actif, ainsi que diverses expériences l'ont démontré.

## § 619.

Les cornes d'animaux sont du nombre des engrais les plus efficaces ; elles se décomposent plus facilement que les os, et d'elles-mêmes : elles sont composées en plus grande partie de mucus animal, et se dissolvent presque entièrement dans l'azote, l'hydrogène, l'acide carbonique, l'oxigène, le phosphore et le phosphate de chaux, qui vraisemblablement alors entrent avec elles dans des combinaisons de quantités diverses, et produisent des substances très-fertilisantes. C'est le résidu de la corne employée par les tourneurs, et celui de la fabrication des peignes, qui sont le plus souvent employés à l'amendement des terres. Les copeaux les plus minces se décomposent plus promptement ; aussi, en même temps que leur effet est plus sensible, ne dure-t-il qu'une année. Mais cet effet peut facilement être trop grand et faire verser les céréales qui y ont de la disposition ; d'ailleurs, en raison de cette fécondité même, les épis doivent arriver moins vite à leur maturité, et le grain doit sécher moins promptement ; outre cela, les blés doivent être plus sujets à la rouille, leur grain doit contenir moins de farine, et avoir à peu près les mêmes défauts que celui qui a crû sur des terrains amendés par le parcage des bêtes à laine, probablement parce que les uns et les autres contiennent beaucoup d'azote. Il convient donc de consacrer la corne aux terrains destinés à des produits qui ne craignent pas l'excès d'engrais. Si, parmi des copeaux ou le résidu de fabrication qu'on emploie, il se trouve des morceaux d'un plus gros volume, ou si l'on emploie hachée la corne du pied des animaux, la décomposition se fait plus lentement ; ces matières produisent moins d'effet la première année, mais cet effet est plus durable. Les Anglais prescrivent d'en mettre cinq à six cents livres par journal, et envisagent cette quantité comme un amendement très-riche. J'ai employé vingt-quatre scheffels de ces copeaux, dont une partie était très-mince, et l'autre composée plutôt de rognures et de gros morceaux. Suivant qu'il y avait une plus grande quantité de ces derniers, le scheffel pesait de vingt-quatre à trente-deux livres. Ici, il est plus sûr de déterminer la quantité par le volume que par le poids, parce que les copeaux minces pèsent moins que les gros morceaux, et que cependant ils ont un effet plus prompt.

La corne des pieds des animaux, dont les bouchers font quelquefois des amas, doit, avant qu'on l'épande sur les terres, être coupée par petits morceaux ; mais cela même est très-difficile, si on n'amollit auparavant cette corne en la faisant tremper pendant assez longtemps dans de l'eau à laquelle on a ajouté un peu de chaux et de cendres ; mais on peut, avec beaucoup d'avantage, s'en servir pour amender des praires. On fait des trous en terre à la distance d'un pied et demi ou deux pieds, et dans chaque trou l'on met un *sabot* de bœuf, dans lequel l'eau s'amasse. La première année, il pousse une herbe abondante autour de ce sabot ; l'année suivante, l'amélioration s'étend plus loin, et, à la troisième année, la corne étant totalement dissoute, la totalité du pré ainsi amendé donne une herbe abondante.

## § 620.

Toutes les dépouilles *de boucherie* qui sont rassemblées dans des fosses, et sont composées de sang, de crins et d'autres immondices, sont également d'excellens engrais ; mêlées en petite quantité avec de la terre, elles produisent un effet prompt et considérable. Il y aurait presque de la prodigalité à employer cette substance, et à l'enterrer comme de l'autre fumier ; on peut l'employer plus avantageusement en compost.

Il en est de même des dépouilles de *tannerie* (j'entends de la partie animale, et non du tan). C'est également une espèce d'engrais infiniment active, qui ne doit être employée qu'avec économie, en compost, et épandue par-dessus le sol.

Le poil et la laine des animaux sont composés des mêmes parties constituantes que la corne, mais ils ne se décomposent pas si promptement, à moins qu'on ne les mêle avec un peu de chaux. En Angleterre on ramasse soigneusement les chiffons de laine et les vieux chapeaux, et on les vend avantageusement comme engrais : on les transporte dans des fosses où on les saupoudre avec de la chaux vive ; on les laisse se décomposer, et on les mêle avec de la terre. Il est certain que si l'on avait soin de ne rien laisser perdre de ce qui peut aider à la végétation, il en résulterait une grande augmentation de produits.

Les souliers et le vieux cuir ne se décomposent pas facilement à l'air ; mais si on leur associe un peu de chaux vive, ils sont bientôt décomposés et tranformés en une substance mucilagineuse. Le résidu de la fonte des graisses chez les chandeliers, lorsqu'on ne l'emploie pas à fabriquer du savon, est aussi une espèce d'engrais excellente ; mais il ne doit être employé qu'en compost, pour fumer sur le sol.

Enfin le résidu des raffineries de sucre, composé en majeure partie de sang, de mucilage et de chaux, est du nombre des engrais animaux les plus actifs : dans les exploitations rurales rapprochées des grandes villes où l'on peut se procurer cette substance en abondance, on est dans l'opinion qu'il n'en est aucune autre qui, sur un petit volume, surpasse les effets de celle-ci.

Toutes ces dernières espèces d'engrais ne sont à la portée que des seuls cultivateurs dont les exploitations sont rapprochées des grandes villes et des contrées très-peuplées.

## ENGRAIS VÉGÉTAUX.

### § 621.

Les engrais purement végétaux n'ont pas, à beaucoup près, la force et l'activité des engrais animaux ; en revanche, ils opèrent pendant plus long-temps. Il paraît qu'ils produisent un humus plus durable, qui se décompose et passe moins promptement dans les suçoirs des plantes. Une addition de substances animales, de chaux ou d'alcali, accélère leur prompte décomposition. Le sol qu'on amende de temps en temps avec des engrais purement végétaux conserve mieux sa fertilité ; il récupère les sucs qu'il a perdus, d'une manière plus durable que si on lui donnait des engrais animaux seulement ; c'est par cette raison qu'un terrain fortement épuisé se rétablit mieux à l'aide du repos qu'à l'aide du fumier.

Nous avons déjà parlé des substances végétales qu'on emploie avec le plus de succès pour la litière des bestiaux ; ces substances, mêlées avec les excrémens des animaux, se décomposent avec le plus de facilité, et modèrent la trop grande promptitude avec laquelle les engrais animaux se putréfient.

Mais il y a encore d'autres substances végétales qui, sans être employées en mélange, servent immédiatement d'engrais au sol qui les a produites. La restitution de ces substances à la terre a lieu de deux manières, ou accidentellement, ou intentionnellement.

Toute mauvaise herbe qui végète dans le sol, et qui est enterrée par la charrue avant qu'elle ait rapporté sa semence, augmente sans aucun doute la fertilité du sol. Car, quoique, pour se former et se développer, la plupart des plantes ne puissent se passer du terreau contenu dans le sol, cependant, ainsi que des expériences et des essais nombreux nous le démontrent, elles absorbent aussi des substances aériformes, et probablement encore des parties constituantes de l'eau décomposée, qu'elles transforment en substances organiques à l'aide de leur propre activité. On peut ainsi admettre comme prouvé que chaque plante qui est en végétation augmente la matière organique et l'humus, si elle pourrit à la place où elle a pris son développement[*]. C'est par cette raison qu'on peut envi-

---

[*] Toujours si elle n'a pas rapporté sa graine, et ne s'est pas desséchée sur place ; car il paraît que, durant cette modification, l'atmosphère reprend à la plante plus qu'elle ne lui a fourni pendant la végétation. Quant à la formation de la semence, voyez la note jointe au § 360. (*Trad.*)

sager une forte jachère, dans laquelle il pousse beaucoup d'herbes après chaque labour, comme égale à un léger amendement avec du fumier, et cela indépendamment des autres avantages qu'elle procure. Plus la mauvaise herbe pousse en abondance et avec vigueur, plus elle verdit entre chaque labour, plus le sol gagne. Le champ qui poussera le plus de vélar sera celui qui tirera le plus d'avantage de la jachère, indépendamment même du bien qui résultera de la destruction de cette mauvaise herbe.

Il n'y a pas jusqu'au chaume que la plupart des récoltes laissent sur le sol, qui ne rende à celui-ci tout au moins quelque peu de terreau. Plus ce chaume est long, plus il produit d'effet; aussi, à quantité de fumier égale, la terre s'épuise moins dans les contrées où on a l'habitude de laisser le chaume très-long, lorsqu'on scie les blés. Mais il importe de ne pas tarder à enterrer ce chaume; car il paraît que c'est dans le sol seulement qu'il entre en putréfaction, et que, lorsqu'il est exposé à l'air, il se décompose et s'en va peu à peu en poussière. En général, le chaume des plantes qui ont des tiges et des racines plus fortes, surpasse celui des blés, dans la quantité de substances qu'il rend au sol; mais celui qui produit le meilleur effet lorsqu'on l'enterre avec ses racines, c'est celui des végétaux qui n'ont pas rapporté leur semence, qui n'ont pas été transformés en paille sèche, et qui contiennent encore des parties mucilagineuses. De là vient la propriété améliorante qu'on attribue aux vesces coupées en vert et au trèfle; d'ailleurs, avant d'être récoltées, ces plantes laissent tomber sur le sol une partie de leur dépouille, et, avant d'être enterrées, elles poussent ordinairement de nouvelles feuilles.

Rien n'améliore plus le terrain que le gazon ou l'assemblage d'herbages qui s'y est formé successivement durant un grand nombre d'années. Le tissu épais des plantes et des racines, mêlé avec la matière animale des vers et des insectes morts, auxquels se joint encore le résidu des excrémens du bétail qui y a pâturé, donnent au terrain une fertilité très-grande, qui peut fournir à plusieurs récoltes sans addition de nouveaux engrais. C'est à tort qu'on a attribué cette amélioration au repos que le sol a éprouvé, puisque ce repos ne peut avoir produit qu'un bien négatif. Le sol qui était dans le meilleur état lorsqu'il a été mis en herbages, et qui par conséquent peut le mieux se garnir d'herbes, gagne davantage pendant ses années de repos, non-seulement à cause de son inactivité, mais aussi et précisément parce que sa force productrice est plus grande.

Les idées erronées qu'on a en général sur les effets que le repos produit sur le sol, ont peut-être donné naissance au préjugé, ou tout au moins maintenu la coutume, de ne mettre en herbages que les terrains épuisés, dans l'espérance que le repos leur rendrait de nouvelles forces. Le repos produit à la vérité cet effet, parce que le terrain n'est jamais tellement appauvri, qu'il n'y pousse encore quelques plantes; mais l'amélioration qui en résulte est beaucoup plus lente, et sa progression beaucoup plus faible, que si le sol eût été en meilleur état lorsqu'on l'a abandonné à lui-même. Plus le terrain est fertile lorsqu'on le laisse en herbages, plus il pousse de feuilles et de racines, plus il s'y reproduit de vers et d'insectes, plus le bétail qui y pâture y laisse tomber d'excrémens; ainsi donc il s'enrichit d'autant plus qu'il contenait déjà une plus grande quantité de sucs nourriciers.

## § 622.

Nous donnons au sol un amendement végétal plus
actif et abondant, lorsque nous y semons des plantes
adaptées à sa nature, qui parviennent à une plus
grande force et à un plus grand développement, et
que nous les enterrons immédiatement lors de leur
floraison, ou après les avoir fait manger sur place et
écraser par le bétail. Cette méthode date de la plus
haute antiquité; elle était fortement recommandée
chez les Romains, et elle s'est conservée en Italie
jusqu'à nos jours; là on croit que, pour donner au sol
toute la fertilité dont il est susceptible, l'amendement
produit par une récolte enterrée en vert est extrêmement utile, même dans les lieux où il ne manque
pas de fumiers animaux. Sans doute le climat de ce
pays-là est plus favorable que le nôtre au succès de
cette méthode, parce qu'on ne sème les récoltes destinées à servir d'engrais qu'après la moisson, qui, là, est
plus précoce, et que ces récoltes y ont encore plus de
temps qu'il ne leur en faut pour arriver au plus haut
période de leur végétation. De toutes les plantes qu'on
emploie à cet usage il n'en est aucune qui soit autant
en vogue que le *lupin blanc;* depuis les temps les plus
reculés jusqu'à nos jours, on a cultivé cette plante
uniquement dans ce but, puisque d'ailleurs son extrême amertume empêche que, soit en herbe soit en
grain, elle ne puisse être employée pour la nourriture
des hommes, ni pour celle des animaux. * Dans une

---

* En Italie on donne au lupin une préparation qui lui fait perdre son
amertume; souvent j'en ai vu vendre pour être mangés par le peuple,
qui s'en accommodait fort bien. (*Trad.*)

analyse superficielle que nous ne tarderons pas à répéter d'une manière plus précise, nous avons trouvé que cette plante contenait beaucoup de gluten, ce qui peut expliquer les qualités particulières qu'on lui attribue pour l'amendement des terres. Simonde nous dit dans son tableau de l'Agriculture Toscane, qu'après avoir ôté à la semence du lupin la faculté de germer, on l'enterre au pied des oliviers pour leur servir d'engrais. Il nous reste à faire des expériences pour vérifier si cette plante se distingue dans ses facultés améliorantes d'une manière assez particulière pour qu'il vaille la peine de l'employer parmi nous. Nous avons cherché à la multiplier, et elle réussit très-bien dans notre climat, ainsi que tous les jardiniers le savent. Je ne puis, du reste, encore pas déterminer si, étant semée après la récolte du seigle, elle prend assez de développement pour qu'il y ait de l'avantage à l'enterrer; mais nous avons plusieurs autres plantes qui sont très-propres à cet usage.

Les propriétés que doivent réunir les végétaux destinés à être enterrés en guise d'engrais, sont les suivantes.

*a*) La plante qu'on choisit pour cela doit être appropriée au sol, à ses qualités, à son degré d'humidité et à sa position; afin que, loin d'y végéter lentement, elle y pousse au contraire avec une grande vigueur.

*b*) Il faut que la semence en soit peu coûteuse, c'est-à-dire qu'on puisse se la procurer facilement, ou qu'il n'en faille qu'une petite quantité pour ensemencer un espace assez grand.

*c*) Il faut que cette plante acquière sa grandeur et son développement dans un espace de temps aussi court que cela est possible, afin qu'on puisse donner les labours nécessaires à la jachère sur laquelle elle est semée, ou que cette plante puisse être semée après une récolte, l'année même où cette récolte a été faite.

*d*) Il faut qu'elle soit propre à tenir le sol meuble, et qu'elle y pénètre fortement avec ses racines, en même temps qu'elle le couvre de ses feuilles.

*e*) Il faut qu'elle contienne beaucoup de mucilage, ou de quelque autre substance qui ait du rapport avec la nature animale.

*f*) Il faut qu'elle se putréfie facilement.

Nulle plante ne réunit ces qualités à un degré aussi éminent que la *spergule des champs*, et on l'a en effet employée à cet usage dans divers essais, dont la plupart ont été heureux *. Avant d'enterrer cette plante, on peut la faire pâturer légèrement par le bétail, mais alors il faut que celui-ci y passe la nuit, si l'on ne veut pas ôter à cette opération une partie des bons effets qu'on peut en attendre.

On emploie aussi diverses autres plantes à cet usage ; *celles qui rapportent des semences huileuses*, telles que le *colza*, etc., y sont particulièrement propres ; on y a également consacré d'autres végétaux qui appartiennent à la diadelphie, des *pois*, des *vesces*, des *fèves*. C'est surtout en Angleterre qu'on emploie des végétaux à cette destination ; cependant ordinairement on y fait pâturer légèrement ces récoltes avant de les enterrer ; pour cet effet, on les fait parcourir par du bétail de toutes les espèces, surtout par des cochons. Ces derniers s'y engraissent,

---

* Voyez les Annales de l'agriculture de Basse-Saxe, 3e année, section 1re A.

et par là contribuent au paiement de la semence, qui autrement serait trop coûteuse.

Quelquefois on fait le même usage du *blé noir;* lorsque cette plante est encore verte, elle est un fourrage très-nourrissant.

Ainsi que Frédéric le Grand le rapporte lui-même, on semait les *raves* principalement pour cette destination, et mon honorable ami Hermbstädt, qui cite sur ce sujet divers essais, assure que la *betterave champêtre* (racine d'abondance ou de disette), mêlée avec différentes substances, produit une espèce d'engrais très-active *.

On ne doit point laisser dans l'oubli une méthode qui s'est conservée d'une manière si suivie dans les lieux où elle était connue ; nous pensons au contraire qu'elle mériterait d'être analysée avec plus de précision. Au premier abord il semble qu'il y ait de la prodigalité à faire écraser par le rouleau ou par le bétail, une récolte qu'on pourrait faucher et faire consommer à l'étable par le bétail. On croit que cette espèce d'engrais ne profiterait pas moins au champ si l'on faisait passer par le corps des animaux la récolte qui doit être enterrée, et l'on a raison. Mais l'étendue de terrain qui peut être ensemencée de la sorte dépasse toujours les besoins du bétail qu'on entretient, et dont la quantité est réglée ; souvent même on n'aurait pas assez d'ouvriers pour en faire la récolte **. Ce n'est pas tout ; les Italiens ont observé qu'il était très-avantageux à certaines espèces de terrains de rece-

---

* Voyez Annales de la chimie agricole d'Hermbstädt, vol. I. A.

** Il ne faut pas perdre de vue qu'il s'agit ici de vastes domaines, où l'on n'a point la facilité de se procurer, comme dans les environs des villes, les ouvriers extraordinaires dont on peut avoir besoin. (*Trad.*)

voir de temps en temps un amendement composé uniquement de végétaux, ou, comme on l'appelle dans ce pays-là, un amendement d'*engrais rafraîchissans*.

Plusieurs auteurs n'ont recommandé cette méthode que pour des terrains éloignés nouvellement mis en culture, ou épuisés : mais elle profite peu à des terrains ainsi appauvris, parce que les plantes destinées à servir d'engrais y végètent trop faiblement. Pour produire des sucs, il faut que le sol en contienne ; ainsi cette espèce d'engrais est plutôt propre à conserver au sol sa fécondité, qu'à servir de base à celle-ci, et c'est probablement par cette raison que jusqu'ici elle a été si peu employée parmi nous. Au reste, si l'on considère un champ garni de légumes fort épais, on concevra parfaitement ce qu'on peut attendre d'une telle quantité de tiges et de feuilles enterrées pour servir d'engrais.

§ 623.

Toutes les dépouilles de végétaux peuvent servir d'engrais lorsqu'on les rassemble, qu'on les met en putréfaction, et que, pour cet effet, on y mêle quelque peu de substances animales ou de chaux.

Les balayures de cuisine, la mauvaise herbe, le bois et la sciure pourris, le tan épuisé, peuvent aussi être convertis en engrais. Tous les végétaux qui dans la combustion donnent beaucoup de potasse, sont éminemment propres à amender les terres ; de ce nombre sont la tige du tabac et la paille du maïs, lorsqu'on ne peut pas en tirer un meilleur parti. La fane des pommes-de-terre possède aussi d'une manière particulière la propriété d'engraisser les terres ; mais, pour qu'elle se putréfie promptement, il faut, pendant qu'elle est encore verte, la rassembler ou la mêler parmi le fumier. On a essayé de la mettre en tas avec des gazons et un peu de chaux, et l'on a éprouvé d'excellens effets de ce mélange. Ce qu'un journal de pommes-de-terre donne de cette substance n'est nullement une chose insignifiante. Si on laisse cette fane sur le sol et qu'on l'enterre à la charrue, elle se décompose peu à peu ; cette circonstance nous explique comment quelques personnes ont pu croire que la pomme-de-terre n'était pas très-épuisante. Au reste, cette décomposition s'opère très-lentement et entrave un peu les semailles.

Il est encore diverses autres plantes utiles qui poussent de très-hautes tiges, et qui, indépendamment de leur propre produit, peuvent donner une grande quantité de terreau, ce qui, sans contredit, mérite d'être pris en considération lorsqu'il s'agit de se décider pour l'un ou l'autre genre de produit : de ce nombre sont le *tournesol* (*helianthus annuus*) et la *poire de terre, topinambou* (*helianthus tuberosus*).

Les plantes qui croissent tant dans les lacs d'eau salée que dans ceux d'eau douce, entre ces premières surtout les *varecs* (*fucus*), et parmi ces dernières la *charagne* ou *girandole d'eau* (*chara vulgaris*), qui est toujours recouverte d'un mucilage calcaire, peuvent être mises au nombre des substances qui donnent l'espèce d'engrais la plus active ; mais, pour en obtenir tout l'effet qu'on a droit d'en attendre, il faut auparavant leur faire subir la putréfaction, ou seules, ou mélangées avec un peu de fumier animal.

§ 624.

Le terreau qu'on trouve tantôt dans des bas-fonds et des enfoncemens, tantôt sous l'eau dans les étangs, doit également être rangé dans la classe des engrais végétaux, car, quoique ce terreau soit quelquefois mêlé de substances animales, substances qui en augmentent la qualité, et qu'il contienne de plus une grande proportion des terres dont les sols voisins sont composés, cependant les substances végétales y dominent, si ce n'est en quantité, du moins en qualité. Le plus souvent il peut être assimilé aux engrais végétaux, c'est à-dire qu'il est moins actif et moins stimulant que le fumier animal, mais plus durable et plus riche en sucs. C'est pour cette raison qu'on le qualifie de *fumier rafraîchissant*, et qu'on lui attribue un effet de plus longue durée.

Dans la section de *l'Agronomie*, nous avons parlé des diverses espèces de terreau et de leur nature ; nous avons spécialement distingué les terreaux acides de ceux qui sont sans acidité.

Il y a un grand avantage de trouver sur son propre fonds un tel amas de substances fertilisantes : quels que soient les difficultés et les frais que coûtent son extraction et son transport sur les champs, ils seront cependant toujours largement payés, ils rapporteront toujours un gros intérêt lorsqu'on aura les moyens d'en faire l'avance. Toutefois je dois avouer que ces frais sont souvent considérables, et qu'ils ne rentrent pas toujours dès les premières années.

La principale difficulté que présente l'extraction du terreau consiste à le purger d'eau ; car il est rare

qu'il soit assez sec. Quelquefois cela peut être entièrement opéré par des tranchées de desséchement ;
mais le plus souvent les enfoncemens dans lesquels
ce terreau est posé sont tellement environnés d'élévations, qu'il est comme impossible de donner aux eaux
l'écoulement nécessaire. Dans ces cas, il faut avoir recours aux machines à puiser, aux pompes et aux autres moyens fournis par l'hydraulique. Il faut exécuter
ce travail ou en été, ou en hiver pendant la gelée;
au printemps et en automne, il est à peine praticable
lorsque les ouvriers doivent demeurer dans l'humidité, à cause du froid qu'ils éprouvent. Au milieu de
l'été, le terreau, surtout celui qui est demeuré long-
temps sous l'eau, et qui ne peut pas être placé tout de
suite au sec, exhale des vapeurs très-malfaisantes, qui
peuvent facilement donner la fièvre et diverses maladies, tant aux ouvriers eux-mêmes qu'aux habitans
du voisinage. En général donc c'est en hiver qu'il
convient le mieux d'exécuter ce travail, pourvu qu'en
automne on ait eu soin de détourner les eaux qui auraient pu y mettre obstacle. Cependant cette opération
peut facilement être rendue plus coûteuse, par la difficulté qu'on éprouve à fendre et à détacher le terreau
lorsqu'il est fortement gelé, et par l'obligation de
charrier aussi la glace avec laquelle il se trouve
réuni.

## § 625.

Il ne convient de charrier le terreau sur le sol auquel on le destine, que lorsque ce terreau est absolument sec. Lorsqu'il est humide, il faut auparavant le
déposer dans un lieu où il puisse être complètement

débarrassé de son humidité, et l'y laisser jusqu'à ce que cette humidité soit entièrement évaporée; parce qu'alors il a considérablement diminué de volume et de poids, et qu'ainsi son transport est plus facile. Le charroi du terreau se fait au moyen de tombereaux ou de brouettes; les premiers sont ordinairement attelés d'un seul cheval. Ce sont les circonstances locales qui doivent déterminer le choix de l'un ou de l'autre de ces moyens. Si le terreau ne doit être transporté qu'à une très-petite distance, les brouettes à bras sont plus convenables; si, au contraire, il doit l'être à un plus grand éloignement, le charroi avec des tombereaux est moins coûteux. Au reste, il n'est pas possible d'employer cette dernière espèce de voiture, lorsque le terrain sur lequel on doit passer est trop marécageux, et qu'ainsi l'on est réduit à y établir un sentier avec des planches.

On cherche à faire exécuter ce travail à la tâche: dans ce cas, on paie l'entrepreneur par mesures cubes ou par charretées. On ne peut dire autre chose sur le prix d'un tel travail en général, si ce n'est que les ouvriers doivent y gagner davantage que dans les travaux ordinaires; parce que celui dont il est ici question est du nombre des plus malsains et des plus pénibles. Alors il est réellement nécessaire que ces ouvriers boivent un peu d'eau-de-vie *.

Si le terreau est complètement consommé, on le met en petit tas, afin qu'il se sèche d'autant plus vite, et qu'il présente une plus grande surface aux influences de l'atmosphère. Mais contient-il encore beaucoup de végétaux non décomposés, de la mousse ou des

* Ou de vin; cela a été écrit pour le nord de l'Allemagne. (*Trad.*)

plantes aquatiques, lorsqu'il est sec on en fait de
grands tas, afin qu'il s'échauffe et entre en fermentation, et qu'ainsi ces végétaux se putréfient. On accélère
beaucoup cette putréfaction, si l'on mêle au terreau
un peu de chaux calcinée, de cendres, ou de fumier
de cheval récent.

Ces additions sont particulièrement nécessaires au
terreau qui contient de l'acide, lors même qu'il serait
entièrement consommé. Souvent il peut convenir de
différer l'addition de ces substances jusqu'à ce que le
terreau ait été transporté dans la possession à laquelle
on le destine, surtout lorsque, au lieu d'être épandu
de suite, il doit, au contraire, être mis en tas, parce
qu'alors on épargne un double transport de substances qui doivent être ajoutées au terreau. Cela n'a cependant que rarement lieu pour du terreau qui sèche
promptement, parce que, au lieu de le mettre en tas
après l'avoir extrait du lieu où il déposait, on le charrie
plutôt directement sur le terrain auquel il est destiné.

Si l'on veut que ce terreau produise un effet très-
prompt, il est très-essentiel d'y ajouter, soit des engrais animaux, soit des alcalis ou des terres alcalines,
qui augmentent sa solubilité. Cependant lorsque l'humus n'est point acide, il n'est pas toujours nécessaire
de les mélanger dans le tas. Après que le terreau a été
épandu sur le sol, et que ces substances l'ont été de
même, on peut en opérer le mélange par des labours
superficiels et des hersages soigneusement faits et
réitérés. La combinaison de la marne, surtout de
celle qui contient beaucoup de chaux ; celle de la
chaux calcinée, ou du fumier animal, avec le terreau employé à l'amendement des terres, a toujours
paru produire un très-grand effet. Il n'est pas néces

saire que la quantité de fumier qu'on veut appliquer à un terrain amendé avec du terreau soit très-considérable, il suffit qu'elle aille à la moitié de la proportion ordinaire ; si l'on en mettait une plus grande quantité, les grains qu'on sèmerait immédiatement après un tel amendement verseraient infailliblement. Si, au contraire, on couvre le terreau par un labour, sans y joindre aucun autre engrais, souvent à la première et même à la seconde récolte on n'en aperçoit aucun effet ; bien plus, si le terreau contenait de l'acide, il se pourrait qu'il produisît plutôt un effet nuisible. Cependant, tôt ou tard, le sol en ressent les avantages ; le plus souvent même dès la troisième année, et l'effet en est d'autant plus durable.

La quantité de terreau qu'on indique comme ayant été ou devant être appliquée à l'amendement d'un champ varie sensiblement ; ici elle est très-forte, une charge de seize pieds cubes par perche carrée, par conséquent cent quatre-vingts charges par journal ; là, au contraire, elle est très-faible, vingt charges pareilles sur un journal : ici, épaisse d'un pouce et plus ; là, seulement d'une ou deux lignes. Cela dépend surtout de la nature et de la composition du terreau, puisqu'il n'est point égal qu'il y ait un grand mélange de la terre dont le sol est composé, ou qu'il ne contienne essentiellement que du terreau végétal proprement dit. Souvent du terreau tout-à-fait noir peut ne contenir que huit à dix pour cent d'humus et le reste de terre, et cependant son addition au sol est extrêmement efficace, surtout si l'espèce de terre dont le terreau était mêlé est d'une nature opposée à celle du sol auquel ce terreau a été appliqué, comme, par exemple, une argile épurée par les eaux, appliquée à un terrain sablonneux; tandis que si, au contraire, le terreau est composé en plus grande partie de silice, on ne peut en attendre sur du terrain sablonneux, aucun autre effet que celui qui résulte de l'humus même que ce terreau contient. Dans ce dernier cas donc, il en faudra une très-grande quantité pour procurer au sol une amélioration très-sensible. Après avoir fait une analyse chimique du terreau, il convient de déterminer la quantité qui doit en être consacrée à une espèce de terrain, de manière qu'à chaque pied carré qui, ayant une profondeur de six pouces, est égal à un demi-pied cube, et pèse cinquante livres environ, il soit ajouté au moins une livre d'humus pur; par conséquent, dix livres de terreau si celui-ci ne contient en effet que dix pour cent de cette substance. Cette proportion élèverait la quantité de terreau à deux cent cinquante-neuf mille livres par journal, ce qui, en supposant les charges de seize quintaux, en porterait le nombre à cent soixante-deux par journal. Mais plus le terreau contient d'humus, moins grande est la quantité qui est nécessaire pour amender un espace de terrain. Ceci ne veut point dire qu'une petite quantité de terreau ne produise aucun effet, mais seulement qu'il ne faut pas attendre d'une telle amélioration un effet sensible et durable, si l'on n'ajoute au sol au moins deux pour cent d'humus.

Le poids du terreau varie; le terreau est d'autant plus léger qu'il contient une plus grande proportion d'humus, et surtout qu'il comprend des substances qui ne sont pas encore totalement putréfiées; il ne faut donc pas déterminer la force des charges par le volume, mais plutôt par le poids.

Il importe beaucoup que le terreau soit soigneusement mêlé avec le sol, et que ce mélange ait lieu d'a-
bord, ou tout au moins dans l'année où son transport
sur le sol a été effectué. Si on ne le mélange pas immédiatement, il s'agglomère et forme des mottes qui
souvent, et surtout dans les terrains qui ont de la
consistance, ne tombent en poussière et ne se divisent
d'une manière égale, qu'au bout d'un temps très-
long, et jusque là ne produisent que peu ou point
d'effet. Il ne convient donc nullement de se procurer
une récolte sur le premier et même sur le second labour qui suivent le charroi du terreau et son éparpillement ; il vaut mieux donner au terrain une jachère
complète, dans laquelle, par des labours peu profonds,
mais fréquemment réitérés, et par des hersages soigneusement faits, on cherche à opérer le mélange
complet du terreau avec toutes les parties du sol *.
Cela est surtout nécessaire lorsque le terreau contient
une grande proportion de terre proprement dite ; le
terreau des marais qui n'est pas entièrement décomposé pourrait plutôt être laissé dans le sol en mottes
d'un petit volume, parce que, durant sa décomposition, il se divise et se pulvérise mieux. Un de mes cor-
respondans s'est trouvé à merveille de semer, sur un
sol amendé avec du terreau, et entre deux labours,
une récolte d'une végétation prompte, destinée à être
enterrée comme engrais ; la spergule lui a paru particulièrement propre à cet usage.

* Je suis effrayé des frais de tant de labeurs ; je conseillerai plutôt,
ou d'épandre le terreau sur le sol avant l'hiver et de l'enterrer, ou du
moins de le mélanger dans le sol avec la herse ; ou, si c'est en été, de l'é-
pandre sur le sol aussi pulvérisé que cela se peut, et de l'enterrer avec
l'extirpateur, ou avec quelque autre instrument qui procure le mélange du terreau avec le sol auquel on l'a destiné. (*Trad.*)

## § 626.

On peut aussi, avec avantage, employer la tourbe à l'amendement des terres, surtout celle qui est légère et meuble, et cette espèce de terreau pulvérulent qui s'en détache dans le frottement; mais si cette substance contient de l'acide, ou pis encore, du bitume, il est nécessaire qu'elle demeure long-temps en tas, mêlée ou avec de la chaux calcinée, ou avec du fumier d'étable pailleux, ou enfin, ce que l'on assure avoir souvent été suffisant, avec du sable bien grené. Il faut entretenir ces tas dans une humidité moyenne, sans excès, et le meilleur moyen de le faire avec succès, c'est de les arroser avec des urines ou de l'eau de fumier. On peut aussi, avec beaucoup d'avantage, mettre la tourbe dans des tas où on la fait alterner avec des couches de marne calcaire. Au reste, il importe de brasser souvent ces tas.

Si la poussière de tourbe est demeurée long-temps en monceau, elle peut servir d'engrais sans qu'on y ajoute aucun mélange, surtout pour des terrains argileux et tenaces.

Dans le voisinage des tourbières, il est des lieux où ce moyen peut être très-profitable, proportionnément à la petite quantité de frais que son emploi occasione.

Enfin, à la classe des engrais qui tirent leur origine du règne végétal, appartient encore le charbon de terre bitumineux, imprégné de sulfate de fer, qui a été employé avec un succès extraordinaire, et pour la première fois en grand, à l'amendement des terres à Oppelsdorf près de Zittau. Mais comme le sulfate de fer a la principale part à ce succès, nous reviendrons sur ce sujet en parlant des engrais qui appartiennent aux substances salines.

C'est aussi seulement alors que nous traiterons de l'amendement avec des cendres, quoique cette substance doive son existence aux végétaux.

## ENGRAIS MINÉRAUX.

### § 672.

Comme une proportion excessive de quelqu'une des terres élémentaires et même d'humus, peut être nuisible au sol, en dérangeant l'équilibre de ses propriétés physiques, en détruisant sa consistance ou sa disposition à retenir l'humidité, etc., il est possible de mettre fin à ce mal par l'emploi d'une terre qui ait les propriétés opposées. On peut qualifier ce moyen l'*amélioration physique* du sol, par opposition à l'*amélioration chimique*, qui comprend non-seulement l'emploi des engrais proprement dits, c'est-à-dire des alimens destinés à la nutrition des végétaux, mais encore celui des substances qui développent ces alimens et les préparent à passer dans les suçoirs des plantes.

Cette amélioration des qualités physiques du sol, par l'addition d'une terre dont la nature soit opposée à celle du terrain qu'il s'agit d'améliorer, est sans contredit dans le nombre des choses possibles, mais il n'y a que peu de circonstances où elle puisse être opérée avec profit.

Il n'est guère praticable de corriger avec du sable un terrain glaiseux et tenace, ou à l'opposé le terrain sablonneux avec de la glaise argileuse, que lorsqu'on trouve dans la couche inférieure du sol l'espèce de terre même dont on a besoin pour opérer cette amélioration. Alors, sans doute, dans quelques cas, quoique rares, on peut procurer cette amélioration par des labours simples, mais plus profonds, et cependant disposés de manière qu'ils ne ramènent pas à la superficie une couche trop forte de terre vierge. Le plus souvent la terre nouvelle ne peut être sortie du lit où elle repose que par le moyen d'un défoncement régulier fait par fossés ouverts, dans lesquels on fouille la terre du fond pour la puiser avec des pelles et l'étendre sur la surface ; tandis que la terre qui occupait auparavant la partie supérieure du sol est elle-même jetée au fond des fossés.

Si l'on doit aller chercher à une grande distance, la terre destinée à opérer l'amélioration, ou si l'on doit la tirer d'une grande profondeur, cette opération devient tellement coûteuse, qu'elle n'est plus praticable que dans un petit nombre de localités ; car, pour opérer une telle amélioration du sol, on pour dénaturer la couche de terre végétale, il faut une si grande quantité de terre, que le plus souvent le sol serait acheté beaucoup trop chèrement. Il faut donc calculer quel est le rapport qui existe entre les parties constituantes de l'espèce de terre à charrier et celles du sol que l'on désire améliorer, et combien, en conséquence, il faut de la première pour opérer le mélange convenable sur une couche de terre végétale, d'au moins huit pouces d'épaisseur. De cette manière on découvre quelle est la mesure cube nécessaire à une étendue donnée, et l'on calcule alors, d'après les circonstances locales, les frais d'extraction, de chargement, de charroi et d'éparpillement, ou bien on fait sur toutes ces choses un essai d'après lequel on peut asseoir des calculs d'une manière plus précise. A cela il faut ajouter qu'il est très-difficile d'opérer le mélange complet du sable avec l'argile et la glaise, lorsque celles-ci ne sont pas marneuses, ou qu'elles ne contiennent pas de parties calcaires, parce qu'alors ces terres ne se divisent point d'elles-mêmes.

Si l'on transporte du sable sur un terrain argileux, ou de la terre argileuse sur un sol sablonneux, il faut, pour en opérer le mélange, labourer fréquemment, d'abord aussi superficiellement que cela est possible, et ensuite peu à peu plus profondément, puis herser, passer le rouleau et briser les mottes avec des maillets. Pour toutes ces opérations il faut choisir le moment où l'argile a atteint le degré de siccité dans lequel les mottes peuvent le mieux être divisées et brisées par ces instrumens. Ceci n'a lieu le plus souvent que vers le milieu de l'été ; mais rarement un été suffit pour remplir complètement ce but. On accélère la division de la terre en y mêlant du fumier ou de la chaux calcinée, ou en y semant des plantes dont les racines pénètrent dans les mottes, et que l'on enterre ensuite avec la charrue. Si l'on ne procure pas ce mélange complet, loin d'améliorer le sol, on le détériore au contraire pour long-temps, parce que un très-petit nombre de plantes seulement peuvent supporter que leurs racines soient en contact avec un sol aussi hétérogène. Lorsqu'on lit dans des auteurs anciens, ou qu'on entend raconter le succès d'améliorations de ce genre, on peut assez généralement admettre comme prouvé, que la terre employée était une marne plus ou moins calcaire. Il n'y a pas long-temps que, dans le Holstein, on désignait le marnage des terres, en disant qu'on les terrait, qu'on y charriait de la glaise ; parce qu'on n'avait aucune idée de la marne. On ne peut attendre une action véritablement améliorante de l'argile ou de la glaise, qu'autant qu'elles ont été exposées, pendant plusieurs années, aux influences de l'atmosphère; telles sont les argiles qui ont servi à construire des tranchées, des murs ou des digues, surtout dans le voisinage des habitations ou des cours rustiques. La glaise qui a été ainsi exposée à l'air se divise plus facilement et se mêle mieux avec le sol.

En écobuant les terres glaises ou argileuses, on améliore d'une manière durable leur état physique, parce que cette opération les rend plus meubles : elles y perdent leur tenacité et leur trop grande adhérence avec l'eau; leurs fragmens restent sans liaison, et assez semblables au sable pour les qualités physiques. D'ailleurs l'écobuage a probablement aussi un effet chimique qui n'a pas encore été suffisamment expliqué.

§ 628.

C'est le sable qu'on emploie le plus souvent et avec le plus grand avantage pour améliorer des terrains riches, mais qui manquent de consistance et sont exposés à l'humidité. Le sable qu'on charrie sur ces terrains s'y enfonce peu à peu et pénètre dans le terreau, dont il raffermit le tissu spongieux : il faut donc, autant que cela est possible, le maintenir à la superficie. Il n'est jamais plus efficace que lorsque, au lieu de l'enterrer, on l'épand sur le sol pendant qu'il est en herbages ; ce sable donne de la vigueur à la végétation des plantes, et il en améliore la nature comme le ferait un fumier très-actif. Des expériences sans nombre ont démontré que, sur les terrains de

ce genre, le sable produit un effet plus sensible que
le fumier même le plus actif, et en effet, dans les sols
de cette espèce, ce fumier pourrait même être nuisible.

§ 629.

La chaux contenue dans le sol a une grande influence sur ses qualités physiques. Cependant lorsque
nous y ajoutons cette substance, nous ne pensons qu'à
son influence chimique, parce que la chaux ne peut
jamais être employée en quantité assez grande, pour
pouvoir opérer une altération sensible dans la consistance du sol.

L'action chimique de la chaux, l'effet qu'elle produit comme engrais, paraît également être de deux espèces. D'un côté elle agit sur l'humus en accélérant
sa décomposition, en le dissolvant, en le mettant en
mouvement et en le faisant passer dans cet état qui
facilite son entrée dans les organes des plantes. C'est
par cette raison que l'amendement de chaux est d'autant plus efficace, que le sol est plus riche en humus,
et que son action est d'autant plus sensible, que cet
humus était plus insoluble de sa nature. La chaux
dépouille l'humus acide de son acidité; c'est surtout
par cette influence qu'il acquiert de la fertilité.

Mais d'un autre côté il est de la plus grande vraisemblance, que par le moyen de son acide carbonique, la chaux produit aussi quelque effet et fournit
aux plantes une nourriture réelle. Les racines de certains végétaux en particulier paraissent avoir la force
d'enlever à la chaux cet acide carbonique qu'elle tire
de nouveau et en même mesure de l'atmosphère avec

25.

laquelle elle est en contact. On ne saurait contester que l'emploi de la chaux ne produise de l'effet, même sur des terrains qui contiennent fort peu d'humus, et que la répétition de cet amendement ne procure toujours quelqu'amélioration; quoique sans doute infiniment moins que sur un sol qui contient encore de l'humus, ou sur ceux auxquels on en donne, par le moyen des engrais végétaux et animaux. Outre cela nous savons que la chaux donne à certaines plantes une vigueur particulière, et que les racines de ces plantes pénètrent même dans la pierre à chaux brute, et la décomposent en quelque façon. Cela est surtout remarquable dans le sainfoin (esparcette), qui, avec son pivot, pénètre jusqu'à dix et vingt pieds dans la pierre calcaire, et pousse des touffes et des racines latérales qui, tout autour d'elles, rendent cette pierre friable. Cette plante pousse avec d'autant plus de vigueur, que sa racine pénètre plus avant, lors même que la roche calcaire n'est couverte que d'une couche très-mince de terre de mauvaise qualité.

La chaux calcinée et privée de son acide carbonique a beaucoup plus d'efficace pour l'amendement des terres que le carbonate de chaux. Dans ce premier état elle contribue incomparablement plus à la décomposition des substances auxquelles elle est alliée, elle agit beaucoup plus efficacement sur la matière organique. Mais nous devons convenir que sa plus grande efficacité a encore une autre cause. Elle absorbe en très-peu de temps dans l'atmosphère l'acide carbonique qu'elle a perdu, surtout lorsque, réduite en poudre, elle est mêlée avec la couche supérieure du sol. Mais l'acide carbonique qu'elle s'est ainsi récemment approprié n'a probablement pas avec elle

une adhésion telle, qu'il ne puisse facilement être
absorbé par les plantes. Alors la chaux en attire de
nouveau à elle, et ainsi il s'établit une communication permanente de cet acide carbonique, entre la
chaux, les racines et l'atmosphère. Cela peut expliquer comment le terrain très-calcaire lui-même, peut
être remarquablement fertilisé par la chaux, et comment on obtient encore quelqu'effet d'un nouvel emploi de cette substance, lors même que le sol en contient évidemment une assez grande proportion provenant d'amendemens antérieurs.

Soit que la chaux opère de ces différentes manières
ou qu'il en soit autrement, nous n'avons jusqu'à présent pas d'autre moyen d'expliquer les divers effets
qu'elle produit comme engrais. La chaux n'agit sur
aucun terrain avec plus de succès que sur ceux qui
sont remplis d'un humus acide, impropre à la végétation ; ensuite sur ceux qui, jusque là, ont été fumés
plus ou moins abondamment avec des engrais animaux, sans avoir reçu aucun amendement de chaux
ou de substances semblables. Dans ce cas, elle produit
souvent plus d'effet qu'un nouvel amendement de fumier d'étable, mais le sol en demeure appauvri à tel
point, que, après un petit nombre d'années, il devient
indispensable de le fumer de nouveau et abondamment avec des engrais d'un autre genre. Comme dans
tous les terrains labourés, lors même qu'ils paraissent
épuisés, il reste toujours quelque peu d'humus, probablement insoluble, il s'ensuit qu'un premier amendement avec de la chaux produit toujours un effet
très-sensible, lors même qu'il est appliqué à un terrain
maigre. Un second amendement d'une même espèce,
donné à un court intervalle du précédent, produit en-

core quelque bien, mais extrêmement peu, et l'effet va toujours en diminuant à mesure que ces amendemens sont répétés, sans que le sol reçoive une addition d'humus. Il est des récoltes sur lesquelles l'emploi de la chaux produit un effet plus sensible que sur d'autres ; par exemple, diverses observations donnent lieu de croire qu'il a plus d'efficace sur les grains de printemps que sur ceux d'automne, mais qu'il est encore plus favorable aux légumes, au trèfle et aux végétaux du même genre.

Au reste, les terrains argileux supportent mieux que les sablonneux, la répétition de ce genre d'amendement ; parce que d'un côté l'action physique de la chaux tend à ameublir le sol, et que de l'autre son action chimique atténue la disposition de l'argile à retenir l'humus. Lorsque les terrains marécageux ont été desséchés, ils peuvent supporter des amendemens de chaux répétés et abondans, parce qu'ils contiennent toujours des substances susceptibles d'être décomposées et sur lesquelles la chaux peut agir : dans ces terrains, la chaux produit un effet beaucoup plus durable que le fumier.

En revanche, des amendemens de chaux successifs ne tardent pas à épuiser totalement les terrains maigres et sablonneux, lors même que chacun de ces amendemens semble produire quelqu'effet. Si la chaux ne trouve aucune matière organique sur laquelle elle puisse agir, ou qu'elle ne rencontre pas de l'argile, terre avec laquelle elle a vraisemblablement de la disposition à se combiner, pour former de la marne ; elle se réunit alors au sable et forme un mortier qui ne peut être dissous que difficilement. Lorsque les terrains ont ainsi été chaulés avec excès, la charrue ramène à leur surface une quantité de morceaux de mortier durcis, qu'on ne peut diviser qu'avec peine. Alors, pour pouvoir de nouveau obtenir des récoltes avantageuses, il faut fumer ces terrains à réitérées fois. On voit la démonstration de cette vérité dans plusieurs domaines en Silésie, et l'on en a également fait la remarque en Angleterre, dans les comtés où on suit l'assolement triennal avec jachère, et où l'on n'entretient que peu de bétail, mais où l'on a de la chaux en abondance.

§ 630.

On se sert ordinairement de la chaux, d'abord après qu'elle a été calcinée, c'est-à-dire lorsqu'elle est dégagée de son acide carbonique, soit parce qu'alors elle produit un plus grand effet, soit aussi parce que c'est dans cet état seulement qu'elle se réduit en poudre, et qu'elle peut être intimement mêlée avec la couche de terre végétale. On accélère donc la pulvérisation de la chaux calcinée, et l'on se hâte de la mélanger avec le sol, ou avec des matières organiques qu'on destine à être employées comme engrais.

On a, pour opérer ce mélange avec le sol, deux manières, dont chacune présente des manipulations différentes. La première consiste à déposer dans le voisinage d'un lieu suffisamment pourvu d'eau, la chaux non éteinte sur laquelle on jette alors la quantité de liquide nécessaire pour la réduire en poudre fine, mais non en pâte. Après avoir ainsi arrosé la chaux, on la brasse, puis on en tire les gros morceaux qui s'y trouvent encore, et on les rassemble pour les mouiller de nouveau, afin de les éteindre et de les obliger à se diviser complètement. Dans cette opération, la chaux reprend son eau de cristallisation qu'elle avait perdue dans la calcination, mais elle n'absorbe que peu d'acide carbonique, de sorte qu'elle conserve sa causticité. C'est dans cet état qu'elle agit le plus fortement, et qu'elle est le plus propre à détruire les matières organiques non décomposées qui sont contenues dans le sol, les insectes, les fibres des plantes et même les semences de quelques mauvaises herbes, lesquels elle dissout et transforme en terreau fertilisant. Alors, et sans différer, on transporte la chaux dans les champs, sur des chariots ou des charrettes, et, avec des pelles, on l'éparpille sur le sol qu'on a auparavant eu soin de labourer. Comme la poussière de chaux est très-désagréable et même nuisible aux êtres animés qui l'aspirent, il faut avoir soin que, en l'épandant, ceux-ci demeurent toujours sur le vent ; de sorte que la partie la plus ténue de la chaux étant entraînée de côté, les hommes et les animaux en soient atteints le moins que cela est possible. Dans les lieux où est établi l'usage d'amender avec de la chaux, l'on a adapté aux charrettes consacrées à cette opération, à peu près comme aux semoirs, des cylindres qui tournent avec les roues, et qui éparpillent la chaux pulvérisée.

La seconde manière, qui est plus usitée et plus commode, consiste à déposer la chaux sur le sol même auquel elle est destinée, et à l'y répartir en petits tas d'environ un scheffel, convenablement espacés. D'abord après avoir formé ces tas, on les recouvre de terre qu'on prend à l'entour avec une pelle, en faisant en même temps un petit fossé pour l'écoulement des eaux. Lorsque la chaux est en plus grande partie divisée, on y introduit la pelle, et s'il y a encore des morceaux, on la remet en tas et on la recouvre avec de la nouvelle terre. Dans l'origine, c'est sans doute l'opinion erronée que la chaux perdait quelque substance volatile, qui a donné lieu à cette coutume de la couvrir de cette manière; mais cette couche de terre lui est réellement utile, parce que, sans elle, en temps de pluie il se formerait sur les petits tas une croûte qui, non-seulement empêcherait l'eau de pénétrer plus avant, mais encore ne pourrait que difficilement être pulvérisée, et resterait presque toujours en morceaux.

Une troisième manière de préparer la chaux pour l'épandre sur les terres, consiste à la mettre en grands tas avec des gazons ou de la terre qui en provienne, lorsqu'on peut en avoir dans le voisinage; par exemple, auprès des fossés destinés à l'écoulement des eaux, auprès des pentes ou des bas-fonds garnis de joncs et qu'on doit déchaumer. Là on laisse la chaux se pulvériser, et décomposer le gazon; ensuite on brasse et relève le tas à réitérées fois. La chaux se combine ainsi très-avantageusement avec la terre et l'humus, tout en se pulvérisant : ce compost, dont la préparation est souvent très-facile, produit d'excellens effets. On mêle également la chaux dans des tas avec de la tourbe marécageuse, ou avec du terreau qui contient une grande quantité de substances végétales non décomposées.

Au § 607 nous avons parlé de l'emploi de la chaux pour les autres espèces de composts.

§ 631.

Il est indispensable que la chaux soit mélangée de la manière la plus complète et la plus intime avec le sol, de sorte que chacune des particules de celle-là entre en contact avec les particules de celui-ci, et agisse sur elles; c'est là une condition absolue sans laquelle elle ne peut produire de bons effets pour l'amendement des terres; il faut donc y donner la plus grande attention. Quoique la chaux ait été épandue sur un terrain qui a été auparavant déchaumé et hersé, on herse cependant encore une fois en temps sec, et alors on laboure pour enterrer la chaux, mais aussi superficiellement qu'on le peut. Le mieux est de se servir pour cela de l'extirpateur, qui mélange la chaux avec le sol. Ensuite on herse de nouveau, et l'on donne un labour tant soit peu plus profond. Il faut que le champ reçoive en tout au moins quatre labeurs (y compris celui de semailles) avec la charrue et la herse, ou avec l'extirpateur, et toujours en temps sec. L'amendement avec de la chaux rend donc indispensable une jachère morte complète. De cette manière la chaux produit éminemment l'effet qu'on lui attribue, particulièrement la destruction des mauvaises herbes dont le sol est infecté ; mais si l'on fait cette opération sans lui donner les soins qu'elle exige, on n'en obtient nullement les avantages qu'autrement on aurait le droit d'en attendre. Si la chaux n'a été employée qu'en petite quantité, elle ne produit alors aucun effet, si au contraire on en a mis en trop grande abondance, elle est nuisible, parce que alors elle se transforme en mortier et se réunit en morceaux. Lorsqu'on commet la grande faute de l'enterrer en un seul labour à toute profondeur, il se forme au-dessous de la couche remuée une croûte calcaire qui nuit tellement à l'action de la charrue, que la couche de terre végétale en est considérablement diminuée : c'est ce qui est arrivé dans les contrées où la chaux était à bas prix et où on l'a employée avec profusion.

§ 632.

L'opinion varie beaucoup sur la quantité de chaux qu'on doit appliquer au sol pour en procurer l'amendement. La moins grande proportion qu'on ait employée est de seize scheffels par journal; mais je trouve aussi, particulièrement chez les Anglais, que cette proportion a été poussée jusqu'à cent cinquante scheffels, surtout dans les terrains nouvellement défrichés. Cette quantité doit dépendre de la qualité de la chaux, c'est-à-dire de son plus ou moins de pureté, ou bien de la quantité de sable ou d'argile qui s'y trouve mêlée; si l'on calcule d'après le volume, cela dépend aussi du degré de compacité qu'elle a lorsqu'on la mesure. Outre cela, la nature du sol doit également influer sur cette proportion, puisqu'un sol argileux qui contient beaucoup de plantes non décomposées ou qui est marécageux, quoique actuellement desséché (car la chaux ne produit aucun effet sur les terrains humides), peut supporter une quantité de chaux très-forte et même en retirer de grands avantages, tandis qu'un terrain plus sablonneux n'en veut qu'une moins grande proportion. Enfin il faut mettre une grande différence entre des amendemens de chaux qui ont lieu une fois pour toutes, et d'autres qui doivent alterner régulièrement avec l'emploi des fumiers d'étable. On n'a recours aux premiers que pour opérer dans le sol l'amélioration durable qu'on peut se promettre de la chaux, sous les conditions que nous avons énoncées ; les seconds, en revanche, sont destinés à lui conserver sa fécondité. La quantité de chaux employée pour remplir le premier but doit être considérable ; celle qu'on doit consacrer au dernier doit, au contraire, être petite, et demeurer en rapport avec celle du fumier qu'on a consacrée au sol ; car, dans le dernier cas, on a coutume d'alterner tous les trois ou six ans entre l'emploi de la chaux et celui du fumier d'étable. Il est cependant des contrées où l'on amende le sol avec de la chaux, de trois en trois ans, c'est-à-dire à chaque jachère, et trois ou quatre fois de suite, avant de fumer de nouveau avec des engrais d'étable ; mais cette méthode réduit le sol au dernier degré d'épuisement.

## § 633.

On a manifesté les opinions les plus divergentes sur les avantages et les inconvéniens de l'emploi de la chaux comme engrais ; on ne peut se tirer de ces conclusions contradictoires qu'à l'aide d'une théorie fondée sur des bases solides ; mais, au moyen de cette théorie, on peut facilement résoudre les divers problèmes qui se rapportent à ce sujet. La chaux, surtout celle qui a été récemment calcinée ( chaux vive ), absorbant l'acide carbonique contenu dans l'atmosphère qui l'environne, et le communiquant ensuite aux plantes, leur fournit sans aucun doute quelque nourriture ; mais cette nourriture est peu considérable ; le principal effet que produit la chaux est de décomposer l'humus et les substances végétales, et de les transformer en sucs nourriciers appropriés à la nature des plantes. De là vient qu'elle produit un grand effet lorsqu'elle rencontre une grande quantité de ces substances. Au reste, c'est déjà beaucoup que, lorsqu'elle est bien employée, elle contribue à la destruction des mauvaises herbes. C'est ainsi qu'on a obtenu, d'un premier amendement avec de la chaux, quelquefois même d'un second, des récoltes aussi riches que celles qu'on eût obtenues si l'on eût fumé avec des engrais d'étable. Des gens qui ne savaient pas apercevoir la cause de l'action de la chaux, ont donné à cette substance la préférence sur les fumiers, et ont cru pouvoir se passer entièrement de ceux-ci ; mais l'épuisement dont le sol donna, plus ou moins tôt, des signes effrayans, jeta dans l'extrême opposé, et l'on crut voir toujours du danger à l'emploi de la chaux sur les terres. L'homme éclairé s'aperçut bientôt que l'usage de la chaux ne dispensait point de celui du fumier, mais qu'il donnait plus d'intensité à l'action de cette dernière espèce d'engrais ; ainsi il profita de la fécondité que la chaux avait donnée à la première récolte, pour se procurer d'autant plus de substances propres à produire des fumiers, afin de pouvoir rendre au sol, en engrais d'étable, ce que la chaux lui avait enlevé en forçant la végétation des récoltes auxquelles elle avait été appliquée. Il se sert encore de la chaux, mais avec modération, là où d'autres personnes redoutent son emploi.

## § 634.

La convenance d'employer la chaux dépend principalement de ce que celle-ci coûte, et des frais que son emploi occasione ; l'un et l'autre varient beaucoup, selon la localité. Lorsqu'il n'en coûte que dix ou douze rixdalers pour donner au terrain un winspel de chaux, quantité qu'on emploie ordinairement sur un journal, l'amélioration qui en résulte balance bien cette dépense, surtout lorsque le sol a été suffisamment fumé, mais qu'il est infecté de mauvaises herbes à tel point que les récoltes n'y répondent pas à sa fertilité ; et sous la condition qu'on lui donne en effet une jachère morte complète. Dans ce cas, les frais d'un tel amendement seront bientôt payés. Il est sous-entendu que, en place de chaux, on ne puisse se procurer à meilleur marché aucun autre engrais d'une efficacité égale, comme de la marne calcaire, et de bonnes cendres de savonneries ou de tourbe. Chacun peut facilement calculer les frais qu'il en coûte dans sa localité pour donner au sol un amendement avec de la chaux.

C'est dans les lieux qui ont des carrières de pierre à chaux dans leur voisinage qu'on se procure cette substance à meilleur marché. Elle est également peu coûteuse là où l'on trouve des pierres à chaux roulées, ou de cette chaux marneuse qu'on moule en forme de tuiles pour la calciner. Cependant une condition de ce bas prix, c'est que, dans le voisinage des lieux où ces substances se trouvent, il y ait les combustibles nécessaires à leur préparation, du bois, du charbon de pierre ou de la tourbe, et qu'on puisse calciner la chaux sans être obligé de la transporter au loin. A l'égard du transport de la chaux non calcinée (carbonate de chaux) à de grandes distances, il faut bien considérer que, dans cet état, elle a un poids à peu près double de celui qu'elle conserve après avoir subi l'action du feu, et qu'ainsi l'on peut facilement perdre à cet excédant de charroi plus qu'on ne gagne à faire calciner soi-même. Quoique la chaux pure produise toujours plus d'effet comme engrais que celle qui se trouve mêlée d'autres substances, on peut cependant aussi faire usage de cette dernière; pourvu qu'elle ne contienne pas au-delà de quinze pour cent d'argile, elle est très-propre à être calcinée, et sa proportion de sable peut être plus grande encore. Souvent la pierre à chaux contient des oxides de métaux qui lui donnent une couleur désagréable, et empêchent ainsi qu'on ne l'emploie à faire du mortier ; cette chaux est également bonne pour l'amendement des terres. C'est seulement contre la chaux qui contient de la magnésie, que *Tennant*, et d'après lui plusieurs auteurs anglais, ont fait des objections, en prétendant avoir remarqué que la magnésie privée d'acide carbonique produisait des effets très-nuisibles à la végétation.

## § 635.

Les opinions ne sont pas moins partagées sur les effets que la chaux calcinée produit lorsqu'on l'étend sur les prairies. Je n'ai connaissance d'aucune expérience sur ce sujet, faite avec précision et avec les modifications convenables; mais, autant que j'en puis juger d'après ce qui m'est parvenu de résultats obtenus de cette opération dans divers lieux, je crois qu'on doit y procéder avec beaucoup de circonspection, et qu'il pourrait facilement y avoir du danger à épandre sur les prés une quantité de chaux vive un peu considérable. On assure, au reste, qu'employée en petite quantité, elle produit de très-bons effets sur les prés secs, tandis que, sur les humides, elle demeure absolument inefficace ; et l'on a remarqué qu'elle favorisait surtout la végétation des trèfles et des vesces.

Les eaux qui contiennent beaucoup de chaux en dissolution produisent d'excellens effets, lorsqu'on les emploie à l'arrosement des prairies par inondation ou irrigation ; dans cette opération, il se précipite du carbonate de chaux réduit en poudre très-fine.

## § 636.

La chaux non calcinée produit, sans contredit, aussi de l'effet ; mais, d'un côté, elle agit moins sensiblement que la chaux calcinée, par conséquent il en faut une plus grande quantité pour produire un effet égal ; de l'autre, il est très-difficile de la pulvériser autant que cela serait nécessaire ; on n'en fait donc usage qu'accidentellement, lorsqu'on la trouve divisée en très-petits fragmens.

La poussière des grandes routes construites avec des pierres et du gravier calcaires, produit de grands avantages lorsqu'on la transporte sur les champs voisins ; au reste, il n'est pas douteux que cette poussière ne contienne aussi d'autres substances améliorantes. On a vu de très-bons effets de la poussière tirée de l'atelier des marbriers.

Il n'y a pas jusqu'au vieux mortier qui, avec le temps, ne paraisse se décomposer, lorsqu'il est mis en contact avec des substances en putréfaction. Il produit un effet très-frappant, tout au moins sur les prairies ; mais cet effet ne se montre qu'au bout de quelques années.

## § 637.

La marne, ainsi que nous l'avons dit, est composée d'argile et de carbonate de chaux, mêlés en proportions très-variées, mais d'une manière intime. La nature de ces parties constituantes lui donne une double action, comme engrais. Elle agit *physiquement* par le moyen de l'argile, en augmentant d'une manière durable la consistance des terrains trop meubles ; et *chimiquement* par le moyen de la chaux, en procurant au sol de nouveaux sucs * ; mais ce dernier effet diminue peu à peu, et cesse bientôt entièrement. Il faut bien distinguer ces deux manières d'agir. La marne produit plus particulièrement l'un ou l'autre de ces effets, suivant que l'argile ou la chaux y domine. Pour produire le premier effet d'une manière très-sensible par le moyen de la marne, il faut sans doute charrier sur le sol une proportion de cette marne beaucoup plus grande que de celle dont on attend le dernier avantage ; et cette amélioration physique ne peut être opérée que sur les terrains qui en ont besoin, c'est-à-dire sur les terrains trop légers et trop meubles, tandis qu'un terrain d'ailleurs trop argileux ne ferait que perdre à une addition de marne

* Et en mettant en action ceux qui existent déjà dans le sol, en rendant plus soluble l'humus acide qui y est contenu. (*Trad.*)

argileuse, du moins lorsque l'effet de la chaux serait passé.

Le mélange intime des deux substances dont la marne est composée lui donne cet avantage sur l'argile ou la glaise, sur le carbonate de chaux et même sur un mélange artificiel de ces deux substances, qu'elle se divise parfaitement d'elle-même, qu'elle se pulvérise complètement, et qu'ainsi elle se mêle d'une manière intime avec la couche de terre végétale.

§ 638.

L'utilité de la marne était connue déjà dans la plus haute antiquité, et dès lors on en a toujours fait usage, tantôt ici, tantôt là, dans les lieux où il régnait un peu d'activité chez les agriculteurs : c'est l'ignorance où l'on était sur la nature de la marne, qui a empêché que son usage ne s'étendît. On n'associait l'idée de la marne qu'à un fossile d'une certaine nature, dont on se faisait une représentation ; et comme la marne a une infinité de formes et de couleurs, personne ne reconnaissait celle dont l'apparence n'était pas semblable à celle de l'espèce connue.

Le grand Frédéric, qui avait les idées les plus saines et les plus justes sur l'agriculture, mais qui fut rebuté par le peu de succès que les ordonnances qu'il promulgua à ce sujet eurent, parce qu'on les avait mal comprises, fit, dans les années 1750 à 1760, venir plusieurs ouvriers habitués à l'extraction de la marne, et leur fit parcourir les Marches, pour y chercher de cette substance ; mais de toutes parts il reçut l'information que, malgré les recherches les plus exactes, on n'en avait point rencontré. Cependant il y a dans ces pays de la marne en surabondance, et précisément de l'espèce qui convient le mieux au sol. Le préjugé qui voulait qu'on ne pût pas en trouver était tellement établi, qu'on se moqua presque de moi lorsque, pour la première fois, je manifestai une opinion contraire. Les ouvriers qu'on avait envoyés à la recherche de la marne, venant de pays de montagnes, ne connaissaient probablement que la marne pierreuse, et sans doute on ne trouve cette espèce que dans les contrées montueuses. Ailleurs on ne connaissait que la chaux marneuse blanche, qui n'existe que dans les bas-fonds et seulement en couches d'une petite épaisseur. La marne glaiseuse qui, le plus souvent, est étendue en couches dans les plaines, était presque entièrement inconnue, et là où le hasard avait appris à en faire usage, comme dans la prévôté de Pretz en Holstein, on croyait que c'était de la glaise qui produisait ces bons effets; de sorte que quelquefois on employait, pour amender les terres, de la glaise non marneuse; mais, comme on l'imagine, sans en obtenir le succès qu'on en avait attendu. C'est la chimie qui, la première, nous a donné la solution de ces faits, qui semblaient en contradiction les uns avec les autres.

Une autre cause qui empêchait que l'usage de marner les terres ne s'étendît, c'était l'abus qu'on en avait fait auparavant. Dans les lieux où l'on s'était convaincu de la faculté éminemment améliorante de la marne, on calculait que cette espèce d'engrais revenait à meilleur marché que le fumier; on croyait, en conséquence, pouvoir se passer de celui-ci; on diminuait la quantité du bétail, et l'on vendait le foin et la paille aux cultivateurs qui n'usaient pas de marne. Mais, comme on l'imagine, lorsque la marne eut fini d'opérer son effet chimique, le sol devint stérile, et un second marnage ne pouvait opérer que très-peu d'effet sur un terrain dépourvu d'humus. C'est cette circonstance qui donna naissance au vieux proverbe qui dit que la marne enrichit les pères et appauvrit les enfans. Au reste, dans une bonne culture, ce proverbe n'est nullement fondé ; on peut affirmer, au contraire, que la marne augmente progressivement la fertilité du sol, en ce que, par son moyen, on obtient des produits à l'aide desquels la quantité de fumier est considérablement augmentée.

## § 639.

Aux §§ 494 et suivans, nous avons parlé de la nature de la marne, de ses caractères, de ses espèces et de la situation dans laquelle on la trouve. Il ne nous reste donc plus qu'à parler de son emploi et de sa manipulation.

Comme le transport de cette substance est la principale et la plus coûteuse partie du marnage, il faut, avant tout, chercher à se procurer la marne dans un lieu rapproché du terrain auquel on la destine; supposé même qu'à cette place la marne se trouvât à une plus grande profondeur et fût ainsi plus difficile à extraire et à charger, cet inconvénient serait toujours compensé par la proximité du charroi. Cette considération acquiert une beaucoup plus grande importance lorsqu'il s'agit de marne glaiseuse, qu'on veut appliquer en plus grande quantité à un sol léger, afin de donner plus de consistance à celui-ci. Heureusement cette marne argileuse, dans les contrées où elle existe, se trouve répandue presque partout et d'une manière continue à une petite profondeur au-dessous de la superficie du sol, tandis que le plus souvent la marne calcaire et pierreuse ne s'est amassée que dans des places isolées, de sorte qu'on doit la charrier à de grandes distances. Au reste, comme on doit l'employer en moindre quantité, cela n'a pas de grands inconvéniens.

Lorsqu'il n'y a pas une grande différence dans l'éloignement, on doit cependant choisir, pour l'extraction de la marne, les places où elle est le plus rapprochée de la superficie du sol, et où la fosse doit courir le moins de risques d'être inondée par les eaux. Dans les contrées plates, c'est au haut des collines que la marne est à une moins grande profondeur, surtout à la sommité de celles qui ont à leur superficie une glaise brune qui se délite lorsqu'elle est médiocrement humide.

Avant d'ouvrir la marnière, il faut sonder le terrain au moyen d'une tarrière, ou y creuser des trous à une petite distance les uns des autres, afin de s'assurer que la marne est de la nature qu'on désire, et se trouve là en couches assez épaisses. Cependant il est rare qu'on la trouve non interrompue, et que, surtout dans les couches supérieures, il n'y ait pas des veines et des lits de sable. Il ne faut pas se laisser rebuter par ce léger inconvénient, puisque, en extrayant la marne, on peut facilement jeter de côté tout ce dont on ne saurait faire usage, s'il n'est utile pour combler les places où l'on a creusé plus profondément.

Il convient alors d'analyser la marne qu'on a découverte : il est rare qu'on la trouve homogène ; ordinairement ses parties constituantes varient de place en place ; il faut donc en analyser plusieurs morceaux.

et prendre sa composition en moyenne, parce que, dans le charroi, elle se mélange en général assez bien. Plus le terrain sur lequel on veut la conduire est sablonneux, plus l'argile marneuse qui contient un peu de chaux est utile. Cette argile peut déjà être employée avec succès, lors même qu'elle ne contient que 12 à 15 pour 100 de chaux ; cependant, pour que l'effet de la chaux soit sensible, il faut que la quantité de marne soit d'autant plus forte. La seule marne qui contient beaucoup de sable n'est pas utile à ces terrains. En revanche, la première espèce ne conviendrait nullement à des sols argileux ou glaiseux ; il faut tâcher de consacrer à ces terrains de la marne qui contienne au moins 40 pour 100 de chaux ou plus. Ici, au contraire, la marne sablonneuse, qui souvent contient beaucoup de chaux, non-seulement n'est pas nuisible, mais souvent elle est particulièrement avantageuse. La marne pierreuse des pays de montagnes est surtout propre aux terrains argileux, parce qu'elle contient peu d'alumine, mais plutôt de la chaux et de la silice fine. A la vérité, souvent elle ne se délite qu'à la longue.

## § 640.

Lorsqu'on s'est assuré que la marne est propre à l'usage auquel on la destine, et qu'elle se trouve en quantité suffisante, on commence par enlever les terres qui la recouvrent. Il est nécessaire de faire ce déblai d'une manière complète jusqu'à la couche même de la marne dont on veut tirer parti ; souvent on peut employer ces terres à remplir des creux qui se trouvent dans le voisinage ; sans cela, on les dépose auprès de la marnière, du côté inférieur, et à une distance telle, qu'elles ne chargent pas les bords de la fosse, mais que cependant on puisse dans la suite avec facilité les employer à remplir les places où l'on aura creusé à une plus grande profondeur. Comme dans l'extraction de la marne il faut, autant que cela se peut, faire exécuter tous les travaux à la tâche, il convient d'employer cette méthode pour cette première opération ; on peut en faire le marché par mètres ou toises cubes. Si la terre ne doit pas être transportée dans quelque lieu éloigné, on ne la fait point charrier par des chevaux, mais plutôt avec des brouettes à bras, quelquefois aussi on la jette avec des pelles sur les bords de la fosse. Le déblaiement de cette terre peut également être donné à la tâche, et être compris dans le même marché ; souvent aussi l'on peut se servir avantageusement de l'instrument destiné à régaler les terrains, dont nous donnerons la description dans la suite.

Quelquefois il convient mieux de découvrir la marnière sur toute la surface, d'autres fois il vaut mieux n'en prendre d'abord qu'une portion. C'est le cas surtout lorsqu'on ne doit pas creuser profondément, et qu'on se propose de remplir en partie la place d'où l'on a extrait la marne, par la terre qui recouvre la portion non extraite : l'on peut avancer ainsi dès le pied d'une colline marneuse jusqu'à sa sommité. Mais lorsqu'on veut aller à une grande profondeur, ce à quoi l'on se trouve d'autant plus disposé, qu'à mesure qu'on pénètre plus avant, on trouve la marne plus homogène et plus calcaire, il faut alors déblayer toute la surface de la marnière, afin de pouvoir y travailler plus à l'aise, et de n'avoir pas à redouter des éboulemens.

Une étendue de huit perches en longueur sur six en largeur*, forme une marnière bien proportionnée; cependant il est des cas où l'on double cette étendue.

Il faut donner à la fosse une entrée et une sortie, afin que les attelages ne soient pas obligés d'y tourner; l'une et l'autre doivent avoir une pente douce, afin qu'on puisse entrer et sortir facilement.

### § 641.

Pour l'extraction et le transport de la marne, il faut chercher à établir une juste proportion entre les ouvriers qui piochent et chargent, et les attelages, de sorte qu'ils ne doivent pas s'attendre réciproquement. Cette proportion varie suivant l'éloignement du lieu où la marne doit être charriée, suivant la profondeur à laquelle elle doit être extraite, suivant la ténacité de cette espèce de terre, suivant la température et suivant la quantité d'eau qui s'amasse dans la fosse. Il faut arranger les choses de manière qu'il y ait toujours dans la marnière un chariot, une charrette ou un tombereau prêt à être chargé, mais qui aussi ne doive pas attendre pour recevoir sa charge. Il ne convient du moins pas qu'il reste aux chargeurs plus de temps qu'il ne leur en faut pour piocher la marne ou pour l'extraire, si elle se trouve à une trop grande profondeur pour pouvoir être jetée immédiatement sur les chariots. Si le travail avance promptement, il faut y employer des ouvriers particuliers pour piocher et d'autres pour charger.

Si l'éloignement est plus grand, les attelages ne peuvent pas revenir aussi promptement que s'ils n'al-

---

* 96 pieds de Rhin en longueur, 72 en largeur. *(Trad.)*

laient qu'à une petite distance ; il faut donc augmenter ou diminuer en conséquence le nombre des attelages et celui des manouvriers ; cela peut facilement
être réglé sur une inspection de la localité. Si, tout en
n'ayant qu'un même nombre d'ouvriers, on en a un
plus grand d'attelages, on conduit alors la marne dans
les lieux les plus éloignés ; si, au contraire, la proportion des ouvriers est plus forte, on charrie la marne
dans les endroits les plus rapprochés.

§ 642.

Lorsqu'on donne ce travail à la tâche, souvent on y
comprend le transport ; dans ce cas, quelquefois on
fournit les chevaux et les voitures ; d'autres fois le
tout est laissé à la charge des entrepreneurs. Le premier cas a lieu lorsqu'on a des charrettes et des chevaux particulièrement destinés au charroi de la marne
et du terreau ; on destine alors à ce travail des bêtes
sur lesquelles il ne puisse pas y avoir beaucoup à perdre. Lorsque la plus grande distance ne dépasse pas
huit cent quarante à neuf cent soixante pieds de Rhin,
on paie, dans le Holstein, pour un chariot qui contient
environ dix-huit pieds cubes, 9 deniers. Si l'on a,
avec les attelages, des valets ou des conducteurs à soi,
on ne paie, pour charger le chariot, que 6 ou 7 deniers. Ici je paie, pour charger un tel chariot, un
*mauvais gros* *. Il est entendu, au reste, qu'il ne doit
y avoir aucune difficulté extraordinaire dans l'extraction de la marne, et qu'il n'est pas nécessaire de tirer
cette substance d'une plus grande profondeur avant

---

* Environ 13 centimes.

de la charger sur les voitures. C'est ainsi qu'on arrange les choses lorsque, à défaut d'autres occupations pour les attelages de charrue, on les emploie au transport de la marne, sans pourtant vouloir les ôter de la direction de leurs propres conducteurs, pour les abandonner aux ouvriers.

Ce sont les circonstances locales seules qui peuvent décider s'il convient mieux de tenir des chevaux particuliers pour cet usage, ou d'y employer les attelages de charrue dans les momens de loisir. Si l'on veut donner au charroi de la marne une certaine étendue, le premier parti est presque indispensable ; sans cela, le travail n'avance qu'en proportion du loisir que les chevaux et les ouvriers ordinaires peuvent avoir. Si l'on consacre des chevaux exclusivement au charroi de la marne, il faut également avoir des ouvriers uniquement employés à ce travail.

Le genre des voitures est le plus souvent approprié à l'espèce de chevaux que l'on emploie. Lorsque ce sont des chevaux consacrés uniquement à ce travail, les tombereaux à un cheval sont ce qu'il y a de mieux, et les bêtes s'y habituent à la longue à tel point, qu'un conducteur suffit pour deux ou trois tombereaux ; alors ceux-ci sont versés par les ouvriers qui demeurent au champ pour épandre. Si, au contraire, l'on emploie des chevaux de charrue, il faut donner la préférence aux chariots attelés de deux bêtes. Je ne saurais conseiller les attelages à quatre chevaux, à moins que le chemin ne fût très-long et difficile*. Sur un chemin de peu d'étendue, deux chevaux traînent presque autant que quatre. Avec ceux-ci je n'ai pu

---

* Et alors il est douteux que le marnage fût une opération très profitable. (*Trad.*)

charrier que vingt-cinq pieds par charge au plus, tandis qu'avec les premiers on en charrie ordinairement
dix-huit à dix-neuf. Le pied de Rhin cube pèse, dans
son état d'humidité ordinaire, de cent à cent trois livres, poids de Berlin.

§ 643.

Rarement la marne, surtout l'argileuse, est homogène dans toute l'étendue d'une marnière. Il est des
couches et des places où elle contient beaucoup plus
de chaux, il en est d'autres où elle en contient beaucoup moins. Lorsqu'on n'a pas assez de pratique pour
pouvoir distinguer cela à la simple vue, on est obligé
d'avoir souvent recours à une analyse superficielle.
Ordinairement plus on pénètre profondément, plus
la marne devient homogène; souvent il s'y trouve des
veines ou des couches de sable. Ce sable est quelquefois très-calcaire, et alors il est excellent pour les terrains argileux, ou pour être mêlé avec le terreau et la
tourbe. Mais si même on ne peut pas faire usage du
sable ou de l'argile qui ne contiennent que peu de
chaux, il ne faut pas moins s'en débarrasser, et dans
ce cas on les jette dans les creux où l'on ne veut plus
travailler.

§ 644.

Ce sont l'épaisseur et la nature de la couche de
marne, qui décident du plus ou moins de convenance
de creuser plus profondément. Ordinairement, plus
on pénètre dans la couche, plus on la trouve calcaire;
mais aussi plus le travail est pénible et coûteux, et

même dangereux, si l'on ne prend de grandes précautions. La marne doit alors être jetée sur un échafaud ou un entrepôt, d'où seulement on peut la mettre à portée d'être chargée sur les voitures : et cela coûte souvent des frais doubles. Il faut donner une attention suivie à ce que les parois ne surplombent pas, et à ce que les ouvriers ne creusent pas au-delà de la ligne perpendiculaire; parce que sans cela l'éboulement d'un des côtés pourrait facilement occasioner des malheurs.

Lorsqu'on pénètre plus avant, on a le plus souvent aussi à lutter contre les eaux qui s'y jettent de la superficie du sol, ou quelquefois y filtrent au travers de veines de sable. Il faut alors puiser l'eau au moyen d'une pompe. Mais quelquefois l'eau provient d'une source et est si abondante, qu'on est obligé d'abandonner la marnière, à moins qu'elle ne soit assez élevée pour pouvoir être égouttée au moyen d'une tranchée souterraine.

Cette circonstance fait que rarement on creuse à plus de dix à douze pieds de profondeur. Cependant quelques cultivateurs n'ont pas laissé d'extraire de la très-bonne marne à une profondeur double.

§ 645.

La quantité de marne qu'il convient de donner à un champ varie beaucoup; elle dépend de la nature de la marne et du sol, et du but qu'on se propose d'atteindre. Plus la marne est calcaire et plus elle produit d'effet, par conséquent, moins la quantité qui doit en être employée est considérable. L'on envisage alors un marnage de vingt à vingt-cinq charges de

dix-huit pieds cubes par journal, comme assez abondant; cette espèce de marne doit contenir soixante
pour cent et plus de chaux; on l'emploie sur du terrain glaiseux ou argileux.

Plus l'argile domine dans la marne, plus la quantité
qu'on doit en appliquer au terrain doit être grande,
surtout si ce terrain est sablonneux, parce que, indépendamment de l'amélioration chimique qu'il reçoit,
le sol en obtient aussi une physique et durable. On
donne au sol, sur toute l'étendue du champ, la quantité d'un pouce d'épaisseur; ce qui fait par journal
cent vingt chariots tels que ceux dont nous venons
de parler. Dans la plupart des contrées, lorsqu'on
a commencé à marner, on a employé la marne en
quantité tout aussi grande, quelquefois plus encore,
et sans aucun doute il en est résulté un avantage
durable et une amélioration de la nature du sol.
Cependant je vois que dans tous les pays où l'on a
acquis plus de lumières sur ce procédé, et où on l'a
pratiqué plus en grand, on est devenu plus éco-
nome, et l'on s'est borné à soixante chariots, quelquefois même à quarante par journal. On a cependant obtenu de ce marnage l'effet qu'on désirait,
seulement il a été moins durable et n'a été sensible
que pendant dix ou douze ans. Mais alors on a trouvé
d'autant plus d'avantage à le renouveler au bout de
douze ou seize ans, ce qui n'avait pas lieu avec le
même succès, lorsque le premier marnage avait été
très-abondant. Cette raison fait qu'on préfère appliquer d'abord à une plus grande étendue de terrain,
le travail qu'on peut vouer à cette bonification, et
soixante chariots d'une marne qui contient environ
vingt-cinq pour cent de chaux, sont la proportion la

plus ordinaire; de cette manière la couche qui est ajoutée au sol a environ demi-pouce d'épaisseur. Si la marne contient beaucoup moins de chaux, et dans ce cas elle ne peut convenir qu'aux terrains sablonneux, il faut, pour en éprouver des effets également satisfaisans, en employer une quantité d'autant plus grande.

§ 646.

Ces différences dans la quantité de marne employée et dans la consistance du sol, expliquent les contradictions apparentes des expériences faites sur le renouvellement du marnage. Une fois, par exemple, on n'a aperçu aucun bon effet du second ou du troisième marnage, si même on n'en a vu un mauvais. Une autre fois le second marnage a produit plus d'effet que le premier. Dans le premier cas tout ce que la marne peut donner était encore dans le sol en assez grande abondance, mais l'on avait négligé de fumer, et l'humus qui avait été épuisé ne pouvait pas être remplacé par une marne ordinaire. Si c'était de la marne argileuse, il se peut qu'un sol qui ne manquait déjà pas d'argile, en eût été surchargé, et par là réellement détérioré. Dans le second cas on n'avait pas omis de fumer, les propriétés physiques de la marne étaient mieux appropriées à la nature du sol, la consistance de celui-ci s'améliora. Dans les lieux où l'on marne régulièrement les terres, mais où l'on applique au sol une quantité de fumier suffisante, lorsqu'une espèce quelconque de mauvaise herbe y prend le dessus et y pousse avec beaucoup de vigueur, on est disposé à croire que le sol a plus besoin de marne que de fumier. Alors le marnage, qui sans doute nécessite

une jachère complète et soignée, non-seulement détruit les mauvaises herbes, mais encore donne plus
de fécondité que le fumier; car la vigueur de la mauvaise herbe dont le sol est couvert prouve que le sol
contient encore en abondance les sucs propres à la
nutrition des végétaux, mais que ces sucs sont plus
appropriés à cette mauvaise herbe qu'aux céréales.
L'action chimique de la marne change probablement
la nature de l'humus.

Mais dans les contrées où l'on est dans l'usage d'a-
mender souvent avec de la marne, on n'emploie ordinairement cette substance qu'en quantité très-mo-
dérée. On n'applique guère à un terrain sablonneux
que vingt-cinq à trente chariots de marne argileuse
par chaque journal; et à un terrain glaiseux, souvent
pas au-delà de dix chariots de marne calcaire, sur une
même étendue.

## § 647.

On n'est pas plus d'accord sur la durée des effets du
marnage, et cette durée doit en effet varier avec les
circonstances. Une forte addition de marne argileuse
améliore d'une manière durable les qualités physiques
d'un terrain sablonneux, en sorte qu'il rapportera
toujours de meilleures récoltes, pourvu cependant
qu'il soit fumé en temps convenable. On aperçoit
l'effet chimique de la marne pendant dix ou vingt
ans, suivant qu'elle avait été employée en plus ou
moins grande quantité. On borne à douze ans l'effet
de la marne calcaire sur le terrain argileux. Dans diverses contrées, c'est d'après cette proportion qu'on
bonifie aux fermiers les frais du marnage fait pendant

la durée de leur bail et dont ils n'ont pas pu retirer
tous les avantages. Si par exemple le fermier n'en a
joui que cinq ans, on lui bonifie les $\frac{7}{12}$ des frais; s'il
en a joui neuf, seulement alors les $\frac{3}{12}$.

Ordinairement l'amélioration produite par la marne
va en croissant jusqu'à la troisième année ; bien entendu cependant que le terrain ait été convenablement fumé dans son temps ; dès lors elle commence
à décliner. Au reste, cela dépend du plus ou moins
de facilité que la marne a à se diviser complètement,
puisqu'elle ne produit son effet que lorsqu'elle s'est
combinée intimement avec le sol. C'est par cette raison qu'il importe si fort de lui donner les travaux nécessaires après qu'elle a été charriée.

§ 648.

Lorsqu'on entretient des chevaux uniquement destinés à charrier la marne, comme cela se fait dans les
lieux où l'on pratique cette opération en grand, on
continue ce transport sans interruption pendant
toutes les saisons, aussi long-temps que la température
et des gelées qui auraient pénétré trop avant en terre,
n'y mettent pas obstacle. Mais si l'on exécute ce charroi
avec les attelages ordinaires, souvent même avec des
bœufs, cela ne peut avoir lieu que pendant l'arrière-
automne et l'hiver, et depuis les semailles de printemps jusqu'à la moisson. La marne charriée pendant le cours de l'hiver et un peu auparavant produit
un effet très-prompt, parce que le froid la divise
complètement. Lorsque la gelée n'a pas pénétré trop
profondément avant la chute de la neige, il vaut la
peine d'enlever celle-ci dans les lieux où l'on veut

fouir, de faire briser les parties gelées, et de faire transporter la marne sur des traîneaux. La marne qui a été charriée plus tard se divise rarement assez pour pouvoir se mêler complètement avec le sol, lors même qu'on aurait donné de fréquens labours ; ainsi elle ne produit que peu d'effet sur la première récolte de grains d'automne. On suit rarement le précepte des Anglais, qui veut qu'avant d'être enterrée, la marne demeure étendue sur le sol, exposée pendant deux étés à l'ardeur des rayons du soleil, et pendant un hiver entier à l'âpreté du froid. Si, comme on le prescrit et comme cela arrive ordinairement, on charrie la marne sur la jachère après le premier labour, il faudrait, pour suivre ce précepte, donner successivement deux jachères mortes complètes. Mais les Anglais la charrient aussi sur les sols qui sont en repos; alors l'herbe et les trèfles y poussent vigoureusement et donnent un pâturage abondant; au moyen de cela la marne peut facilement être mêlée avec le sol, après qu'il a été déchaumé à la charrue. Si elle a été charriée avant l'hiver, et qu'elle ait demeuré sur le sol, jusqu'au milieu de l'été, elle est ordinairement assez pulvérisée pour pouvoir être suffisamment mélangée par des labours répétés et par l'action de la herse et du rouleau. Mais celle qui n'a été charriée qu'au printemps, se divise rarement assez pour ne pas rester pendant quelque temps en monceaux et en mottes dans le sol, après qu'on l'a rompu. La première produit un effet plus immédiat, la dernière un plus tardif ; la première année l'effet de celle-ci n'est presque pas sensible.

Quelques cultivateurs, qui veulent profiter immédiatement de la marne qu'ils ont charriée sur leurs terres, sèment sur les terrains ainsi marnés déjà des grains de printemps, tels que de l'orge, de l'avoine ou du blé noir, mais le plus souvent avec peu de succès. Une jachère morte et bien soignée est absolument nécessaire pour que la marne produise promptement son effet *.

## § 649.

Il est superflu de dire que la marne doit être épandue avec soin et d'une manière parfaitement égale. Après que ce travail est accompli, il convient de donner au sol un fort hersage par un temps sec, et s'il y reste des morceaux de marne non divisés, d'y passer le rouleau, puis derechef la herse, après que cette marne a reçu la pluie et s'est séchée de nouveau. Alors on lui donne le premier labour, qui doit être aussi superficiel que cela est possible. Après celui-ci l'on en donne encore trois autres, en faisant chaque fois suivre un hersage, et l'on abandonne à la nature la combinaison intime de la marne avec le sol. Si la marne est en mottes, cette combinaison ne peut pas avoir lieu ; le mélange complet ne s'opère alors que peu à peu aux semailles suivantes. Mais jusque là ce qui ne s'est pas mêlé avec le sol sous la forme d'une poudre fine, demeure non-seulement inefficace, mais même positivement nuisible à la végétation.

## § 650.

L'on comprend que les frais du marnage doivent varier infiniment. Le travail de l'extraction et du char-

---

*Cela est incontestable; mais on perd une année de rente, et on dépense, en outre, la valeur de la rente d'une autre année. (*Trad.*)

gement de la marne dépend essentiellement de la profondeur d'où l'on tire cette substance. Cependant la tenacité de la marne et la quantité d'eau contre laquelle on a à lutter ne laissent pas d'avoir une grande influence sur ce travail. Si la marne peut être enlevée à mesure qu'elle a été détachée avec le hoyau, on paie assez généralement de 6 à 8 deniers pour charger un chariots de 18 pieds cubes. Dans le Holstein, on paie pour cela un schelling et demi, ou 9 deniers argent pesant ; au moyen de ce salaire, les ouvriers auxquels on fournit les bêtes de trait et les voitures, mais point d'outils, doivent charrier la marne et l'épandre à mesure, bien entendu cependant que l'éloignement du champ ne soit pas tel qu'on ne puisse transporter vingt-cinq charges en un jour. Ici je paie pour charrier un tel chariot, sans le conduire, et en fournissant aux ouvriers les hoyaux nécessaires, 1 gros *mauvais argent*, ce qui fait environ un schelling de Danemark. A ce taux, les ouvriers sont payés convenablement.

Le charroi dépend absolument de l'éloignement : il n'est pas rare qu'on transporte de la marne calcaire sur un terrain argileux à un mille de distance et plus, de sorte qu'un attelage ne peut conduire que deux charges par jour, souvent même qu'une seule. Le marnage revient alors à très-haut prix, lors même qu'on y met toute l'épargne possible ; quelquefois les frais qu'il occasione dépassent ceux d'un amendement avec de la chaux. On ne peut employer la marne glaiseuse que dans son voisinage ; on cherche donc à se la procurer dans chaque champ, et dans une position aussi rapprochée que cela est possible ; on préfère même ne pas épargner les frais que, dans l'ouverture d'une nouvelle marnière, il en coûte toujours pour déblayer la couche de terre dont la marne est couverte. Lorsqu'on connaît la distance, on peut facilement calculer le nombre de charrois que, dans chaque localité particulière, un attelage pourra faire en un jour.

On voit assez souvent se réaliser le compte suivant des frais de marnage d'un journal.

|  | Rixdalers. | Gros. |
|---|---|---|
| Pour extraire et charger 60 charges de marne, à 8 deniers l'une. . . . . | 1 | 16 |
| Deux chevaux qui, en moyenne, charrient en trois jours la quantité nécessaire à un journal, le cheval calculé (y compris la voiture) à 8 gros. . . . | 2 | » |
| Pour épandre la marne, par journal . . | » | 8 |
| Frais d'ouverture de la marnière, et autres accidentels. . . . . . . . | » | 6 |
| Le charretier, à 6 gros par jour. . . . | » | 18 |
|  | 5 rixd.* | |

Au reste, ce calcul est dressé d'après les circonstances les plus favorables ; si les difficultés augmentent, les frais augmentent à proportion. Dans les jours les plus courts, en hiver, on ne pourra peut-être faire que quinze charrois en un jour, tandis que, dans les longs jours de l'été, on en fera jusqu'à vingt-cinq. Dans cette première saison, du reste, on doit mettre les journées de travail des chevaux à un prix plus bas, pour leur en attribuer un plus élevé en été.

* Il importe beaucoup au cultivateur de commencer, avant d'entreprendre une telle amélioration en grand, non-seulement d'en faire l'essai sur une petite étendue, mais encore d'en bien calculer les frais d'après les circonstances de sa propre localité : chez moi ces frais s'élèveraient sensiblement plus haut que ce qui est indiqué ici. (*Trad.*)

J'ai connaissance d'un cas où, afin d'exécuter rapidement le marnage d'un champ situé à un éloignement considérable des bâtimens, on sema des vesces sur la partie du terrain qui avait déjà été marnée, et l'on nourrit par ce moyen les chevaux destinés au charroi de la marne, que, pour cet effet, on laissait jour et nuit sur place, en les tenant attachés avec une corde, afin qu'ils ne foulassent avec les pieds que l'espace qui leur était immédiatement consacré.

§ 651.

On a toujours éprouvé des effets sensibles de l'emploi de la marne, surtout de la marne argileuse sur les terrains sablonneux ; lors même qu'après un repos de plusieurs années, le terrain était épuisé et stérile au point de ne pas valoir la peine d'être ensemencé. Cependant cet effet n'est que relatif et nullement absolu. Le produit s'élèvera de deux et demi scheffels par journal à cinq, pour plusieurs récoltes, surtout pour la troisième ; ensuite ce produit déclinera peu à peu, si l'on ne donne au sol un long repos, ou si on ne le fume avec des engrais d'étable. Mais l'effet de la marne est incomparablement plus sensible sur un terrain qui contient encore des sucs et de l'humus, qu'on a soin de fumer de temps en temps, et qu'on laisse reposer en pâturage avant qu'il soit épuisé : là on a souvent obtenu dix scheffels d'un terrain qui, sans engrais, en aurait à peine donné quatre.

Cette amélioration est bien plus grande et plus durable, si on lui associe un amendement avec du fumier d'étable, lors même que la quantité de celui-ci ne serait pas très-considérable. Si le sol n'est pas dans un état prospère, il convient de lui donner un amendement de quatre chariots de fumier au plus, en même temps qu'on le marne, ou du moins l'année suivante. Si le terrain est déjà passablement fertile, il serait alors à craindre que le blé ne versât; on peut donc retirer deux ou trois récoltes de grains après le marnage, avant de donner des engrais d'écurie. Mais aussitôt que ceux-ci paraissent nécessaires, il ne faut pas hésiter de fumer; sans cela le terrain serait encore plus épuisé qu'il ne l'eût été si l'on n'y eût pas mis de la marne, et il serait alors très-difficile de le remettre en bon état.

Il est également très-avantageux de joindre l'emploi du terreau à celui de la marne; cette réunion produit des effets très-prompts et très-sensibles, même sur un terrain épuisé.

En Angleterre, l'on a essayé avec un grand succès d'enterrer, pour servir d'engrais, une récolte de blé noir encore verte. La spergule ne serait pas moins propre à cet usage.

J'espère que je pourrai, à l'occasion de ces mélanges, faire des expériences comparatives sur un terrain épuisé; les charges et les frais que j'ai eus à supporter au sujet de la guerre n'ont pas permis que ces expériences eussent lieu plus tôt.

§ 652.

Le marnage est, de toutes les améliorations, celle qu'on a le plus souvent la possibilité d'opérer; c'est une des plus durables, et, si l'on en excepte un petit nombre d'autres, celle qui présente les avantages les plus considérables.

## § 653.

Enfin il est encore une terre qui produit des effets frappans lorsqu'elle est employée comme engrais, qui contient une grande proportion de chaux, et qui est, outre cela, très-riche en humus. On la trouve dans ces bas-fonds voisins des grands fleuves, et qui, sans aucun doute, ont été formés par alluvion. Cette terre est bleuâtre et semblable à une glaise friable très-maigre, mais douce au toucher ; quelquefois elle est mêlée de petits coquillages. Pour l'ordinaire, elle ne repose pas immédiatement au-dessous de la terre végétale ; il y a entre deux une glaise stérile, qu'on est obligé de défoncer et de déblayer.

Nous avons analysé une terre de cette espèce, que nous avions tirée des bas-fonds de l'Oldenbourg, et nous y avons trouvé les parties constituantes ci-après :

| | |
|---|---:|
| Sable fin, séparé moitié au lavage, moitié par l'ébullition . . . | 36 |
| Carbonate de chaux. . . . . | 14 |
| Humus. . . . . . . . | 5 |
| Argile grasse. . . . . . | 44 |
| Gypse . . . . . . . . | 1 |
| Total. . . | 100 |

L'humus était évidemment d'une nature animale, et, lorsqu'on le brûlait, il donnait une odeur puante.

Je présume qu'on pourrait trouver de cette terre féconde et améliorante dans plusieurs lieux où on ne la connaît point encore ; elle s'est formée des dépouilles des plantes, des poissons et des coquillages déposés parmi du sable fin, et elle a été ensuite recouverte par les substances que les eaux entraînent des hauteurs. Il vaudrait la peine de faire des fouilles pour chercher cette terre, dans toutes les vallées qui paraissent avoir été autrefois couvertes par les eaux.

On procède de la manière suivante pour extraire cette espèce de terreau.

On ouvre d'abord une fosse de cinq à six pieds de largeur sur douze de longueur, on jette la terre végétale de la superficie d'un côté, et l'argile vierge de l'autre; celle-ci a ordinairement de quatre à cinq pieds d'épaisseur. On extrait alors la terre désirée qui se trouve au-dessous, et l'on fouit pour cela à une profondeur aussi grande que cela peut avoir lieu sans danger; alors on continue la fosse en jetant la terre végétale d'un côté et l'argile dans le creux qu'on vient de faire; on extrait la terre améliorante du fond, et ainsi de suite jusqu'à ce qu'on ait la quantité de cette terre dont on a besoin.

Cette espèce de terre est en elle-même absolument stérile, du moins lorsqu'elle vient d'être extraite; mais après qu'elle a été mêlée avec le sol et soigneusement travaillée, elle donne à celui-ci une grande fécondité : un terrain amendé de la sorte se distingue long-temps par sa fertilité.

## § 654.

L'utilité du gypse (sulfate de chaux) employé comme engrais, n'est point une découverte nouvelle; on trouve déjà dans l'antiquité des traces de son emploi dans des contrées et des lieux isolés; mais cet usage ne s'était pas répandu; c'est seulement vers le milieu du dix-huitième siècle qu'un homme auquel l'agriculture a de grandes obligations, le pasteur *Mayer* de Kupferzell, dans la principauté de Hohen-lohe, apprit à connaître les effets de cette substance, dans la correspondance qu'il soutint avec le comte de Schuhlenbourg de Hehlen en Hanovre, pays où depuis long-temps, et surtout dans les environs de Nie-dek près Goettingen, on employait le gypse comme engrais. Mayer étendit, dans ses écrits, la réputation du gypse : cette substance ne tarda pas à être employée, surtout en Suisse ; là ses effets furent portés à la connaissance du public par les expériences décisives de *Tschiffeli* et d'autres agriculteurs, consignées dans les Mémoires de la Société économique de Berne. En Allemagne, ce fut surtout Schoubart de *Kleefeld* qui mit au jour les grands effets que le gypse produit sur le trèfle. Mais plusieurs personnes s'élevèrent contre son système, et, d'après de prétendues expériences et des essais tout au moins imparfaits, prétendirent que le plâtre était complètement inefficace ou même nuisible ; cette question demeura ainsi pendant long-temps sans être résolue.

Dans le parti des opposans se rangèrent surtout les inspecteurs de diverses salines, qui craignaient de ne pouvoir plus écouler le résidu de leur fabrication ; résidu qui jusque là avait été employé dans les contrées voisines. En revanche, l'emploi du gypse comme engrais se propagea beaucoup en France, surtout dans les environs de Paris, et de là en Amérique, où, dans les premiers momens, on le faisait venir de Montmartre en grandes cargaisons. Nulle part l'usage du plâtre ne s'est propagé aussi rapidement que dans les diverses provinces du nord de l'Amérique, et nulle part il n'a trouvé moins de partisans que parmi les cultivateurs anglais. Dans mon ouvrage sur l'agriculture anglaise, j'ai donné pour raison de cette circonstance la quantité de parties calcaires dont le sol de la plupart des provinces de l'Angleterre est rempli naturellement ou artificiellement ; mais j'étais dans l'erreur, puisque le gypse produit également son effet lors même que les terrains sur lesquels on l'épand contiennent des parties calcaires, et que cet effet est également très-sensible dans des contrées où il y a beaucoup de roche gypseuse, et où, par conséquent, le sol contient, suivant toutes les apparences, beaucoup de particules de gypse. Peut-être le préjugé qui existe en Angleterre contre tout ce qui vient de France et peut-être aussi d'Allemagne, ferma-t-il les yeux aux cultivateurs de ce pays : c'est aux préceptes des Américains seulement qu'ils paraissent s'être rendus.

$$\S\ 655.$$

On ne peut contester que, dans les expériences faites pour constater les qualités du gypse dans son emploi comme engrais, on ne trouve des contradictions apparentes, et il est certain que ses effets sont modifiés par diverses circonstances qui n'ont point encore été suffisamment approfondies. Le gypse produit plus d'effet sur les terrains secs que sur les humides, et dans les temps secs que dans les temps pluvieux. Une température aqueuse tout au moins arrête ses effets ; elle paraît même les supprimer tout-à-fait, surtout lorsque le gypse a été calciné : celui-ci ne produit aucun effet sur un terrain épuisé qui ne contient que peu ou point d'humus, il n'a qu'une influence très-peu sensible sur la végétation de plusieurs plantes, tandis que sur d'autres il en a une très-grande. Du nombre de ces dernières sont toutes les plantes à fleurs légumineuses et crucifères. Le gypse agit, sans aucun doute, sur les plantes elles-mêmes, et par conséquent avec plus de force, lorsque sa poussière s'attache aux feuilles et y demeure long-temps. J'ai remarqué cela d'une manière très-convaincante sur une haie d'aubépine, dont un côté légèrement couvert de poussière de plâtre poussa vigoureusement au bout de huit jours, tandis que l'autre côté, qui n'avait point été atteint par le plâtre, resta de beaucoup en arrière. Le gypse n'opère cependant pas uniquement de cette manière, comme je l'avais cru au premier abord ; il agit aussi sur le sol, ainsi que j'en ai été convaincu par une expérience récemment faite sur ce sujet. Dans l'automne 1808, nous épandîmes du plâtre sur une perche de terrain soigneusement marquée et ensemencée en seigle. Au printemps 1809 on sema sur ce champ, qui était assez appauvri, du trèfle blanc destiné à former du pâturage ; ce trèfle manqua presque partout, excepté sur la perche plâtrée où il était vigoureux et épais ; de sorte que cette place se distinguait d'une manière tranchante sur tout ce qui l'environnait.

### § 656.

Nous avons indiqué au § 491 de quelle manière le gypse agit sur le sol. Probablement il entre avec l'humus dans une action réciproque très-lente ; l'humus décompose l'acide du gypse, et produit de l'acide carbonique ou une substance plus composée ; nous ne connaissons point encore cette dernière substance,

peut-être même ne la connaîtrons-nous jamais, à cause
de la grande disposition qu'elle a à se décomposer. Il
est vraisemblable que le soufre, ainsi privé d'oxigène,
se combine avec la chaux et avec une partie du carbone hydrogéné, et que cette combinaison produit
l'odeur fétide qui se dégage dans le mélange du plâtre
avec des substances en putréfaction. Suivant toutes
les apparences, cet acide carbonique et ses nouvelles
combinaisons sont appropriés d'une manière particulière à la nourriture de certaines plantes. De là vient
que le gypse ne produit de l'effet qu'autant qu'il rencontre dans le sol une quantité suffisante d'humus ou
de substances en putréfaction.


## § 657.


On fait usage du gypse surtout pour le trèfle et les
végétaux du même genre, quelquefois aussi pour les
légumes; comme il agit aussi sensiblement sur ceux
du genre des choux, je présume qu'il serait également
avantageux au colza ; mais je n'ai connaissance d'aucun essai qui démontre la réalité de ce fait.


## § 658.


On emploie le gypse calciné et non calciné, sans
que les effets paraissent en être différens ; si du moins
il ne tombe pas sur le gypse calciné (plâtre) bientôt
après qu'il a été semé, une forte pluie qui l'entraîne
et l'agglomère en le durcissant. Ce qui importe le
plus, c'est qu'il soit pulvérisé autant que cela est possible; pour qu'il produise beaucoup d'effet, il faut
qu'il soit réduit absolument en poussière ; mais cela

même est beaucoup plus difficile lorsque le gypse n'a pas été calciné; le gypse qui a subi l'action du feu peut très-facilement être réduit en poudre.

Dans quelques endroits, cette pulvérisation est opérée à très-peu de frais par le moyen de moulins à eau. Dans les lieux où l'on n'a pas de ces moulins, on est réduit à se servir de divers instrumens à bras ou à main ; alors on pile le gypse dans des mortiers et dans des auges ; on le broie avec des machines destinées à dépouiller le millet ou à faire l'huile de colza, ou bien on le brise dans une longue auge, dans laquelle on fait mouvoir une meule de moulin usée, que, pour cet effet, on place dans son sens vertical. Lorsque le gypse a été ainsi broyé, si l'on veut qu'il produise beaucoup d'effet, on le passe au tamis, puis on remet sous la meule les parties qui n'ont pas été assez pulvérisées. Le plâtre préparé de cette manière doit être conservé dans un lieu sec, afin qu'il n'absorbe pas l'humidité qui pourrait lui rendre en partie son ancienne adhérence.

## § 659.

Pour épandre le plâtre, on choisit un jour où il ne fasse pas de vent, et où la rosée ait été très-forte ; on l'éparpille à la main, le matin de bonne heure, ou le soir tard, surtout sur le trèfle, afin qu'il s'attache aux feuilles de cette plante, qui alors sont ordinairement humides. Il faut absolument éviter d'épandre cette espèce d'engrais lorsqu'il y a beaucoup de mouvement dans l'air, ou que le temps est pluvieux. Le plâtre ne semble jamais produire plus d'effet que lorsqu'on l'épand sur un trèfle déjà assez avancé dans sa végéta-

tion pour que ses feuilles couvrent passablement le
sol. Le plus souvent c'est donc au commencement de
mai que cette opération doit avoir lieu. Cependant
quelques personnes se sont bien trouvées d'épandre
aussi du gypse en automne sur le jeune trèfle de
l'année. Souvent on en sème après la première coupe,
afin d'accélérer la végétation de la seconde; il arrive
alors fréquemment que celle ci produit plus que la
première, quoique sans cela ce dût être le contraire.

La quantité de plâtre qu'on épand sur un journal
varie entre un et deux scheffels. S'il est parfaitement
pulvérisé, la première quantité suffit; s'il en est autrement, il faut en mettre une plus grande quantité

§ 660.

De tous les essais que j'ai faits ou dont j'ai eu une
connaissance positive, il n'en est aucun dans lequel
l'effet produit par le gypse ne se soit montré évidemment; lors du moins que ces essais avaient été disposés avec les précautions convenables et n'avaient pas
été dérangés par des pluies inattendues, ou des accidens de température. Je n'hésite donc pas à recommander l'emploi du gypse comme moyen d'augmenter
l'intensité de la végétation du trèfle, partout où l'on
peut se procurer cette substance à un prix tel qu'il
n'en coûte pas au-delà d'un rixdaler huit gros, pour
donner à un journal un scheffel et demi de gypse bien
pulvérisé. On peut attendre avec certitude que sur un
terrain passablement fécond, cependant pas excessivement fertile, on obtiendra, par chaque journal, de
six à huit quintaux de trèfle, en sus de ce qu'on eût
obtenu sans l'intervention du gypse; bien entendu

cependant que le sol soit passablement garni de plantes; puisque là où il n'y en a pas, le gypse ne peut
pas en faire naître. Au reste, pourvu qu'il y ait une
plante sur chaque pied carré, l'effet du gypse sera tel,
qu'au moment de la floraison, le trèfle couvrira complètement le terrain. Si en revanche le trèfle est très-
épais, et si le sol a assez de fécondité pour que le
trèfle pousse vigoureusement de lui-même, le gypse
ne produirait qu'un excès de végétation, qui donnerait
au trèfle de la disposition à pourrir sur une plante;
dans ce cas donc on doit s'abstenir d'épandre du plâtre sur le trèfle.

## § 661.

Toutes les expériences faites jusqu'à ce jour semblent prouver que le gypse opère peu d'effet direct
sur les graminées céréales, lorsqu'il a été épandu immédiatement sur elles. Mais on est unanime sur ce
point, qu'un chaume de trèfle enterré produit de
beaucoup plus belles céréales, surtout du froment,
lorsqu'il a été gypsé, que lorsqu'il ne l'a pas été. Suivant toutes les apparences, le gypse ne produit cet
effet qu'en augmentant la vigueur des racines et des
tiges du trèfle, par conséquent en multipliant cette
partie de sa dépouille que la plante laisse tant dans le
sol qu'à sa surface. L'on sait, en effet, que la force du
blé qui succède au trèfle est toujours proportionnée
à la vigueur de celui-ci. Ainsi donc l'emploi du gypse
est indirectement favorable aux récoltes céréales; mais
il procure des avantages bien plus grands encore par
la grande augmentation de fourrages, et par conséquent de fumier, qu'il procure.

Cette espèce d'engrais, que la petitesse du volume dans lequel on l'emploie permet de se procurer au loin, est donc d'une très-grande importance ; mais il il ne faut pas oublier qu'on ne doit en attendre aucun effet sur un terrain épuisé.

### § 662.

Le gypse nous amène à parler de quelques autres sels, qui peuvent être employés à l'amendement des terres. Au reste, si l'on en excepte le résidu des salines, ces substances sont rarement employées à cet usage, parce que, le plus souvent, elles sont à un trop haut prix.

Les essais qui ont été faits sur l'emploi de ces sels n'ont eu lieu que sur de petites étendues. Ces essais, spécialement ceux qui avaient pour objet le *sel commun* (muriate de soude), ont donné les résultats suivans. Lorsqu'on applique cette substance au sol en trop grande quantité, la végétation en est complètement arrêtée; mais lorsque le sel a été lavé par les pluies, et que peut-être il a été en partie décomposé par l'humus, il donne, pendant les années suivantes, beaucoup de force à la végétation. Lorsqu'on en épand une petite quantité sur un terrain riche, elle produit un effet très-sensible, mais de courte durée ; en revanche, cet effet est absolument nul lorsque cette petite quantité de sel a été étendue sur un terrain appauvri. On n'emploie donc que très-rarement ce moyen d'amender les terres, lors même que, dans les salines, on peut se procurer du sel impur à bas prix. Mais, sur les bords de la mer, on voit d'une manière frappante les effets que l'eau salée produit sur la végétation; aussi les marais salans sont-ils préférés aux autres pour le pâturage du bétail. L'herbe qui y croît est mangée avec avidité par toutes sortes de bestiaux, soit au pacage, soit en fourrage sec, et cette nourriture est particulièrement avantageuse à ces animaux. Au reste, même sur le rivage de la mer, le sel est promptement entraîné par les eaux hors du sol ; en effet, lorsqu'on fait l'analyse des terrains de ce genre, on y trouve à peine quelques vestiges de cette substance.

Les essais faits sur l'emploi du *salpêtre* (nitre, nitrate de potasse), employé en très-petite quantité, ont présenté des résultats beaucoup plus sensibles que ceux obtenus du sel commun ; mais, dans l'usage ordinaire, l'emploi de ce moyen est impraticable ; aussi n'en parlons-nous ici que parce que cette circonstance démontre la fertilité des terrains qui produisent spontanément du nitrate de chaux. Cependant nous devons dire ici en passant que souvent on croit qu'un terrain contient du salpêtre, quoique réellement il en soit dépourvu : plusieurs personnes prennent pour du salpêtre cette substance blanchâtre qu'on remarque sur les terrains qui contiennent beaucoup de terreau, et qui n'est autre chose qu'un *lichen* (*lichen humosus*) que ces terrains produisent promptement, et qui est sans contredit une preuve de fécondité. Le salpêtre que le sol produit spontanément est bientôt entraîné par les eaux ; aussi le découvre-t-on rarement dans les terres dont on fait l'analyse : on le trouve plutôt dans les plantes qui ont crû sur des terrains propres à la formation de ce sel ; cependant il n'en fait nullement partie essentielle, il paraît au contraire n'y être qu'accidentellement et comme corps étranger :

c'est le cas, par exemple, dans la betterave champêtre.

Il ne vaut pas la peine de s'arrêter aux *sels neutres.*

Aujourd'hui qu'on a une idée si précise des sels, de ces substances qui n'existent dans le sol qu'accidentellement, très-rarement et en quantité tout-à-fait insignifiante, il serait temps qu'on ne nous parlât plus des sels contenus dans le sol et les engrais, ni de ces huiles qu'on n'y trouve pas davantage, et qu'on cessât de jeter ainsi de la confusion dans nos idées, en nous donnant des notions erronées.

§ 663.

Depuis peu les *sels métalliques,* et nommément le *vitriol* ou sulfate de fer, ont acquis de la faveur comme propres à amender les terres ; jusque là on avait envisagé le vitriol comme très-nuisible à la végétation, et l'on qualifiait de stériles, à la vérité souvent avec raison, les terrains imprégnés de cette substance. C'est dans ces derniers temps seulement que la théorie et l'expérience tout à la fois nous ont conduit à l'usage du vitriol. Lorsqu'on s'aperçut de l'action de l'oxigène sur la germination des semences et sur les premiers développemens des plantes, on crut pouvoir envelopper l'oxigène dans des oxides, dans des acides et dans des sels acides ; mais on n'obtint des effets positifs que de ceux des oxides et des acides qui se décomposent facilement, et qui laissent dégager la partie surabondante de leur oxigène. D'après les divers essais faits sur ce sujet, l'influence des acides et des sels acides sur la germination et sur ses développemens me paraît encore très-douteuse.

Dans ces essais, l'action du vitriol (sulfate de fer),

dissous dans l'eau et employé comme engrais, parut également varier beaucoup : quelques personnes n'en éprouvèrent aucun effet, d'autres seulement un nuisible, d'autres enfin un avantageux. Dans la plupart d'entre ceux de ces essais dont j'ai eu connaissance, la quantité employée, et l'étendue du terrain arrosé de cette dissolution n'ont point été déterminés d'une manière assez précise : l'un et l'autre cependant sont des points essentiels, et sans eux on ne saurait expliquer les résultats contradictoires que ces essais présentent.

Des expériences dues au hasard, et qui tendaient à déterminer les propriétés qu'ont, pour l'amendement des terres, certains fossiles fortement imprégnés de vitriol ; ces expériences, dis-je, ont donné à ce sujet une importance dans la pratique qu'il n'eût point eue sans cela. On a trouvé en Angleterre une tourbe imprégnée de vitriol, et en Allemagne dans la terre de Reibersdorf, appartenant au comte d'Einsiedel, un charbon de terre vitriolisé, qui, l'un et l'autre, sont des engrais très-actifs lorsqu'ils sont employés en petite quantité.

Il paraît résulter de ces expériences que le vitriol a une grande influence sur la végétation, lorsqu'il est intimement combiné avec le charbon. Probablement l'action de la lumière et de l'air opère ici la décomposition de l'action sulfurique, dont l'oxigène se combine avec le carbone, et forme l'acide carbonique ou quelque autre substance favorable à la végétation. Il n'est également pas sans vraisemblance que, par le moyen de l'hydrogène qui est uni au charbon, le soufre et ce charbon lui-même n'entrent en combinaison et ne contribuent aussi à activer la végétation.

Le vitriol (sulfate de fer) pur peut se combiner de

la même manière avec l'humus qu'il rencontre dans le sol, et alors produire des effets avantageux, tandis qu'autrement il n'en produirait que de mauvais. Il faut avant tout que de nouveaux essais jettent plus de lumière sur ce sujet, et déterminent si, et dans quelles proportions, un amendement avec du vitriol peut être favorable.

Les grands et incontestables effets que produisent le *charbon de terre* et *la tourbe* imprégnés de vitriol, doivent engager à faire des fouilles pour en découvrir, et à employer ces substances à l'amendement des terres.

Lorsqu'on veut faire usage de ce charbon comme engrais, on le réduit en poudre et on l'épand sur le dernier labour ou sur les semailles, mais on ne l'enterre pas.

Quant à la proportion de quantité, il faut agir avec beaucoup de circonspection. Employé en trop grande abondance, il est nuisible, et là où il a séjourné en tas, seulement pendant quelques jours, ou même quelques heures, la végétation est supprimée pour plusieurs années ; aussi ne doit-on le décharger que sur des bordures dont on ne cherche pas à tirer parti, ou sur des chemins. Lorsque le sol est argileux ou calcaire, on peut lui en appliquer de 3o à 36 scheffels par journal, sur un terrain sablonneux et calcaire, seulement de 15 à 18 scheffels *.

---

* Pour la manière de l'employer, je renvoie à l'instruction très-détaillée que nous devons à M. Blume, et à l'examen qui en a été fait par M. Crome. *Annalen* 1809 *october und november stück*, s. 471. *u. s. f* *september stück*, s. 164, *u. s. f* A

### § 664.

La théorie seule est intéressée à la solution de la question *si les acides ont une propriété amélio- rante,* parce que très-rarement dans la pratique on peut faire usage de ces substances : disons-en cependant ici quelques mots.

En théorie d'abord on a recommandé l'usage des acides pour l'amendement du sol, parce qu'ils contiennent de l'oxigène, qui lui-même est favorable à la végétation ; mais n'envisage-t-on pas leur décomposition dans le sol comme trop indépendante de causes extérieures ?

Les essais qu'on a faits des acides ont présenté des résultats contradictoires; il est étonnant que les savans naturalistes qui les ont faits aient négligé de nous indiquer la nature de la composition du sol. Des circonstances accessoires donnent cependant lieu de croire que les sols calcaires sont les seuls sur lesquels l'acide sulfurique produise des effets avantageux, et cet acide est aussi le seul qu'on ait employé dans ces essais ; mais ici cet acide produisit du gypse et fit évaporer l'acide carbonique, ce qui explique assez bien ses bons résultats. Le terrain sur lequel il produisit des effets très-mauvais ne contenait presque pas de chaux.

### § 665.

Enfin les *cendres* sont du nombre des engrais les plus actifs et les plus fréquemment employés. Les cendres complètement brûlées sont composées de terres et de potasse, auxquelles il se joint quelquefois des oxides métalliques et différens sels. Parmi les terres qui entrent dans la composition des cendres, c'est toujours la chaux qui prédomine, lors même que les plantes n'ont pas crû sur un terrain calcaire.

On ne peut contester que la potasse ne contribue beaucoup à l'amendement des terres, par la faculté qu'elle a d'opérer la décomposition. Mais le plus souvent on ne se sert des cendres que lorsqu'elles ont déjà été lessivées, et cependant elles produisent encore un effet assez grand, quoique pas tout-à-fait aussi considérable que lorsqu'elles ne l'ont pas été. Il faut donc qu'il y ait dans les cendres quelque chose de particulier et jusqu'ici inconnu, qui donne aux cendres lessivées une action proportionnément beaucoup plus grande que celle d'une quantité égale des mêmes terres prises ailleurs. Probablement il reste dans la cendre quelque chose de la vie végétale qui échappe à nos sens. Ce qui semble appuyer cette opinion, c'est qu'on a observé presque partout que les cendres formées à un feu lent, et autant que possible hors du contact de l'atmosphère, sont un engrais beaucoup plus efficace que celles qui sont le résultat d'un feu vif.

Afin de rendre les cendres non lessivées plus actives, on les mêle quelquefois avec de la chaux récemment calcinée et pulvérisée, et l'on humecte tant soit peu ces substances, après les avoir soigneusement mélangées. De cette manière, la potasse des cendres devient caustique. L'on emploie ce mélange en petite quantité pour amender surtout les trèfles ; de même, lorsqu'on a écobué, on mêle volontiers un peu de chaux parmi les cendres du gazon.

Quoiqu'il semble que ce soit ici le lieu de développer ce qui a rapport à l'*écobuage*, nous renverrons
cependant de traiter cette matière à l'article du défri-
chement des terres, parce que c'est dans cette opération qu'il trouve le mieux son application.

§ 666.

Entre les *cendres lessivées*, c'est le plus souvent
de celles des *savonneries* qu'on fait usage. Ces cendres ne contiennent plus qu'une petite quantité de
potasse, mais elles sont mêlées de chaux, souvent aussi
de parties gélatineuses, du résidu des graisses fondues,
et d'autres substances employées à la fabrication des
chandelles et du savon. Ordinairement les fabricans
de savon font mêler dans ces cendres toutes les balayures de leurs maisons et de leurs cours, mais cela
ne les améliore pas. Les excellens effets de cette espèce d'engrais sont aujourd'hui si bien connus, que de
toutes parts on la recherche et on la charrie, même à
de grandes distances, quoique, il n'y a pas au-delà de
vingt ans, dans le plus grand nombre des savonneries,
on les jetât, pour s'en débarrasser, et que le plus souvent elles fussent emportées hors des villes comme
une matière inutile.

C'est aux prairies qu'on consacre ordinairement
cette espèce d'engrais. On épand les cendres par-dessus le gazon, où, au lieu de la mousse dont il était
auparavant garni, elle fait pousser promptement et
d'une manière durable une herbe vigoureuse, et surtout les diverses espèces de trèfle.

Ces cendres ne produisent pas moins d'effet sur les
terres arables ; seulement, comme pour les autres en-

grais de cette nature, il faut avoir soin de les mêler complètement avec le sol, et pour cet effet de les enterrer d'abord d'une manière très-superficielle, afin qu'elles puissent être atteintes et remuées par la herse : l'on en met 18, 20 ou au plus 30 scheffels par journal, et on les épand d'une manière très-égale. Il est des lieux où, pour cet amendement, on n'hésite pas à payer cinq à six rixdalers, tandis qu'ailleurs on peut l'obtenir à beaucoup meilleur compte.

Au reste, il ne peut produire tout son effet que dans les terrains qui sont suffisamment imprégnés d'engrais d'écurie : sur un terrain appauvri, il ne répondrait point à ce qu'on croirait pouvoir en attendre. C'est par cette raison que son usage n'a pris une grande faveur que dans les lieux où les terres sont dans un état prospère. Ses effets alors sont également plus durables. On assure les avoir aperçus pendant dix ou douze ans ; cependant, comme Benekendorf le dit fort bien, pas sans qu'on eût fumé de nouveau.

§ 667.

Dans les lieux où l'on a du bois en surabondance, et où ce bois a assez peu d'écoulement pour qu'on ne puisse en tirer un parti plus avantageux qu'en en faisant de la potasse, on se sert avec un si grand avantage du résidu de la fabrication de celle-ci, pour l'amendement des terres, que souvent on a cru récupérer par cet emploi la totalité des avances faites à ce sujet. On transporte ces cendres sur les terres qui ont été le plus long-temps en labour, ou bien on s'en sert pour accélérer l'amélioration complète du sol des forêts nouvellement défrichées.

D'ailleurs chaque ménage possède des cendres lessivées. Quelque peu qu'il y en ait, elles valent la peine d'être conservées et employées. Si, comme cela se pratique ordinairement, on les jette en monceau dans le tas de fumier, elles ne sont que peu utiles, parce que, pour produire les avantages dont elles sont susceptibles, il faut que les cendres soient épandues très-minces, et que, si elles sont amassées, au lieu de produire un bon effet, elles détruisent au contraire la végétation des places où elles déposent.

## § 668.

Non-seulement la *cendre de tourbe* diffère essentiellement de la cendre de bois, puisque dans toutes les analyses qui m'en sont connues on n'a trouvé aucune potasse libre et très-peu de neutralisée ; mais encore ses parties constituantes varient considérablement dans les différentes espèces de tourbe. La chaux en constitue la principale partie, à moins cependant que la tourbe ne contienne beaucoup de sable ; la chaux s'y trouve en état de liberté et de carbonate, ou en combinaison avec les acides sulfurique, phosphorique et acétique : le plus souvent elle est unie à une forte proportion d'oxide de fer et quelquefois aussi de sulfate de fer, lorsque celui-ci n'a pas été décomposé par la vivacité du feu.

Les différences qui se trouvent dans les propriétés de la cendre de tourbe, envisagée comme engrais, propriétés qu'on remarque dans son emploi sur les prés et les champs, sont probablement dues aux différences qui existent dans la nature de ses parties constituantes ; mais nous n'avons encore sur la cendre de tourbe qu'un trop petit nombre d'analyses qui se rapportent à sa faculté d'amender les terres, pour que nous puissions rien dire de positif à ce sujet. Partout on a trouvé que la cendre légère et meuble produisait plus d'effet que la pesante, sans doute parce qu'elle contenait moins de silice. Quelques personnes donnent la préférence à la blanche et à la grise, d'autres à la rougeâtre : cette dernière couleur provient de l'oxide de fer. J'ai vu résulter, de l'emploi d'une cendre de tourbe d'un rouge brun, qui contenait beaucoup de fer, mais aussi beaucoup de silice, presque plus de mauvais effets que d'avantages ; ce qui m'empêche de croire, du moins jusqu'à ce que de nouvelles expériences m'aient démontré le contraire, que l'oxide de fer produise des effets avantageux. Au reste, ce sujet vaut la peine d'être approfondi, dans les contrées où l'on brûle beaucoup de tourbe ; car là on emploie d'autant plus souvent la cendre comme engrais, qu'on ne peut la consacrer à aucun autre usage.

Mais, dans quelques contrées de l'Angleterre et de la Hollande, on brûle aussi la tourbe uniquement pour en avoir la cendre et l'employer à l'amendement des terres. On consacre à cet usage des marais considérables, dont la tourbe n'a pas d'écoulement comme combustible ; on y établit des fourneaux de pierre ou de glaise ; l'on dépose au fond, sur la grille, d'abord de la tourbe sèche, puis de la tourbe humide telle qu'on l'extrait du marais. On allume la première ; le feu sèche la tourbe qui est au-dessus et se communique bientôt à elle, de sorte qu'on peut ensuite l'entretenir d'une manière permanente, sans qu'on soit obligé d'y mettre de nouveau de la tourbe sèche. Au reste, l'on cherche à modérer le feu, parce que chacun est convaincu que la cendre perd beaucoup de ses qualités pour l'amendement des terres, lorsque la tourbe brûle avec trop de vivacité. On retire la cendre par-dessous la grille, et ainsi la déflagration continue, et avec elle la fabrication de la cendre, tandis qu'on emporte celle qui a été produite.

## § 669.

Dernièrement en Angleterre l'on a attribué à la cendre, unie à l'action du feu, une vertu si grande, qu'on a donné le conseil non-seulement de mettre le feu au chaume élevé qu'on laisse ordinairement en sciant les blés, mais même de brûler la totalité de la paille, après l'avoir éparpillée sur le sol. On a présenté à l'appui de ce conseil des essais dans lesquels on doit avoir obtenu de cette méthode plus d'effet que la paille n'en eût produit, si on l'eût employée avec les fumiers. Nous ne pousserons pas, pour le moment, cette thèse plus loin, parce qu'elle ne peut tout au plus être applicable qu'à certaines circonstances et à des terrains d'une très-grande fertilité. L'usage de mettre le feu au chaume, et pour cet effet de le laisser très-long, se pratique en Hongrie, dans des contrées dont le sol est très-riche.

## § 670.

Le résidu des salines, le sédiment qui s'attache aux chaudières et aux fagots des bâtimens de graduation, et qui sont souvent mêlés de cendre, peuvent être classés dans le nombre des engrais les plus actifs. Les

cultivateurs des contrées voisines les achètent et se
les procurent même à des prix assez élevés. Le sédiment des chaudières et les concrétions salines des bâtimens de graduation sont, en grande partie, composés
de gypse; cependant ils contiennent toujours un peu
de sel : quelques personnes les préfèrent au gypse,
d'autres en revanche ne leur attribuent qu'une valeur
égale.

### § 671.

On a souvent entretenu les cultivateurs de divers
sels propres à l'amendement des terres, et qui, employés en petites quantités, devaient produire des effets miraculeux; mais ces sels, enfans de la charlata-
nerie et d'un amour excessif du gain, paraissent heureusement ne devoir plus faire fortune parmi nous.

Il ne faut cependant pas confondre avec ces inven-
tions ridicules, les compositions artificielles de gypse,
d'oxide de fer, de sel commun, etc., qu'entre autres
l'estimable Lampadius de Freyberg * a essayées et re-
commandées ; car celles-ci doivent être employées en
mesure convenable, et non comme ces sels miraculeux, à raison de quelques onces ou quelques livres
par journal.

### § 672.

Il ne paraît pas douteux que, en employant successivement et d'une manière convenable les engrais animaux, actifs et chauds, les engrais végétaux durables

* Leipsicher œconomische Anzeigen. Michaelis 1807. A.

et rafraîchissans, et les amendemens composés des
substances minérales qui accélèrent la décomposition;
que, même en mettant successivement en œuvre l'une
ou l'autre des différentes espèces de chacun de ces
genres d'engrais, on ne puisse obtenir des produits
beaucoup plus grands que si l'on s'en tenait à une
seule espèce. Mais, pour obtenir ces succès, il faut sans
aucun doute observer l'ordre, la proportion et l'époque qui conviennent le mieux à la nature du sol, à
l'état dans lequel il se trouve et au nombre de récoltes qu'il a rapportées depuis qu'il a été amendé. Dans
plusieurs contrées il paraît qu'on s'est fait à ce sujet
des règles positives, mais que ces règles reposent sur
une pratique non raisonnée. En théorie, nous ne pouvons, jusqu'à ce jour, rien dire de plus que ce que
nous avons avancé sur ce sujet, parce que nous manquons d'expériences positives et d'essais précis qui
lèvent tous nos doutes. Cependant nous osons espérer
qu'une attention plus suivie et un examen plus rai-
sonné de cette matière ne tarderont pas à procurer
de nouvelles découvertes. Ainsi nous apprendrons à
mettre en œuvre toutes les forces et les substances que
la nature nous offre pour atteindre le but qu'elle se
propose, la multiplication des êtres, et celle des jouis-
sances de la vie.

Depuis que *Nau, Reissert* et *Seitz* ont ouvert la
lice dans les Annales d'Agriculture*, nous pouvons
espérer de voir bientôt déterminer, par de nouvelles
expériences, jusqu'à quel point des espèces d'engrais
particulières conviennent à certaines plantes, tant
pour l'abondance du produit que pour sa qualité. Ce

* Annalen des Ackerbaues Bd. IX, S. 210. A.

que nous savons jusqu'à ce jour sur cette matière sera
développé lorsque nous parlerons de la culture de
chacun de ces divers produits.

§ 673.

L'agriculteur qui a à sa disposition les espèces d'engrais les moins usuelles, et qui sait les employer à
propos, peut s'écarter de diverses règles auxquelles
tel autre cultivateur, qui ne peut pas se procurer ces
engrais ou qui ne sait pas les employer de la manière
la plus avantageuse, devra rester assujéti. A l'aide de
cette variété d'engrais, ce premier peut adopter un
système de culture, un assolement ou une succession
de récoltes indépendans et plus adaptés aux circonstances du moment et à ses propres convenances, que
ceux qu'il devrait suivre, s'il était privé de ces moyens.
Lorsqu'on a à sa disposition des boues et immondices
de ville, le résidu de quelque manufacture ou un terreau riche, on peut épargner les engrais d'étable, et
alors peut-être diminuer l'étendue du terrain qui est
consacré aux fourrages. Le gypse conserve aux terrains
naturellement riches, lors même qu'ils ne sont pas
labourés très-profondément, la faculté de produire
plus long-temps du trèfle.

En revanche, si l'on n'a pas de tels moyens à sa disposition, il ne faut pas se laisser séduire à imiter les
agriculteurs qui les emploient en abondance et en
montrent des résultats brillans, souvent même sans
savoir assigner à ceux-ci leur véritable cause *.

* Sur les matières contenues dans cette première partie de la section IV, voyez dans l'ouvrage intitulé *Sammlung landwirthschaftlicher*

schriften 1ster *Theil, Hamburg* 1825 *bey Friedrick Pertheo*, les deux premiers traités, l'un *Meine ansichten der Statik des Landbau es im Jahr* 1817 ; et l'autre *Versuch zu einem Bericht über die Erndten in Flotbeck im Jahre* 1820, par le baron de Voght de Flotbeck, un homme auquel l'humanité en général, et la science agricole en particulier, ont les plus grandes obligations, et de l'amitié duquel je me tiens profondément honoré. (*Trad.*)

FIN DU TOME II.

# TABLE RAISONNÉE

## DES MATIÈRES

### CONTENUES DANS CE SECOND VOLUME.

# SECTION III.

## AGRONOMIE, OU TRAITÉ DES PARTIES CONSTI-TUANTES ET DES PROPRIÉTÉS PHYSIQUES DU SOL, DE LA MANIÈRE DE CONNAITRE ET D'AP-PRÉCIER LES TERRES.



### LA SILICE.



### L'ALUMINE.

### L'ARGILE.



### LA CHAUX.

## LE GYPSE (sulfate de chaux).




## LA MARNE.




## LA MAGNÉSIE.




## LE FER.

## L'HUMUS.



## LA TOURBE.



## LE CHARBON DE TERRE, § 529.


## LES DIVERSES ESPÈCES DE TERRAINS, LEUR VALEUR, LEUR EMPLOI ET LEURS PROPRIÉTÉS DANS LEURS RAPPORTS AVEC LES PROPORTIONS DES PARTIES CONSTITUANTES DU SOL.

# SECTION IV.

## AGRICULTURE.



### PREMIÈRE PARTIE.

#### *Des engrais ou de l'amendement des terres.*

FIN DE LA TABLE DES MATIÈRES DU SECOND VOLUME.